T0255472

Das Feuer ist kein Ungeheuer

Cornel Stan

Das Feuer ist kein Ungeheuer

Thermodynamik der Wärme und Arbeit für jedermann

Professor Dr.-Ing. habil. Prof. E.h. Dr. h.c. mult. CORNEL STAN
Forschungs- und Transferzentrum
e.V. an der Westsächsischen
Hochschule
Zwickau, Deutschland

ISBN 978-3-662-64986-2 ISBN 978-3-662-64987-9 (eBook)
https://doi.org/10.1007/978-3-662-64987-9

Die Deutsche Nationalbibliothek verzeichnet diese Publikation in der Deutschen Nationalbibliografie; detaillierte bibliografische Daten sind im Internet über http://dnb.d-nb.de abrufbar.

Planung/Lektorat: Alexander Grün
Springer ist ein Imprint der eingetragenen Gesellschaft Springer-Verlag GmbH, DE und ist ein Teil von Springer Nature.
Die Anschrift der Gesellschaft ist: Heidelberger Platz 3, 14197 Berlin, Germany

Vorwort

Brennen bleibt im Rennen!

„Klimaretter" jeder Couleur, ob dafür qualifiziert oder nicht, ob in Ämtern sitzend oder im Fernsehen streitend, wollen das Feuer aus dem Leben der Menschen ganz eliminieren! Sie wollen die Feuerkraft mit Elektrizität aus Photovoltaik und Windkraft ersetzen. Ob das gut ist und ob Solarpaneele und Windräder reichen werden, um die Primärenergie der Welt abzusichern?

Das Feuer prägt seit Jahrtausenden die Existenz des Homo sapiens: Er braucht, als einziges Lebewesen auf dem Planeten, Feuer für die Zubereitung seiner Nahrung. Er braucht seit je her Feuer, um Ziegel, Zement und Stahl herzustellen. Er hat Feuer genutzt, um Maschinen zu bauen, die für ihn arbeiten oder sein Wesen zu Land, zu Wasser und in der Luft bewegen. Er nutzte vor allem immer Feuer für seine Wärme daheim und beim Werkeln.

In dem Buch wird in einem ersten Teil, über fünf Kapitel, beschrieben, wie der Mensch mit Hilfe des Feuers Materialien, Maschinen, Heizungsanlagen und Kraftwerke schuf. Es wird dabei gezeigt, wie das Feuer in manchen Wärmekraftmaschinen direkt auf das Arbeitsmittel greift und in anderen indirekt, über eine Wärmeübertragung zum Arbeitsmittel wirkt.

Nicht die Verbrennung oder die Verbrenner sind an der Umweltgefährdung schuld, sondern die Treibstoffe die sie bislang bekamen. Stellen wir dem Feuer umweltfreundliche Brennstoffe zur Verfügung: In diesem Zusammenhang werden Ressourcen, Potentiale und Eigenschaften umweltfreundlicher oder ganz klimaneutraler Brennstoffe wie Wasserstoff, Biogas, Ethanol, Methanol, Pflanzenöle und synthetische Brennstoffe dargestellt. Die Emissionen, die ein Feuer verursachen kann, von Kohlendioxid über die Stickoxide bis zu den Partikeln, werden ebenfalls dargelegt.

In einem zweiten Teil des Buches, welches aus sechs Kapiteln besteht, wird gezeigt, welche Spielregeln einzuhalten sind, wenn man für die Zukunft effiziente und gleichzeitig umweltfreundliche Maschinen mit Feuerherz bauen will. Das ist ein Versuch, die wesentlichen Gesetze der Technischen Thermodynamik, die einem solchen Zweck dienen, einfach und für jedermann nachvollziehbar zu präsentieren. Es war tatsächlich eine große Herausforderung, solch Unternehmung ohne jegliche Zuhilfenahme von Differentialgleichungen, Integralen, sonstigen mathematischen Kraftproben und komplexen Diagrammen zu wagen. Es wird von Austauschmöglichkeiten zwischen Wärme und Arbeit erzählt, vom Wirkungsgrad einer Umwandlung der einen Energieform in die andere, von der Tatsache, dass durch eine Umwandlung sich die Energie nicht vermehren kann. Es werden Wege gezeigt, auf denen die Wärme in Arbeit, in Prozessen für thermische Maschinen, umgewandelt werden kann. Weiterhin werden die drei Wege der Übertragung einer Wärme erklärt und mit Beispielen belegt. Bei all den thermodynamischen Betrachtungen sind zwei Regeln zu beachten: die Irreversibilität der Prozesse in der Natur und in der

Technik, sowie die phänomenologische Herangehensweise, die jedem ein Leitfaden auch im eigenen Leben sein sollte.

In einem dritten und letzten Teil des Buches, welches aus drei Kapiteln besteht, wird dargelegt, ob und wie man ein Feuer zähmen kann. Zunächst erscheint das als kaum möglich, weil Feuer mit fossilen, umweltschädlichen Brennstoffen für ihre Förderer, Exporteure und Mittler nach wie vor ein sehr, sehr profitables Geschäft ist.

Neue, klimafreundliche Treibstoffe lassen dennoch das Feuer in sehr sparsam arbeitenden Maschinen und Anlagen sich richtig entfalten! Automobile mit Feuerherz und elektrischen Rädern gehören ebenso dazu wie gigantische Schiffsmotoren mit Methanol und Lastwagenmotoren mit Wasserstoff. Aber auch ein Feuer auf Basis von Müll, Gülle und Pflanzenresten, oder eine Second-hand-Wärme haben viel Potential für die Zukunft!

Wie man alternativ Wärme und Arbeit ohne Feuer generieren kann wird in einer Abschlussbetrachtung gezeigt: Windkraft, Wasserkraft und Photovoltaik werden in kompakter Form in Bezug auf ihrer physikalischen Wirkungsweise, auf technischen Ausführungen und auf weltweite Nutzung analysiert und diskutiert. Es wird deutlich, dass diese Formen nicht reichen können, um die Primärenergie der Welt abzusichern.

Die letzte Waffe, die Atomkraft, wird ebenfalls präsentiert und diskutiert.

Was wäre der Mensch ohne Feuer?

Vorwort

Dieses Buch ist ein Versuch die Leser zu überzeugen, auf ein solch unersetzbares Gut wie das Feuer nicht zu verzichten. Um eine große Wirkung bei der Lektüre zu erreichen, sollte man es vor dem Kamin oder am Lagerfeuer lesen.

Cornel Stan Zwickau, Deutschland, Januar 2022

Inhaltsverzeichnis

Teil I

Feuer in der modernen Welt: Nutzung und Folgen

1

Das Feuer

1.1 Prometheus` brennendes Geschenk

Die Sonne, die unserer Erde Licht und Wärme hin strahlt, glitt früher nicht irgendwie über die Köpfe der Menschen von Beijing nach Washington. Damals gab es weder Beijing noch Washington. In den Vorstellungen unserer Vorfahren spazierte die Sonne über den Himmel in einem Wagen, der von vier Hengsten gezogen wurde. Der Lenker war der Sonnengott *Helios* selbst. Morgens öffnete ihm Eos den Weg, abends folgte ihm Selene.

Die Mythologie erteilte, allerdings später, ab dem V. Jahrhundert v.Chr., diese ehrenvolle Aufgabe an Gott *Apollon*, der bis dahin noch viele andere Verpflichtungen hatte: Gott des Lichts, der Heilung, des Frühlings und der Künste, insbesondere der Musik und der Poesie.

C. Stan, *Das Feuer ist kein Ungeheuer*,
https://doi.org/10.1007/978-3-662-64987-9_1

Bild 1.1 Apoll und der Sonnenwagen, Georg Friedrich Kersting, 1822

Die Sonne am Himmel war aber auch die Quelle des heiligen Feuers, dessen Hüterin *Hestia* (bei den Römern *Vesta*), die Göttin von Heim und Herd war. Hestia, Schwester des obersten olympischen Gottes der griechischen Mythologie, *Zeus* (bei den Römern *Jupiter*), war die älteste Tochter von *Kronos*. Und Kronos seinerseits war der jüngste Sohn der Erde (*Gaia*) und des Himmels (*Uranos*) [4].

Die Enkelin der Erde und des Himmels hütete also das olympische Feuer. Ihr Neffe, *Hephaistos* (bei den Römern *Vulcanus*), Sohn des Zeus, war für die Feueranwendung zuständig, als Gott der Schmiede- und der Baukunst: er schuf nicht nur die Paläste aller Götter, sondern auch den Blitz- und Donnerkeil von Zeus, und sogar Helios` Sonnenwagen!

Die Götter wollten aber das Feuer nur für sich selbst, für den weiteren Aufbau, die Warmhaltung und die Ernährung ihrer wohlhabenden Gesellschaft haben. Die Legendendichter der Antike waren offensichtlich wahre Visionäre, sie ahnten wohl die Entwicklung unserer modernen Welt.

Feuerbringer gab es aber glücklicherweise auch, damals wie heute. Bei den alten Griechen war es Prometheus (der „Vorausdenkende"), ein Bruder des Götterchefs Zeus. Als die Erde erschaffen war, aber keine intelligenten Bewohner hatte, nahm er Ton und schuf Menschen. Er brachte ihnen bei, außer Lesen, Schreiben und Rechnen, Häuser zu bauen und Kunst zu erschaffen. Und eines Tages erbeutete er für seine lieben, frierenden Menschen das Feuer, welches aus einigen Funken des Helios-Sonnenwagens entstand (Bild 1.1).

Das gefiel den Göttern überhaupt nicht. Zeus ließ den Dieb durch den Feueranwendungsgott Hephaistos an einen Felsen anketten. Den Menschen, die sich über das Feuer so freuten, schickte Zeus eine bezaubernde Fee namens Pandora, mit einer Büchse, als Geschenk.

Diese Büchse sollte aber auf gar keinen Fall geöffnet werden. Aber die Menschen machen seit je her das, was ihnen verboten wird, das wussten auch die alten Götter genau. Aus der Büchse entwichen, als Preis des Feuers jegliche Laster und Untugenden - Übel, Mühen, Krankheiten und selbst der Tod. Und so eroberte das Schlechte die Welt. In der Büchse blieb aber, trotz des hastigen Wiederschließens, noch die Hoffnung.

Manche Autoren meinen, dass die Büchse später ein weiteres Mal geöffnet wurde. Und wieder andere Autoren teilen diese Ansicht nicht, aber sie hoffen inzwischen, dass das irgendwann passieren wird.

1.2 Energie von Sonne und Feuer

Die Sonne weist an ihrer Oberfläche Temperaturen zwischen 5500 – 6000 Grad Celsius (°C) auf. (*im Inneren der Sonne herrschen Temperaturen von bis zu 15 Millionen °C*). Als Vergleich: die Temperatur eines gesunden Menschen an seiner Oberfläche, also auf der Haut, beträgt 36°C.

Prinzipiell sendet jeder Körper aufgrund seiner Temperatur **elektromagnetische Wellen** aus [1]. Das wird als Energiestrahlung, jedoch umgänglich als **Wärmestrahlung** (aufgrund der Wellenfrequenz im Infrarotbereich, auf denen der maximale Energieanteil gesandt wird) bezeichnet.

Eine Wärmeübertragung durch Strahlung erfolgt grundsätzlich ohne Körper- oder Massenkontakt, mittels ganz winziger, schwingender Teilchen namens **Photonen**.

Die Sonne strahlt also Energie zum Menschen hin. Der Mensch strahlt aber auch Energie zur Sonne hin! Die Bilanz wird jedoch von der Sonne bestimmt, aufgrund der viel größeren **Strahlungsintensität** *(Energie pro Volumeneinheit)* auf einer weitaus höheren **Frequenz** der elektromagnetischen Wellen (*Schwingungen pro Sekunde, bezeichnet als Hertz*).

Die Sonnenstrahlung wird zum überwiegenden Teil, wie vorhin erwähnt, in dem Frequenzbereich einer Wärmestrahlung emittiert [2]. Innerhalb dieses Bereiches liegt übrigens auch die für Menschen sichtbare Strahlung, oder schlicht, die **Lichtstrahlung**.

Genau in diesem sichtbaren Bereich hat die Sonnenstrahlung ihre höchste Intensität, selbst wenn auch auf niedrigeren Frequenzen *(Infrarotbereich),* beziehungsweise auf höheren Frequenzen *(Ultraviolett- und weiter Röntgenbereich)* geringe Anteile gestrahlt werden (Bild 1.2).

Die Strahlungsintensität auf einer jeweiligen Frequenz der elektromagnetischen Wellen ergibt eine **Wärmestromdichte** (*Watt pro Quadratmeter Fläche*). Deren Wirkung auf den Menschen ist, vereinfacht, wie folgt erklärbar:

- Die Wärmestromdichte durchdringt die Haut des Menschen als **Wärmestrom** *(Watt)*.
- Der Wärmestrom wirkt innerhalb einer Zeitspanne als **Wärme** *(Watt-Sekunde,* oder *Kilowatt-Stunde)*.
- Die übertragene Wärme wird dann im Körper als **Innere Energie** *(Watt-Sekunde,* oder *Kilowatt-*

Stunde, oder auch *Kilojoule,* früher als *Kilokalorie* ausgedrückt) gespeichert.

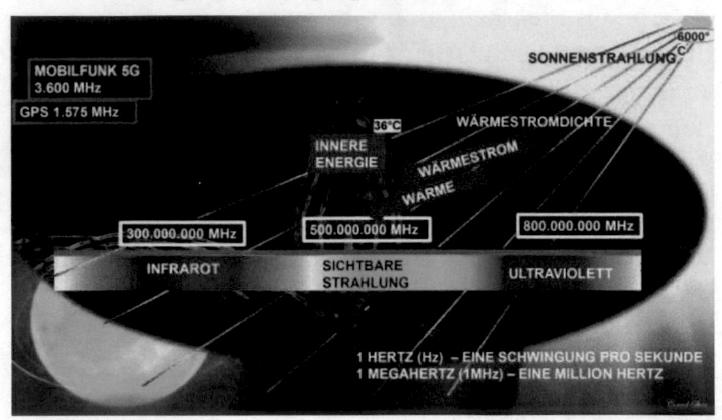

Bild 1.2 Die Sonnenstrahlung erhöht die innere Energie eines Körpers

Die Sonne im Himmel war aber auch die Quelle des heiligen Feuers, wie aus der Mythologie überliefert und durch die Wissenschaft bestätigt wurde.

Das Feuer ist die äußere Erscheinung einer Verbrennung, als chemische Reaktion zwischen einem Brennstoff und Sauerstoff. Es ist grundsätzlich durch eine Wärmestrahlung und gelegentlich durch eine Lichtstrahlung (als Flamme von Gasen und Dämpfen oder als Glut eines festen Stoffes) gekennzeichnet.

Die wesentlichen Merkmale eines Feuers können durch die folgenden Beispiele verdeutlicht werden:

Eine **chemische Reaktion** findet meist zwischen zwei Substanzen statt. Währenddessen werden zwischen den Substanzen Atome ausgetauscht, wodurch die Struktur der oder des neuen Produktes neugestaltet wird. Eine solche Reaktion kann exotherm (mit Wärmeabgabe in die Umgebung) oder endotherm (mit Wärmezugabe von der Umgebung) ablaufen.

Flambieren wir mit einem langen Streichholz einen Cognac: Der Schwenker wird warm, über ihm erscheint eine vorwiegend blaue Flamme. Das Ethanol in dem Cognac hat nach dem Anzünden mit Sauerstoff aus der Luft reagiert und ist in der Flammenregion zu Kohlendioxid und Wasserdampf geworden. Das noch flüssige Ergebnis unter der Flamme ist leicht kandiert und sehr schmackhaft (dieses Experiment wird nicht für minderjährige Schüler empfohlen).

Die **Wärmestrahlung** und die **Lichtstrahlung** wurden bereits in kurzer Form definiert.

1.3 Feuer und Flamme

Die **Flamme** ist die für Menschen sichtbare Wärmestrahlung während einer Verbrennung. Flammen können als langsam laufende Schlieren (laminar) oder in Form von Verwirbelungen (turbulent) vorkommen.

Jede der Farben in einer Flamme, von rot und gelb bis blau, entspricht der lokalen, momentanen Temperatur in der brennenden Masse während der chemischen Reaktion.

Je höher die Verbrennungstemperatur in einer Region des Gemisches von Brennstoff und Sauerstoff (pur oder aus der Luft), desto höher wird die Intensität und die Frequenz der jeweiligen Wärmestrahlung, farbmäßig geht es dementsprechend von Infrarot in Richtung Ultraviolett.

Die **Verbrennung mit Flammenfront** ist eine sehr überschaubare Form des Vorgangs. Sie ist dann gegeben, wenn der Brennstoff beispielsweise in Form von kleinen flüssigen Tropfen vorliegt, die in gleicher Entfernung voneinander schweben und jeweils von Luft umgeben werden. Wenn das Benzintröpfen sind, so sollten, der chemischen Bilanz zuliebe, rund 15 Milligramm Luft einen Tropfen mit 1 Milligramm Gewicht umgeben [1].

Warme Luft begünstigt die Verbrennung: Die Brennstofftropfen verdampfen dadurch besser, was der chemischen Reaktion mit dem Sauerstoff aus der Luft zugutekommt. Wie wird aber diese Reaktion in Gang gesetzt? Man muss dafür das Gemisch (bei flüssigen und gasförmigen Brennstoffen) oder die Zusammensetzung von Brennstoff und Luft (bei festen Brennstoffen wie Kohle, Holz oder Heu) bis zu einer Zündtemperatur bringen.

Bei Holz und Kohle beträgt diese Temperatur um die 300°C, bei Benzin und Dieselkraftstoff etwa 50°C weniger, bei Ethanol 100-150°C mehr, bei Erdgas sogar um 350°C mehr. Diese Erwärmung muss nicht gleichzeitig im ganzen Gemisch erfolgen, es genügt eine lokale Erhitzung, mit einem Streichholz (wie beim Flambieren von Cognac), mit einer Kerze oder, viel effizienter, mit einer Zündkerze. Die chemische Reaktion pflanzt sich dann von dort aus im ganzen Gemisch fort. Die Temperatur des Funkens in einer Zündkerze kann beispielsweise 1500°C, oder in manchen Ausführungen bis zu 4000°C erreichen. Temperatur ist aber immer ein Indiz der inneren Energie der jeweiligen Materie, im Fall des Funkens ist es Plasma.

Die Teilchen in dem Funken platzen also von Energie, sie knallen mit enormen Geschwindigkeiten in alle Richtungen. Sie peitschen in Folge regelrecht auf die Ketten von *Kohlenstoff-Wasserstoff -Kohlenstoff-Wasserstoff-...* in einem Benzintropfen, sie peitschen auf die Ketten *Sauerstoff-Sauerstoff* in den Sauerstoffmolekülen, auf die Ketten Stickstoff-Stickstoff in den Stickstoffmolekülen die in der Luft vorhanden sind. Solch ursprüngliche Ketten zwischen den Atomen von Kohlenstoff, Wasserstoff und Sauerstoff werden an vielen Stellen gebrochen.

Daraus entstehen, als sehr reaktionsfreudige Radikale, zahlreiche Scherben und Splitter: *Kohlenstoff-Sauerstoff (Kohlenmonoxid), Sauerstoff-Wasserstoff (Hydroxyl), Stickstoff Sauerstoff (Stickoxid),* oder einfache Atome von *Kohlenstoff, Sauerstoff und Sauerstoff.*

Diese regelrechte Explosion ist von einem Temperaturanstieg von mehr als 1000°C begleitet. Während sich die freien Radikale die fehlenden Atome von Wasserstoff oder Sauerstoff in ihrer Umgebung suchen, bewirkt ihre hohe Temperatur das Zünden des frischen Gemisches von Brennstoff und Luft in der benachbarten Schicht. Daraus wird eine Kettenreaktion, es bildet sich eine breite Flammenfront, die sich mit hohen oder niedrigen Geschwindigkeiten, je nach Reaktionsbedingungen, fortpflanzen kann [1]. Hinter der Front bricht die Suche nach fehlenden Atomen relativ schnell ab, weil neue, weitgehend stabile Moleküle, wie Kohlendioxid und Wasser, bereits gebildet wurden.

Viele Spezialisten der Verbrennungsmotoren-Entwicklung nutzen für die Analyse eines Verbrennungsvorgangs in einem Motorbrennraum einfache Zwei-Zonen-Modelle: Auf der Zündkerzenseite verbrannte Gase, auf der anderen Seite frisches Gemisch von Brennstoff und Luft, dazwischen die fortschreitende Flammenfront. Man kann so zunächst Drücke, Temperaturen oder Energien in jeder dieser Zonen in jedem Zeitabschnitt eines Verbrennungsvorgangs grob ermitteln.

In realen Vorgängen kommt eine solche geschlossene Reaktionsfront kaum vor. Manche Splitter (freie Radikale) schießen eben weiter ins Gemisch, es entstehen lokale Herde mit hoher Temperatur und mit hohem Druck. Man kann die Temperaturen oder die Drücke in einem Brennraum wie auf einer Alpenkarte lesen: überall Spitzen und Täler. Was aber nicht wie auf der Alpenkarte ist: Sowohl Drücke als auch Temperaturen gleichen sich in jedem Moment in ihrer nahen Umgebung aus. Das ergibt Turbulenzen in kleinem Maßstab und Verwirbelungen im großen Maßstab, dadurch nimmt die Fläche zwischen Brennstoff und Luft in dem gleichen Volumen eines Brennraums zu, es ist wie bei Mayonnaise schlagen.

Es gibt aber auch untypische Formen der Verbrennung, insbesondere in Kolbenmotoren, die bei der Darstellung anderer Arten von Feuerungen in diesem Buch aufschlussreich sein können.

Die **klopfende Verbrennung** kommt insbesondere in Kolbenmotoren mit Fremdzündung (Ottomotoren) vor [1]. Sie kann unter bestimmten Umständen in begrenzten Brennraumzonen unkontrolliert, mit weitaus höherer Geschwindigkeit, um 1.000 Kilometer pro Stunde, als bei der üblichen Flammenfortpflanzung (rund 200 Kilometer pro Stunde) vorkommen. Dadurch verursachte lokale Druckspitzen pflanzen sich dann als Druckwellen in den gesamten Brennraum fort und rufen starke Schwingungen hervor.

Ein solcher Vorgang ist wie folgt erklärbar: Die Fortpflanzung der zunächst initiierten normalen Verbrennung verursacht eine Verdichtung des noch nicht verbrannten Gemisches, insbesondere in den von der Zündquelle weit entfernten Zonen. Ein lokaler Druck- und Temperaturanstieg führt dort zum schlagartigen Brechen von langen Kraftstoffketten, wie bei Kraftstoffen mit niedriger Oktanzahl.

So ging es ungefähr in den Zweitaktmotoren des DDR-Trabbis, wenn man wegen des sehr geringen, staatlich unterstützten Preises Waschbenzin in den Tank kippte!

Die **Glühzündung** entsteht auch unabhängig von einer Zündquelle, allgemein an heißen oder glühenden Zonen an Brennraumoberflächen [1]. Dieser Vorgang entwickelt sich etwa mit der Flammenfrontgeschwindigkeit einer normalen Verbrennung, was sie von der klopfenden Verbrennung unterscheidet.

Die Selbstzündung wird bei modernen Otto- und Dieselmotoren zunehmend kontrolliert und gesteuert. Das bringt Vorteile bezüglich des Verbrauchs und der Schadstoffemissionen, insbesondere der Stickoxydemissionen.

Dabei werden Zonen von frischem Luft-Kraftstoff-Gemisch mit heißem, bereits verbranntem Abgas umgeben, so gut das gelingt. Durch die innere Energie des umgebenden Abgases wird die Verbrennungsreaktion in den einzelnen Zonen eingeleitet. Der Umstand, dass diese innere Energie weitaus niedriger als die Energie aus einer Fremdzündquelle ist, äußert sich zwar in einer niedrigen Verbrennungsgeschwindigkeit in jener Zone; die Verbrennung findet jedoch gleichzeitig in zahlreichen Zonen statt. Das macht den gesamten Verbrennungsablauf sanft, aber gleichzeitig zügig.

Die neu entwickelte, kontrollierte Selbstzündung in Otto- und Dieselmotoren verschafft diesen Gattungen Wirkungsgrade über 50% und drückt die Emissionen von Stickoxyden und weiteren Schadstoffen unter die gesetzlichen Grenzen, auch ohne Katalysatoren!

Die **Verbrennung mit Diffusionsflammen** kommt beispielsweise in Kolbenmotoren mit klassischer Selbstzündung (Dieselmotoren) vor und ähnelt der vorhin beschriebenen Glühzündung, wobei, *anstatt Abgas um Luft-Kraftstoff-Inseln, heiße Frischluft um Kraftstofftropfen zugeführt wird* [1].

Die Einleitung der Verbrennungsvorgangs erfolgt nicht von einer externen Zündquelle, oder von heißen, verbrannten Gasen, sondern durch die hohe Temperatur der stark verdichteten Luft um die Kraftstofftropfen im Brennraum.

Die Fortpflanzung der Verbrennungsreaktion ist im Vergleich mit einer fremdgezündeten Variante langsamer. Die Reaktionseinleitung von der erwärmten Luft im Zylinder erfordert andererseits keine fremde Zündquelle, wodurch sich die Reaktion auch nicht mehr als Flammenfront fortpflanzt. Demzufolge ist auch die gleichmäßige Verteilung einer bestimmten Menge von Luft um jeden Brennstofftropfen nicht mehr erforderlich. Generell besteht bei einem Selbstzündverfahren die Bedingung, dass genug Luft um die Kraftstofftropfen vorhanden ist, je mehr, desto besser. Jeder Kraftstofftropfen wird so zu einer brennenden Insel in einem Meer von heißer Luft.

Eine Flammenfront bei Fremdzündung mag schneller sein, wenn aber während einer Selbstzündung alle Kraftstoff-Luft-Gemisch-Inseln langsamer, jedoch auf einmal brennen, ist die Dauer der ganzen Verbrennung insgesamt kürzer!

1.4 Feuer für Nahrungszubereitung

Die ältesten attestierten Feuerlegungen durch Homo erectus stammen aus der Wonderwerk-Höhle in Südafrika und sind etwa eine Million Jahre alt [5]. Die ältesten durch Menschen angelegten Feuerstellen in Europa, auf den heutigen Gebieten von England, Frankreich und Ungarn, sind „nur" 400.000 Jahre alt [6], [7], [8].

Homo erectus hat das Feuer allerdings nicht selbst erfunden. Von Prometheus hat er es in Wirklichkeit auch nicht geschenkt bekommen. Es kam höchstwahrscheinlich von dessen Bruder und Götterchef, Zeus, er hatte doch die Macht über alle Blitze! Und die Blitze waren eher Strafe als Geschenk! Nach wie vor fallen jeden Tag vier bis zehn Millionen Blitze auf die ganze Erde, das sind im Durchschnitt etwa 50 pro Sekunde!

Die Temperatur in einem Blitz beträgt rund 30.000 °C, also rund zehnmal mehr als im Funken einer Zündkerze. Die unmittelbar umgebende Luft wird schlagartig auf dieser Temperatur erhitzt. Ein Blitz erreicht eine elektrische Spannung von 100 Millionen Volt und eine Stromstärke von etwa 400.000 Ampere. Blitze haben eine sehr kurze Dauer, es sind nur 0.1 bis 0,2 Sekunden. Dafür ist ein Blitz lang, sehr lang, zwischen 5 und 10 Kilometern!

Hat jemand schon einmal gesehen wie ein solch langer Blitz in eine große gewaltige Eiche, die allein auf einem Feld stand, einschlägt? Sie wurde in Sekundenbruchteilen zu Staub, ich wollte meinen Augen nicht trauen!

Homo erectus sah nicht nur zahlreiche Blitze, sondern auch Erdbrände durch Selbstzündung. Er erkannte so die Vorteile eines Feuers: Licht, Wärme, Schutz vor Raubtieren und Insekten aller Art. Dann war auch noch das gegrillte Fleisch der vom Blitz getroffenen Tiere, es roch so gut wie wir es von einem amerikanischen Steakhouse kennen, es schmeckte auch viel, viel besser als das bis dahin gekaute rohe Fleisch. Geräucherte Tiere waren durch die Vernichtung von Parasiten, Bakterien und Viren auch länger genießbar.

Der Mensch lernte also mit der Zeit, in Anbetracht solch interessanter Erkenntnisse, ein Feuer selbst zu entfachen [9].

Die **Reibung** von Holzstöcken war die einfachste Form die für die Zündung notwendige Hitze zu erzeugen. Jeder, der jemals ein Lagerfeuer im Gebirge entfacht hat, weiß, dass die Methode sicher ist, wenn auch mühsam.

Funken erzeugen, beispielsweise durch das Schlagen eines Feuersteines (Silex, ein Kieselgestein aus Siliciumdioxid) gegen ein Mineralgestein wie Pyrit oder Markasit, brachte auch den gewünschten Erfolg.

Die **Lichtbündelung des Sonnenlichtes** durch Hohlspiegel oder durch Lupen hat sich im Laufe der Geschichte zum Entfachen eines Feuers ebenfalls bewährt.

Licht und Wärme durch selbst entzündetes Feuer waren für Homo erectus der Beginn einer neuen Zeit. Und kein rohes Fleisch mehr, das tat nicht nur Magen und Darm gut, sondern auch dem Kiefer, der etwas dünner wurde. Das half dem besseren Artikulieren von Konsonanten, seine Aussprache wurde dadurch deutlicher.

- Das Essen wurde mit der Zeit nicht mehr nur gegrillt, wie vom Blitz, sondern auch noch gesiedet, geschmort, gebraten, gebacken [10].

Und das hat sich in einer Million Jahren auch nicht geändert: Je uriger in einem noblen Lokal gekocht wird, desto geschätzter ist dieses bei den Kunden. Was ist ein High-Tech-Edelstahlofen in der Küche gegenüber einer von Steinen umrandeten Feuerstelle mit offener Flamme auf der Terrasse, neben dem Tisch? Was ist eine Mikrowelle gegenüber einem holzbefeuerten Backsteinofen in einer klassischen italienischen Pizzeria?

Der Mensch ist das einzige Wesen in der Fauna der Erde, das sein Essen zum überwiegenden Teil mittels Feuer verarbeitet!

Das *Grillen* oder das *Schmoren* von Fleisch war nur der Anfang der Feuernutzung für die Menschennahrung: Es folgten das *Kochen* von Reis, Gemüsesuppe und Tee, das *Räuchern* von Fisch oder Fleisch, das *Backen* von Brot oder Pizza, und, nicht vergessen, das *Sieden* von Bier und das *Brennen* von Obstler!

Manche Wissenschaftler behaupten, dass das Überleben des Homo sapiens allein durch Rohkost fraglich gewesen wäre. Nichtmenschliche Primaten benötigten am Tag etwa 10-mal mehr Zeit, um ihr rohes Fressen zu verzehren, als der Mensch sein gekochtes Essen. Darüber kann man natürlich mit den Gelehrten auch streiten:

Ein 5-Gänge-Mittagessen in der Toskana dauert doch auch zehnmal mehr als das Kauen eines Big Macs von Drive In von McDonalds, obwohl in beiden Fällen alles gekocht, gebraten und gebacken ist!

2

Feuer für Wärme

2.1 Wärme für Raumheizung

Am Anfang war es das Lagerfeuer, was nach wie vor, bei unseren High-Tech-verwöhnten Mitbürgern immer noch sehr beliebt ist. Mit der Zeit hatten die Menschen Behausungen, mit offenem Feuer in geschlossenen Grotten. Das blieb so auch später, in gebauten Räumen. Über Brände und Gasvergiftungen wurde uns aus dieser Zeit nichts überliefert.

Die alten Römer fanden in diesem Zusammenhang eine geniale Lösung: Feuer draußen, Wärme drinnen! Die dazu benützte Anlage hieß *Hypokaustum* und ist heutzutage immer noch sehr begehrt als Warmluftheizung (Bild 2.1)! Der Brennofen stand dabei meistens im Freien oder in einem vom Haus getrennten Heizraum und war mit Holz oder mit Holzkohle befeuert. Die Archäologen haben aber auch festgestellt, dass in größeren Kreisen im Umfeld römischer Siedlungen die Wälder ziemlich abgeholzt waren!

C. Stan, *Das Feuer ist kein Ungeheuer*,
https://doi.org/10.1007/978-3-662-64987-9_2

Die Feuerung von Holz oder Holzkohle mit Luft aus der Umgebung ergab heiße Abgase, die in dem Hypokaustum in Kanälen unter Deckplatten aus Stein, zwischen Bahnen oder Labyrinthen aus Ziegelsteintürmchen zirkulieren konnten. Diese heißen Abgase wurden dann über Schächte und Kanäle unter Fußböden, durch Wände und durch Sitzbänke geleitet, um dann ins Freie abgeführt zu werden [11].

Bild 2.1 Hypokaustum-Heizsystem der Antike

Im Mittelalter wurde dann das Feuer wieder direkt ins Haus gebracht, jedoch in Öfen und Kaminen mit vertikalen Abzügen (Schornsteine), die den Vorteil eines kontrollierten Abzugs der verbrannten Gase brachten. Dadurch nahmen Rauchgasvergiftungen und Rußbildung in den Räumen wesentlich ab. Ein weiterer Vorteil der Kamine war die Beheizung von Räumen über mehrere Stockwerke, vom Schornstein aus.

Im Laufe des achten Jahrhunderts erschienen dann auch die ersten Küchenöfen.

Und etwa 600 Jahre später wurden auch die Natursteine in den Abzügen der Öfen und Kamine durch gebrannte Steine ersetzt, dann erschienen die Kachelöfen. Der Vorteil der Kacheln aus gebranntem Ton gegenüber Natursteinen besteht in ihrer Fähigkeit, Wärme auch speichern zu können. Um Kacheln aus Ton zu brennen braucht man aber wiederum Feuer!

Die Befeuerung mit Holz blieb im Mittelalter, zumindest in Europa, sehr populär, die Wälder um größere Orte waren dann mit der Zeit, wie um die antiken römischen Siedlungen, ziemlich verwüstet. Aus der Not heraus wurden dann, ab dem 16. Jahrhundert, als Brennstoffersatz, zunehmend Kohle oder gar Torf eingesetzt.

Im Jahre 1716 kam dem Schweden Martin Trifvald die Idee, mit Feuer Wasser zu erhitzen, welches über Leitungen den Boden eines Treibhauses im englischen Newcastle erwärmte. Das war die eigentliche Geburtsstunde der Zentralheizung. Wenn es nicht eine Frühgeburt gewesen wäre! So unglaublich das scheint, es dauerte dann doch noch fast 230 Jahre, bis nach dem zweiten Weltkrieg, um daraus eine Zentralheizung für bewohnte Räume zu machen. Zur gleichen Zeit wurde für die Heizung das Holz und die Kohle durch Gas und Öl ersetzt, die auch preisgünstiger waren.

Neuerdings werden, in vielen Fällen die Feuerstellen wieder aus dem Haus verbannt, wie bei den Römern, obwohl sie vom Mittelalter bis Mitte des 20. Jahrhunderts direkt im Haus standen. Das ist die neuartige

Fernwärme, die ihre Herde zum Teil weit neben Industriezentren hat, meistens in Form von Heizkraftwerken.

Derzeit gibt es ernste Bestrebungen, insbesondere in den so wohlhabenden europäischen Staaten, alle möglichen Feuerstellen nicht nur zu verbannen, sondern ganz zu erlöschen, und zwar im Namen des Weltklimas! Das in der Atmosphäre gesammelte Kohlendioxid aus den Feuerungen aller Art führt zur Verstärkung des natürlich vorhandenen Treibhauseffektes und somit zur Erwärmung des Erdklimas, was katastrophale Folgen haben kann [2]. So weit ist das nachvollziehbar, aber die Gefahr kann auch ganz anders gebannt werden.

Nicht das Feuer, sondern das, was man immer noch verfeuert, ist für die Zunahme des Kohlendioxidanteils in der Atmosphäre verantwortlich.

Verfeuert werden gegenwärtig auf der Welt überwiegend fossile Brennstoffe: Braunkohle, Steinkohle, Torf, Erdölprodukte wie Benzin, Dieselkraftstoff und Schweröl, sowie Erdgas [12].

Gelöscht soll das Feuer auf der Welt trotzdem werden, so die Europäische Kommission, und zwar zuerst in den Automobilen: Bald dürfen europaweit keine Verbrenner mehr als Antriebe gebaut werden! Währenddessen laufen jedoch die neuesten Verbrenner mit Methanol aus Kohlendioxid und grünem Wasserstoff in großen Schiffen und mit Ethanol aus Zuckerrohr und aus Pflanzenresten in Millionen von Flex-Fuel Automobilen in Nord- und Südamerika! Das ist wahrhaftig klimaneutral, weil die aus der Ethanol-Verbrennung resultierenden Kohlendioxidemissionen über Photosynthese in neue Zuckerrohrpflanzen aufgenommen werden! [2].

Die Automobiltechnik scheint aber nur das erste Opfer der absoluten Feuergegner zu sein.

Sie würden zu gerne, in Folge, das Feuer auch in allen anderen Anwendungen in der menschlichen Gesellschaft löschen: *„Machen wir doch alles nur noch elektrisch, mit Strom von Windkraft und Photovoltaik"*.

Im Weltmaßstab ist die Elektroenergie derzeit mit nur 15 – 17 % am gesamten Energiekonsum beteiligt (errechnet aus den jährlichen Reports der Internationalen Energieagentur 2016 - 2019). Bei der Produktion dieser Elektroenergie sind alle Solaranlagen der Welt mit 3% im Vergleich mit der Verwendung von Kohle und Erdgas beteiligt. Der Wind macht, genau wie das Erdöl, 7% im Vergleich zu Kohle und Erdgas aus, die Wasserkraft nahezu 10-mal mehr als die Solaranlagen. Der gesamte Primärenergiebedarf der Welt, in dem der Elektroenergieanteil angerechnet ist, wird konkret zu über 80% von fossilen Energieträgern abgesichert (rund 23% Erdgas, 27% Kohle, 31% Erdöl) [2].

Es stellt sich, über die Interpretationen aller Art betreffs *„grüne Anteile nur an Elektroenergiekonsum in irgendeiner Branche X"* hinaus, eine klare Frage: In welchen Sektoren wird die Energie anteilmäßig verwendet, und wieviel davon ist in jedem dieser Sektoren derzeit Elektroenergie?

Diese Frage kann nicht einfach auf den Bezug des Energiekonsums in der Industrie oder in den Haushalten der ganzen Welt auf den weltweiten, zusammengefassten Primärenergieverbrauch reduziert werden! Das hängt zumindest vom Industrialisierungsgrad, vom Wohlstand der Bürger, vom Klima und von den Gewohnheiten in jedem Land ab. In Deutschland ist diese Verteilung anders als in China und anders als in Kenia.

Insgesamt haben die Haushalte in Deutschland im Jahr 2018, gemäß den amtlichen Daten des Umweltbundesamtes, rund ein Viertel der Gesamtenergie des Landes verbraucht (in China sind es 13%, in Kenia noch weniger). Die Industrie verbrauchte in Deutschland rund 30% (in China 70%), der Verkehr weitere 30%, Gewerbe, Handel und Dienstleistungssektor 15%.

Haushalte, Industrie und Verkehr teilen sich in Deutschland also in fast gleichen Portionen die Löwenanteile der Energie des Landes.

Bleiben wir bei den Haushalten: In einem deutschen Einfamilienhaus (2019) werden von einer vierköpfigen Familie über 80% dieser Energie für Heizung und Warmwasser verwendet! Die Elektroenergie macht im Durchschnitt rund 4000 von den rund 30.000 Kilowatt-Stunden jährlich, aus, das sind rund 13%. Die Raumwärme ist also mit 70% der absolute Energiefresser im Haus!

Und wo kommt die Raumwärme her? Vom Feuer, natürlich! 48% der Deutschen haben in ihren Häusern Gasheizungen, um die 26% Heizöl-Heizungen (rund drei Viertel alle Hausheizungen verbrennen also Gas oder Öl). Zugegeben, manche nutzen Fernwärme, das sind rund 14%. Wie wird aber diese Fernwärme für Heizung und Warmwasser erzeugt? Auch mit Feuer, natürlich. Die Brennstoffe? 42% Erdgas, 19% Steinkohle, 6% Braunkohle.

Mit Elektroenergie, also ohne Feuer, heizen insgesamt nur unter 5% der deutschen Haushalte.

Das Feuer aus der gesamten Energieproduktion eines Landes oder einer Branche durch Elektrizität zu ersetzen bleibt eine Utopie. Dem Feuer muss man nur eine klimaneutrale Nahrung anbieten!

2.2 Wärme für die Herstellung von Baustoffen

Der Mensch lernte also mit der Zeit nicht nur das Feuer zu entfachen, sondern auch sein Essen damit zu grillen, zu schmoren und zu backen. In der Neusteinzeit (*Neolithikum*), vor rund 10.000 Jahren, wechselte er (*ob durch das bessere Essen bedingt?)* auch seine Lebensweise, vom Jäger und Sammler zum Hirten und Bauer. Und so wurde eine Behausung, anstatt der dunklen und feuchten Höhle, zur nächsten Station seiner Entwicklung. Er formte dafür, zuerst mit seinen bloßen Händen, später mit Hilfe von Verschalungen, Quader aus Lehm (*Mischung von Ton und Sand, manchmal mit Anteilen von Schluff*), die er an der Luft trocknen ließ [13]. Dem Lehm wurden mit der Zeit auch noch faserhaltige Anteile wie Stroh, Kot von Rind und Pferd beigemischt. Bei starkem Regen weichten aber die Lehmziegel wieder auf.

Und so kam die Wärme ins Spiel!

Ziegel

Die Lehmziegel wurden etwa ab 6.000 v. Chr. zu Backsteinen, Tonziegel oder Klinker gebrannt. Die Ziegelmasse wurde zuerst mit etwas Wasser gemischt, um als Quader geformt werden zu können, dann in Formen gegossen, soweit wie bei den ursprünglichen Lehmziegeln. Dann aber wurden die Rohlinge bei etwa 180 °C vorgewärmt, um das Wasser entweichen zu lassen. Und anschließend erfolgte das eigentliche Brennen, bei Temperaturen von 900°C bis 1080°C, je nach Farbton, den man für die Ziegel wünschte. Und so kam das Feuer wieder ins Spiel, entfacht aus frischem Holz, aus verkohltem Holz oder aus Torf. Nach dem Brennen folgte eine rasche Kühlung auf 600°, dann eine langsame Kühlung bis auf 40°C. Mit der Zeit wurden für die Ziegelherstellung die Tunnelöfen oder Durchlauföfen mit Gas- oder Elektroheizung entwickelt, in denen die Ziegel bei rund 1000°C zwanzig Stunden lang gebrannt werden. Je höher die Temperatur beim Brennen, desto dichter werden die Ziegel. Bei der Herstellung von Klinkern wird die Brenntemperatur bis auf 1200°C erhöht, so entsteht ihr sehr dichtes, glattes Gefüge (Bild 2.2).

Bild 2.2 Herstellung von Ziegeln in Ägypten, um 1500 v. Chr.

Mit Backstein arbeiteten bereits die Römer, später wurden damit, neben vielen anderen repräsentativen Bauten der Welt, die Prager Burg (900 n. Chr.), die Münchner Frauenkirche (1494) und der Moskauer Kreml (XV. Jh.) errichtet [14].

Zement und Beton

Parallel zu den Ziegeln auf Silizium-Basis (*Ton ist eine Mischung aus Siliziumoxyden)* entstand der Zement auf Calcium-Basis: Zement (Calciumoxyd) wird durch das Brennen von Kalksteinen (*Calciumcarbonat)* bei Temperaturen zwischen 900°C und 1400 °C hergestellt.

Aus der Mischung von Zement mit Gerstenkörnern, beispielsweise mit Sand, allgemein im Verhältnis von 1 zu 3, entsteht Beton, das wichtigste Baumaterial unserer Zeit, wenn nicht unserer Welt überhaupt.

Gebrannten Kalk nutzten bereits die Ägypter beim Bau der Pyramiden. In Karthago wurde im III. Jh. v. Chr. eine Betonmischung aus Zement und Ziegelsplittern entwickelt, die später auch beim Bau römischer Häuser verwendet wurde [15]. Die Römer entwickelten aus dieser Mischung das „Opus Caementium", woraus das Wort Zement (Italienisch: Cemento) entstand. Das war also der römische Beton: eine Mischung aus gebranntem Kalk, Wasser und Sand, vermengt mit Ziegelsplittern und Vulkanasche. Damit baute man zum Beispiel die Kuppel des Pantheons in Rom, mit einem Durchmesser von 43 Metern [16] (*der Petersdom, als größter Kirchenbau der Erde weist einen Kuppeldurchmesser von „nur" 42 m auf!*)

Mit der Zeit wurde in dem Zement dem Kalk auch Ton beigemischt. Jahrhunderte später kam auch noch die Armierung des Betons mit Stahl (1867).

Das Brennen von Kalk in Öfen, die mit Holz, Torf, Kohle oder Koks gefeuert wurden oder noch werden, bringt in unserer modernen Zeit ein weltbedrohliches Problem mit sich: Die Kohlendioxidemission! Diese ist aber nicht allein dem Brennen von fossilen Rohstoffen, zum Erreichen der erforderlichen 1400°C, zuzuschreiben. Die Hälfte davon resultiert aus der chemischen Veränderung des Kalks selbst, während seiner Erhitzung, wobei das Calciumcarbonat (*Kalk*) in Calciumoxid (*Zement*) und Kohlendioxid „gespalten" wird [17].

Die Dimension des Problems wird durch zwei Zahlen sehr konkret: Weltweit werden derzeit jährlich 4 Milliarden Tonnen Zement produziert, wodurch 2,8 Milliarden Tonnen Kohlendioxid entstehen [18].

Das sind rund 8% der gesamten von Menschenhand verursachten Kohlendioxidemission weltweit!

Das macht andererseits 3- bis 4-mal mehr aus, als die Kohlendioxidemission des gesamten Flugverkehrs über unserem Planeten!

Mit Beton baut man, außer Staudämme oder Straßen, auch Wohnhäuser und Gebäude aller Art, die beheizt und beleuchtet werden müssen, in denen gekocht, gekühlt und gewaschen wird. Dafür werden nach wie vor, als Energieträger, Kohle, Öl und Gas verwendet. Die Gesamtbilanz wird bedrohlich:

In dem weltweiten Bau- und Gebäudesektor entstehen 38% der globalen anthropogenen Kohlendioxidemission [19].

Es gibt Versuche, so in dem MIT (Massachusetts Institute of Technology, USA), den Kalk nicht mehr zu erhitzen, sondern über eine Elektrolyse in Calciumhydroxyd umzuwandeln, wobei auch noch eine gewisse Menge an Kohlendioxid entsteht. Und die Hydrolyse benötigt auch sauberen Strom, wenn möglich! Der Weg zur industriellen Anwendung, bei den Mengen, die zur Debatte stehen, ist aber noch sehr lang!

Und ganz zum Schluss: Wenn man mit Ziegeln oder mit Beton Bauten errichtet, so sind Kraftmaschinen erforderlich. Und diese haben auch meist Brennkammern, die mit Kraftstoffen befeuert werden.

Glas

Fenster, Glasfassaden, Flaschen, Wasser-, Bier- und Weingläser, das Glas gehört zu unserem Alltag. Das Glas wurde, wie das Feuer, nicht erfunden, sondern entdeckt, und zwar vor rund 7.000 Jahren. Quarzsand oder Quarzgestein können zu Glas werden, wenn ein Blitz einschlägt oder ein Vulkan ausbricht. Das ist also wie beim Feuer! Und das bringt auch die nächste Erkenntnis: Um Glas herzustellen braucht man Feuer. Vor etwa 2500 Jahren stellten die Ägypter Glas mittels Feuer.

In den Glasfabriken unserer Zeit wird das Feuer in Schmelzöfen entfacht. Die Glaszutaten (Quarzsand als Hauptzutat, dazu Pulver von Dolomit, Kalk, Sulfat und Soda) werden auf 1.600°C erhitzt, bis sie schmelzen [20]. Dafür braucht man wiederum ein ordentliches Feuer, wofür all die vorhin erwähnten Brennstoffe, von Holz und Kohle bis Gas Anwendung fanden und immer noch finden. Das flüssige Glas (Glasschmelze) gleitet in eine lange und breite Wanne, die mit flüssigem Zinn gefüllt ist. Glas ist aber leichter als Zinn und schwimmt darauf wie ein Fettfilm. Das so entstandene lange, glatte Glasband wird dann in große Scheiben geschnitten.

Die größte Glasscheibe der Welt, hergestellt für den Schauraum des Möbelherstellers Wagner in Deutschland, hat eine Fläche von rund 120 Quadratmetern (20 x 6 Meter) und wiegt 5,5 Tonnen [21].

2.3 Wärme für die Herstellung von Metallen

Die Beherrschung des Feuers markierte eindeutig das Ende der Steinzeit. Der Mensch lernte, die Metalle die er fand und dann abbaute, mit Hilfe des Feuers zu schmelzen, dann zu formen.

Kupfer

Vor 6.000 Jahren gelang den Menschen in Mesopotamien und in Südosteuropa Kupfererz in Holzkohleöfen bei Temperaturen um 1100°C einzuschmelzen. Das war im Grunde genommen ähnlich dem Brennen von Backsteinen, was zur gleichen Zeit Anwendung fand.

Mit der Entwicklung der Schmelzöfen, bezeichnet oft auch als Tiegelöfen, um das Jahr 3000 v. Chr., zuerst in Indien und in China, wurde das Gießen von Kupfer weiterverbreitet [22].

So schmiedeten und gossen die Menschen, auch mit Hilfe des Feuers, Schmuckstücke, Gegenstände für den Haushalt, dann aber auch Waffen. Diese neu entstandene Kupfer-Industrie verursachte einen regelrechten Kupfer-Fernhandel. Stämme und Völker lernten sich dabei gegenseitig kennen, von der Sprache und Gewohnheiten bis zur Esskultur und Umgang.

Bronze

Mit der Zeit wurde im Herstellungsprozess des Kupfers Zinn hinzugefügt. Das Zinn kam verhältnismäßig selten vor, so bestanden die ersten Bronze-Legierungen aus 90% Kupfer und 10% Zinn. Bronze ist härter und korrosionsbeständiger als unlegiertes Kupfer [22]. Die Bronzeschwerter unserer Vorfahren stumpften demzufolge kaum ab.

Das Feuer für die Bronze-Herstellung ist auch noch etwas milder, weil der Schmelzpunkt einer solchen Legierung, je nach Zinngehalt, niedriger ist.

Eisen und Stahl

Nach der Kupfer- und Bronzezeit kam das Eisen. In Vorderasien erschienen um 1400 v. Chr. die ersten Eisenhütten, in Europa erschien diese Technik etwa 800 Jahre später. [27].

Eisen wird meist im Tagebau gewonnen, größtenteils in China, Australien, Brasilien, USA und Russland. Die Erze werden in Hochöfen verarbeitet, nachdem sie gebrochen, gemahlen und gesiebt werden, um eine gleichmäßige Struktur zu erhalten [28].

Das Eisen wird üblicherweise in Hochöfen erzeugt. Dabei erfolgt eine chemische Reduktion des Eisenoxyds in den Eisenerzen. Das Erz wird dafür mit Koks (Kohlenstoff) in abwechselnden Schichten von oben in den Ofen hineingeschüttet. Auf der unteren Seite des Ofens wird durch Düsen Luft eingeblasen, die bei 900°C bis 1300°C vorgeheizt war. Dafür braucht man tatsächlich sehr viel Wärme, die in Wärmetauschern (Cowper) durch Weiterverbrennung der Rauchgase aus dem Hochofen mit Erdgas entsteht. Der Sauerstoff aus dieser heißen Luft reagiert im Ofen mit dem Koks, allerdings in Form einer Verbrennung mit Sauerstoffmangel [1], wodurch Kohlenmonoxid entsteht. Aber gerade mittels des Kohlenmonoxids werden die Eisenoxide reduziert und letzendes geschmolzen.

Ein Blick in den Ofen zeigt, dass die Temperaturen des glühenden Kokses genau geschichtet sind: dort, wo heiße Luft eingeblasen wird, ergibt die Reaktion etwa 2000°C, weiter unten, zum Ofenrost hin sind es noch etwa 1400°C. Weiter nach oben nimmt die Temperatur ab: In der mittleren Schicht sind es rund 900°C, ganz oben, wo Erz und Koks schichtweise eingeschüttet werden, sind es immer noch 500°C. In der Temperaturzone von 500°C bis 900°C erfolgt die Reduktion der unterschiedlichen Eisenoxyde über drei chemische Reaktionen bis zum eigentlichen Eisen (Ferrum), welches unten aus dem Ofen strömt. Das Eisen ist bei 1450°C flüssig. Neben dem Eisen entsteht in dem Ofen auch eine Schlacke (Silizium- und Aluminiumoxide, wie Sand). Diese Schlacke wird mit Wasser angespritzt und erstarrt zu einem glasigen Sand, welcher wiederum als Beton-Füller verwendet wird.

Metall trifft Baustoff! Pro Tonne hergestelltes Eisen kann auch bis zu einer Tonne Schlacke entstehen!

Es geht aber auch ohne Hochofen, aber immer noch mit Verbrennung. Dieses Verfahren wird als „Direkte Eisenreduktion" bezeichnet und läuft in zwei Phasen ab:

- Eine unvollständige Verbrennung von Erdgas (Methan) mit Sauerstoff aus der Luft, wobei ein definierter Luftmangel besteht. Daraus resultieren Kohlenmonoxid (eigentlich wie im Hochofen) und Wasserstoff.
- Das Einblasen der beteiligten Gase (Kohlenmonoxyd, Sauerstoff, Kohlendioxyd und Wasser, dazu nochmal Erdgas) vom Grund eines Ofens, bei 1000°C, in dem sich das Eisenerz befindet.

Weitere Verfahren basieren auf den gleichen Grundreaktionen.

Im Elektroofen geht es auch, allerdings mit einem hohen energetischen Preis:

Die Herstellung einer Tonne Eisen im Elektroofen „kostet“ bis zu 2.500 Kilowatt-Stunden.

Eisen enthält infolge der Herstellung nach einem dieser Verfahren bis zu 5% Kohlenstoff. Wenn der Kohlenstoffgehalt geringer ist, unter einer Grenze von 2,06% wird das Produkt als „Stahl“ bezeichnet. Der Stahl ist, im Gegensatz zum Eisen, schmiedbar. Eisen, meist verwendet als Gusseisen, ist dagegen spröde, aber sehr hart.

Das Schmieden ist eine alte Kunst, entwickelt zunächst für das Formen von Gold, Silber und Kupfer, dann eben von Stahl. Und dafür brauchte man wiederum ein Schmiedefeuer! Stahl lässt sich an so einem Feuer bereits ab 750°C mit dem Hammer auf dem Amboss verarbeiten. In neuzeitigen Dorfschmieden werden Temperaturen von bis zu 1250°C erreicht, bei denen der Stahl weiß glüht.

Das Gießen von Metallen aller Art stammt aus der Kupferzeit. Das Metall muss dabei, nachdem es hergestellt und meistens als Halbzeug erstarrt wurde, wieder flüssig gemacht werden (Bild 2.3). Dazu ist es eine Hohlform erforderlich, als Negativ der Außenfläche des Gussstückes. Gusseisen hat dabei weltweit einen Massenanteil von 75% der Produkte aller Gießereien der Welt, gefolgt von Aluminium. (*Dabei muss man aber fairerweise beachten, dass Aluminium rund 3-mal leichter als Gusseisen ist, bei einem Volumenvergleich wäre die Bilanz also ausgeglichen*!) Also wieder in den Ofen mit dem Eisen, der Schmelzpunkt beträgt 1200°C. Dafür werden verschiedene Ofenarten verwendet: Kupolöfen und Lichtbogenöfen, die ähnlich der Hochöfen arbeiten, und elektrisch betriebene Induktionsöfen. Etwa zwei Drittel des Energiebedarfs einer Gießerei ist für das Schmelzen vorgesehen!

Bild 2.3 Gießen von Eisen in eine Form

Es wäre kaum möglich alle Bereiche zu erwähnen in denen Eisen und Stahl Verwendung finden. Deswegen werden an dieser Stelle nur drei Beispiele aufgeführt, die allerdings repräsentativ für unsere Welt und Zivilisation sind:

- Der 324 Meter hohe Eiffelturm in Paris, Frankreich, ist eine Stahlkonstruktion, die allein (ohne Fundament) 7.300 Tonnen wiegt. Sie ist aus18.038 Eisenteilen mittels 2,5 Millionen Nieten zusammengehalten [23].
- Die Sydney Harbour Bridge in Sydney, Australien, ist eine Bogenbrücke aus Stahl mit einer Gesamtlänge von 1.149 Metern und einer maximalen Spannweite von 503 Metern (Bild 2.4) [24].

Bild 2.4 Sydney Harbour Bridge, Australien

- Burj Khalifa in Dubai ist ein Gebäude mit Wohnungen, Hotel und Büros mit einer Höhe von 828 Metern. Und hier treffen sich wieder Baustoff und Metall: Burj Khalifa wurde aus Stahlbeton, Stahl, Aluminium und Glas gebaut (Bild 2.5) [25].

Bild 2.5 Burj Khalifa, Dubai

Aluminium?

Aluminium wird kaum mit Wärme vom Feuer hergestellt, weltweit wird dafür hauptsächlich die Schmelzflusselektrolyse angewandt [26].

Die Herstellung einer Tonne Aluminium durch Elektrolyse „kostet“ im Durchschnitt 16.000 Kilowatt-Stunde, also sechs bis sieben Mal mehr als eine Tonne Eisen im Elektroofen.

Der größte Aluminiumproduzent auf der Erde, China, stellt über 30 Millionen Tonnen dieses Metalls pro Jahr her. Die Aluminiumproduktion in der ganzen Welt betrug im Jahr 2020, laut Statista, 65 Millionen Tonnen.

Dafür sind also rund eine Million Kilowatt-Stunde (1.000 Megawatt-Stunde, 1 Gigawatt-Stunde) notwendig.

3
Feuer für Arbeit

3.1 Feuer macht Druck

Der Wörterschatz eines Feuers besteht aus Flammen, die von den Menschenaugen als rot, gelb oder blau wahrgenommen werden können, je nach Intensität und Frequenz ihrer lokalen, momentanen Wärmestrahlung. Flammen die für Menschen unsichtbar sind, wie bei der Verbrennung von Wasserstoff mit Luft, deuten auf eine noch höhere Stufe der Strahlungsintensität und -frequenz hin.

Eine starke Wärmestrahlung zeugt von einer hohen inneren Energie des emittierenden Körpers oder Mediums, deren größten Anteil die Bewegungsenergie seiner mikroskopischen Teilchen ausmacht. Im Falle einer Verbrennung ist das Medium meist ein Gemisch von verbrannten (Kohlendioxid, Wasserdampf) und nicht reagierenden Gasen (Stickstoff aus der Luft).

C. Stan, *Das Feuer ist kein Ungeheuer*,
https://doi.org/10.1007/978-3-662-64987-9_3

Die Teilchen, die aus der Reaktion von Brennstoff und Luft nach dem Zünden entstanden, platzen von Energie, sie knallen deswegen mit enormen Geschwindigkeiten in alle Richtungen im gegebenen Brennraum.

Diese Geschwindigkeiten sind im mikroskopischen Bereich nur von gut ausgerüsteten Physikern messbar. Für Menschen mit eigenen Wahrnehmungssinnen in der makroskopischen Welt wurden Übersetzungsgeräte namens **Thermometer** entwickelt [1]. Diese sind also Brücken zwischen der mikroskopischen und der makroskopischen Welt. Man füllt Thermometer mit Alkohol (wie der Großherzog von Toskana, 1654), mit Quecksilber (wie der Holländer Daniel Gabriel Fahrenheit, 1714) oder mit anderen Flüssigkeiten. Bei einer Wärmeübertragung vom Prüfobjekt zur Flüssigkeit im Thermometer dehnt sich die letztere mehr oder weniger. Der schwedische Astronom Andre Celsius stellte im Jahre 1742 ein Quecksilberthermometer mit Messskala vor: Darauf waren genau einhundert Striche. Als Referenzpunkte (Null und Hundert) dienten der Gefrier- und der Siedepunkt des Wassers. Und so entstand die Maßeinheit *„Grad Celsius" (°C)*. Andere Wissenschaftler vereinbarten eigene Messskalen und eigene Referenzpunkte. So entstanden, parallel zu *Grad Celsius (°C),* die Maßeinheiten *Kelvin (K), Fahrenheit (°F) oder Rankine (°R).*

Die *Temperatur* ist ein in der makroskopischen Welt wahrnehmbarer und messbarer Ausdruck der mikroskopischen Bewegung der Teilchen in einem Körper oder in einem Medium. Die Temperatur ist keine reale, physikalische Größe, wie eine Länge (in Meter) oder eine Dauer (in Sekunden), sondern ein mittelbarer Anzeiger der Teilchen-Energie [1].

Ein Feuer, entfacht durch Reaktion von Kohle, Erdgas, Benzin oder Schnaps mit Sauerstoff aus der Luft, verursacht eine regelrechte Explosion der neu entstehenden Teilchen (Bild 3.1). Eine solche Zunahme der Teilchen-Geschwindigkeiten im mikroskopischen Maßstab ist in unserer makroskopischen Welt als Temperaturanstieg, oft über 1000°C messbar.

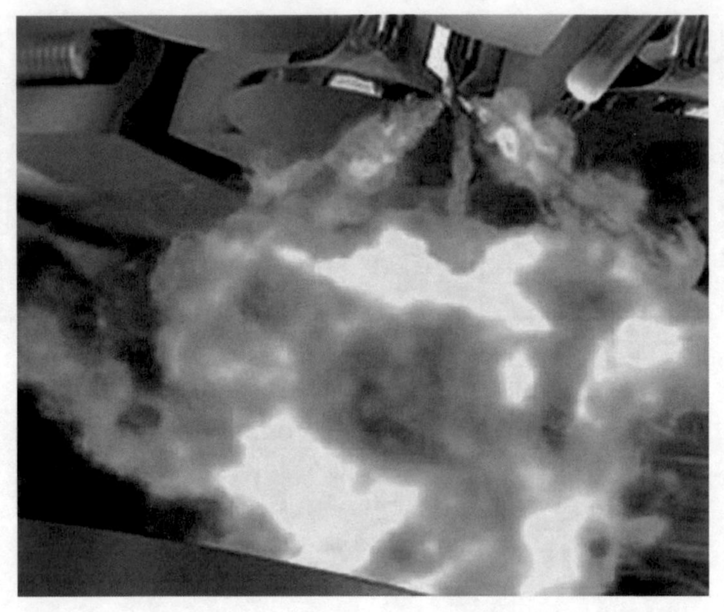

Bild 3.1 Feuer ist im mikroskopischen Maßstab eine explosionsartige Bewegung der aus einem Brennstoff und Sauerstoff entstehenden Teilchen

Die Wirkung eines Feuers auf ein Medium ist auch ohne direkten Kontakt möglich. Das Medium kann zum Beispiel Wasser sein. Um das Feuer nicht womöglich zu löschen, kann es von diesem durch eine metallische Separationsgrenze, gebräuchlich als „Topf" bezeichnet, getrennt werden. Die in alle Richtungen schießenden Teilchen im Feuer trommeln dann auf dieser Grenze, die eine Topfwandung aus Metall sein kann. Diese übergibt die Schwingungen mittels der eigenen Teilchen weiter, den Wasserteilchen, die ihrerseits in Schwingung gesetzt werden. Von außen kann man mit einem Thermometer feststellen, dass die Temperatur im Wasser steigt.

Dieser Vorgang wird als **Wärmeübergang** vom Feuer über die Topfwand zum Wasser betrachtet.

Die *Wärme* ist eine Energieform, die zwischen zwei Systemen unterschiedlicher Temperaturen infolge ihres thermischen Kontaktes übertragen wird. Wärme erscheint nur während eines Energieaustausches, sie kann nicht gespeichert werden.

Die innerhalb eines Systems speicherbare Energie wird als **Innere Energie** definiert [1].

Und wenn der Topf einen Deckel hat? Je nach dem: Der Deckel kann über dem Wasser saugend schwimmen oder fest am Topf verschraubt sein. Bis zum Erreichen der gleichen Wassertemperatur, beispielsweise 80°C, wird im Topf mit schwimmendem Deckel mehr Wärme als im Topf mit festem Deckel gebraucht [1], was in einem weiteren Kapitel begründet wird.

Mit steigender Wassertemperatur macht sich in dem Topf, ob mit festem oder mit schwimmendem Deckel, eine andere Größe zunehmend bemerkbar: **Der Druck**! Die Teilchen im Wasser bewegen sich dabei immer schneller, sie wollen raus. Sie versuchen, durch ihr Aufprallen die Wände zu verschieben. Der schwimmende Deckel wandert nach oben. Mit dem verschraubten Deckel erscheint ein Verschieben der Wände zunächst vergebens zu sein…

...zwei junge Bergwanderer gelangten eines Tages in eine Hütte, ausgehungert und ziemlich mittellos. Sie baten den Wirt, eine Konservendose mit weißen Bohnen in Tomatensoße, die sie mithatten, dort essen zu dürfen. Der barmherzige Wirt nahm die Dose in die Küche mit der Absicht, das Mahl warm zu machen. Er

legte die Dose auf den Herd. Ungeöffnet! Nach zehn Minuten gab es in der Küche einen fürchterlichen Knall, gefolgt von dem Geschrei des Wirtes: „Nehmt Eure verdammten Bohnen aus meiner Küche!“. Die Zwei eilten dahin, während die Bohnen, eine nach der anderen, aus der Decke tropften. Die Bewegung im mikroskopischen Bereich, in der Dose, während der Erwärmung, hatte sich also nach dem Platzen der Dose in eine makroskopische Bewegung der Bohnen gewandelt.

Eine makroskopische Bewegung hat mit der inneren Energie nichts mehr zu tun, das ist eine andere Energieform: **Mechanische Arbeit**, oder schlicht Arbeit. Das entspricht der Beschleunigung einer Masse auf einer Strecke.

Die *Arbeit* ist, wie die Wärme, eine Energieform, die zwischen zwei Systemen auf Grund eines Druckunterschiedes, an der Stelle ihres mechanischen, frei beweglichen Kontaktes übertragen wird. Arbeit erscheint nur während eines Energieaustausches, sie kann nicht gespeichert werden.

Eine Wiederholung erscheint an dieser Stelle als angebracht: Die innerhalb eines Systems gespeicherte oder speicherbare Energie wird als innere Energie definiert [1].

Die Wärme des Feuers wollen die Menschen entweder der Luft in Räumen, den Ziegelsteinen im Ofen, dem Metall im Schmelztiegel übertragen (*Feuer für Wärme*) oder für Arbeit in Maschinen verwenden (*Feuer für Arbeit*). Sowohl für die Wärmeübertragung, als auch für die Wärmeumwandlung in Arbeit gibt es zwei Varianten:

- mittelbare Wirkung des Feuers, über ein flüssiges oder über ein gasförmiges Arbeitsmittel (Wasser, Luft und viele andere Medien), wie in einer Heizungsanlage mit Wasserkessel, in einer Dampflokomotive oder in einer Dampfturbine.
- unmittelbare Wirkung des Feuers, wie im Kamin (für die Wärme), in einem Kolbenmotor oder in einer Gasturbine (Turbomotor) mit innerer Verbrennung.

3.2 Druck für Arbeit: Mittelbare Wirkung des Feuers

Kolbenmaschinen mit Dampf

Das Feuer wurde anfangs für Wärme und Essenzubereitung genutzt. Bald wurde aber die Neugierde des Homo sapiens größer: Was kann man mit dem Feuer noch anstellen? Und so entstand bereits in der Antike die erste Dampfmaschine der Menschheit, erfunden vom griechischen Mathematiker Heron von Alexandria um das Jahr 60 nach Christi. Sein Heronsball war die erste Maschine, die mittels Wärme die Bewegung eines Gegenstandes zustande brachte [2]. Dabei erhitzte eine offene Flamme zuerst das Wasser in einem Behälter. Der entstandene Wasserdampf füllte eine Kugel, die mit zwei tangential angebrachten, offenen Düsen versehen war. Der durch die Düsen austretende Dampf erzeugte jeweils eine Reaktionskraft, wodurch die Kugel zur Rotation kam. So entstand Arbeit, die aber damals nicht praktisch genutzt wurde.

Viel später, im Jahre 1712, installierte der Engländer Thomas Newcomen die erste Dampfmaschine, die Arbeit lieferte in einem Kohlebergwerk, in Staffordshire, zum Abpumpen des eindringenden Grundwassers [29]. In einem Behälter kochte Wasser an einem Kohlefeuer. Der Behälter war über eine Dampfleitung mit einem Arbeitszylinder verbunden. Beim Öffnen eines Ventils in der Leitung gelangte Wasserdampf unter Druck in den Arbeitszylinder, wodurch der Kolben geschoben wurde. Die Maschine war darüber hinaus mit einer Wassereinspritzung versehen, um den expandierten Wasserdampf im Zylinder im nächsten Schritt kondensieren zu lassen. Dadurch entstand wiederum ein Unterdruck, der den Kolben nach der Expansion zurückholte. Die Ventile zum Einlassen des Dampfes in den Zylinder und zum Einspritzen des Kühlwassers waren ursprünglich mit Hand von einem Knaben bedient. James Watt, Mechaniker an der Universität Glasgow, musste eines Tages eine Newcomen-Dampfmaschine reparieren (1764) und so begann er auch ihre Funktion zu verbessern. Er meldete fünf Jahre später ein Patent über „*Eine neu erfundene Methode zur Verringerung des Dampf- und Brennstoffverbrauchs bei Verbrennungsmaschinen*" an [30]. Die Dampfmaschine von Watt war mit einem Dampfkondensator außerhalb des Arbeitszylinders versehen. Dazu wurde der angeheizte Dampf auch auf beide Seiten des Kolbens geleitet, wodurch der Druck alternierend auf jede Seite des Kolbens wirkte. Die Dampfmaschinen dieser Art waren die wahren Treiber der industriellen Revolution! Es blieb nicht mehr nur bei dem Pumpen des Grundwassers aus Bergbauschächten. Sie trieben Mühlen, Pflüge, Webstühle, Maschinen aller Art in Fabriken.

Im Jahre 1783 kam James Watt auf die Idee, die Kunden für seine Dampfmaschinen mit einem pfiffigen Vergleich überzeugen zu wollen: Ein normales Pferd zog bis dahin immer Kohlesäcke oder Eimer mit Grundwasser aus den Schächten in dem es an diesen über Seile und Umkehrrollen gespannt war. Watt bezeichnete als „Pferdestärke-Einheit" den senkrechten Zug eines Gewichtes von 75 Kilogramm über die Höhe von einem Meter innerhalb einer Sekunde. Und so entstand die „Horse-Power" (hp), auf Deutsch die Pferdestärke (PS). *Der Motor eines Rennwagens erreicht derzeit über 1600 PS. Diese „Pferde„ könnten innerhalb einer Sekunde eine große Dampflok samt vollen Kohle- und Wassertender über einen Meter aus dem Schacht ziehen!*

In gleichem Jahre der PS-Einführung, 1783, gelang dem Briten Richard Trevithck, durch Kombinationen von Kurbeln, Pleueln und Zahnrädern, die Hin- und Her-Bewegung der Kolben in Watt-Dampfmaschinen in eine ruckfreie Rotation umzusetzen. Und so entstand der „Tram wagon", die erste Dampflokomotive der Welt. Der Arbeitskolben einer Dampflok wird wechselweise nach links und nach rechts vom angeheizten Dampf beaufschlagt. Der Ein- und Austritt des Dampfes wird von einem Kolbenschieber (oberhalb des Arbeitszylinders) gesteuert (Bild 3.2).

Bild 3.2 Dampfmaschine als Lokomotiven-Antrieb: Der Arbeitskolben (unten) wird wechselweise links/rechts vom angeheizten Dampf beaufschlagt. Der Ein- und Austritt des Dampfes wird von einem Kolbenschieber (oberhalb des Arbeitszylinders) gesteuert (Quelle: National Railway Museum York)

Die Dampfloks und die Dampfschiffe eroberten die Erde und die Meere.

Der vom Feuer angeheizte Wasserdampf kann aber auch effizienter genutzt werden als durch Aufschlagen auf einem Arbeitskolben, mal von links, mal von rechts, geleitet über Kolbenschieber. Die gewonnene Arbeit muss in dem Fall auch noch von dem Hin und

Her des Kolbens (Translation) über Kurbel und Pleuel in Rotation umgesetzt werden.

Dampfturbinen

Warum sollte der Dampf nicht gleich ein rotierendes Teil beaufschlagen, ob von oben, wie ein Wasserfall in einer Wassermühle, oder von der Seite, wie der Wind auf eine Windmühle? Eine ständige Strömung, wie ein Fluss, ein Wasserfall oder ein andauernder Wind, hat aber in sich mehr Energie als „nur" die innere Energie, welche die mikroskopische Teilchenbewegung in dem Medium selbst darstellt.

Ein fließendes Medium besitzt über seine innere Energie hinaus eine Pumpenergie, ausgedrückt in Druck und Dichte, und eine Bewegungsenergie (kinetische Energie), ausgedrückt in der makroskopischen Fließgeschwindigkeit. Der Sammelbegriff all dieser Energieanteile ist „Enthalpie".

Der Wasserdampf sollte also mit seiner geballten Enthalpie auf ein solches rotierendes Teil aufschlagen. Leicht gesagt, aber vom Watts' Dampf beaufschlagten Kolben (1783) bis zur Dampf beaufschlagten Turbine des Schweden Laval (1883) vergingen noch genau hundert Jahre! Eine Turbineneinheit besteht grundsätzlich aus einer Stator-Stufe und aus einer Rotorstufe. Zwischen den vielen Schaufeln eines Stators, beziehungsweise eines Rotors, können durch ihre Profilgestaltung sowohl die Durchfluss-Querschnitte als auch die Richtung der Strömungsgeschwindigkeit geändert werden. Eine Verengung der Strömungsquerschnitts wirkt dabei wie in einer Düse: Der Druck fällt ab, dafür steigt die Strömungsgeschwindigkeit, wobei die gesamte Enthalpie unverändert bleibt. Eine Krümmung des Strömungsprofils zwischen zwei Schaufeln führt andererseits zur Änderung der Strömungsrichtung. In den Rotorstufen bewirkt das einen Druck auf den Schaufeln, die dadurch in Rotation versetzt werden. Somit wird die Enthalpie der Strömung zum Teil in Arbeit umgesetzt. Die Laval-Turbine arbeitete nach dem „Aktionsprinzip“, das heißt: in dem Stator nur Druckabfall, im Rotor nur Richtungsänderung der Geschwindigkeit. Ein Jahr später entwickelte der Engländer Parsons eine Turbine nach dem „Reaktionsprinzip“: Der Druck fiel im Stator nur zu einem gewissen Anteil, im Rotor entstand durch die Profilgestaltung der Schaufel außer der Richtungsänderung der Strömung auch eine Querschnittsverengung, wie im Stator und damit eine zusätzliche Strömungsbeschleunigung. Allgemein läuft ein solcher Prozess in Stufen ab. Dafür werden mehrere Stator-Rotor-Einheiten vorgesehen. Parson war der erste, der eine Dampfturbine in einem Schiff (namens „Turbinia“) einbaute. Es folgten verschiedene Kombinationen von Aktions- und Reaktionsmodulen, entwickelt von dem US-Amerikaner Curtis, vom Franzosen Rateau oder vom Schweizer Zoelly.

Dann baute man nach diesem Prinzip große Kraftwerke, um durch Umwandlung der aus Dampf gewonnenen Arbeit elektrische Energie zu gewinnen. Der Dampf wird dabei genau wie bei einer Lokomotive aus einer Flüssigkeit, zum Beispiel aus Wasser, in einem Dampfkessel produziert. Dafür muss unter dem Kessel ein Feuer angelegt werden, wie in Omas Bad freitags. Gefeuert wurde lange Zeit Kohle, Erdgas oder ein Erdölderivat. Es geht aber auch ohne Feuer, indem in einem Primärkreislauf eine andere Flüssigkeit mittels Kernspaltung erhitzt wird und dann in dem Kessel, über Rohre in einem geschlossenen Kreislauf dem Wasser Wärme übertragt. Ab dem Punkt läuft der Prozess in einem Kernkraftwerk genauso wie in einem Kohlekraftwerk oder in einem gasbetriebenen Kraftwerk [1] (Bild 3.3). Die Flüssigkeit im Dampfkessel wird erhitzt (2,3-Temperatur steigt, Druck bleibt konstant), dann verdampft (3,4-Temperatur und Druck ändern sich nicht, dafür nimmt der Dampfanteil ständig zu) und schließlich als trockener Dampf überhitzt (4,5-Temperatur steigt wieder, Druck bleibt konstant). Die Enthalpie des Dampfes wird dann in einer Turbine von beispielsweise 150 bar/450°C bis auf 0,05 bar/20°C abgebaut (5,6) – genau diese Energie wird einem daran gekoppelten Stromgenerator als Arbeit übertragen. Der Dampf wird anschließend in einem Wärmetauscher (Kühlturm, Kondensator) soweit gekühlt (6,1), bis er wieder vollständig flüssig wird. Mittels einer Pumpe wird die Flüssigkeit in den Kessel gepumpt (1,2) und der ganze Prozess wird wiederholt.

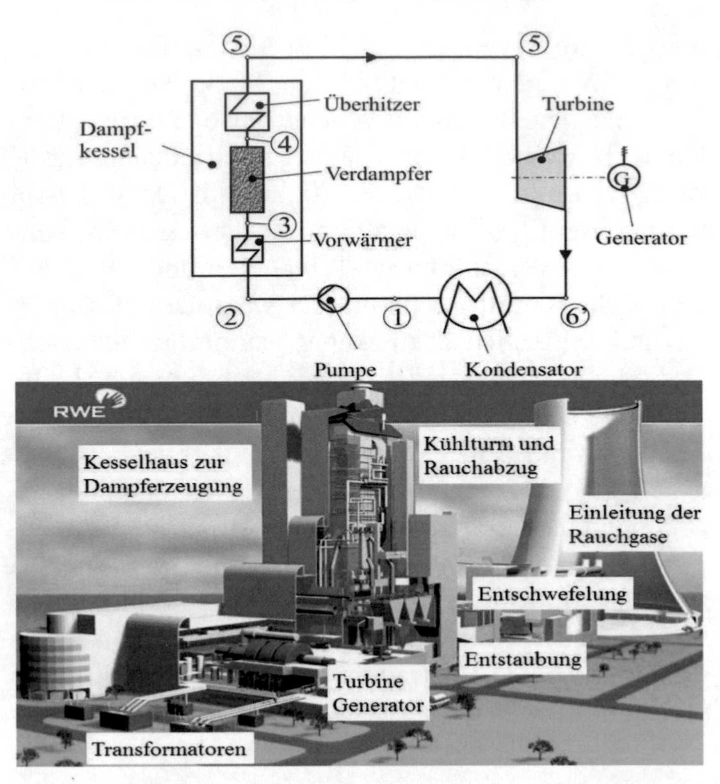

Bild 3.3 Kraftwerk mit Dampfturbine (Quellen: [1], RWE)

Heutige Dampfturbinen von Kraftwerken können bis zu 2000 Megawatt Leistung erbringen. Dampfturbinen wurden aufgrund dieser großen Leistungsentfaltung auch in Seeschiffen und Flugzeugträgern eingesetzt. In atombetriebenen Schiffen und U-Booten werden sie nach wie vor eingesetzt. Auf den großen Schiffen in diesem Leistungsbereich haben allerdings die direkt befeuerten Kolbenmotoren (Dieselmotoren) und Gasturbinen den Konkurrenzkampf gewonnen.

3.3 Druck für Arbeit: Unmittelbare Wirkung des Feuers

Kolbenmotoren

Um ein Feuer unmittelbar in einer Kraftmaschine zu entfachen wird ein meist flüssiger oder gasförmiger Kraftstoff (Benzin, Dieselkraftstoff, Pflanzenöl, Flüssiggas, Methanol, Ethanol, Erdgas, Biogas, Ether, Wasserstoff) mit Sauerstoff (gewöhnlich aus der Luft) gemischt und durch Fremdzündung oder Selbstzündung zur chemischen Reaktion geleitet.

Der Kraftstoff geht in die Reaktion meistens kalt, die Luft kann auch direkt aus der Umgebung bezogen werden, oder durch Verdichtung auf 300°C -800°C gebracht werden. Durch die chemische Reaktion erreicht das gasförmige Gemisch der Reaktionsprodukte (idealerweise Kohlendioxid, Wasserdampf und der unveränderte Stickstoff aus der Luft) Temperaturen im Bereich von 2000°C [1].

Für Kraftmaschinenentwickler ist es gebräuchlich, für die grundlegende Berechnung der Drücke und Temperaturen in einem solchen Prozess, sowie des Austausches von Wärme und Arbeit, das so zu betrachten, als hätte man der Luft in der Maschine einfach Wärme zugeführt, ungeachtet des Kraftstoffes und der chemischen Reaktion selbst.

Den ersten Kolbenmotor mit Zündung des Kraftstoff-Luftgemisches mittels Zündkerze in einem Zylinder mit Kolben und Kurbeltrieb erfanden Eugenio Barsanti und Felice Mateucci aus Lucca, in der Toskana, im Jahre 1853 [31]. Keine Kolbenschieber mehr, wie bei dem Dampf-Einlass und Auslass in Lokomotiv-Antrieben, sondern Ein- und Auslassventile in dem Arbeitszylinder selbst. Der Franzose Alphonse Beau de Rochas reichte dann neun Jahre später (1862) im Pariser Patentamt eine fünfzigseitige Schrift zur Beschreibung des allerersten Viertaktmotors der Welt ein: Durch Kolbenzug Luft/Kraftstoff-Ansaugen – dieses Gemisch durch Kolbenhub Verdichten – Verbrennen/mittels Kolben Abgase expandieren – Abgase durch Kolbenschub aus Zylinder entfernen [32]. Nicolaus August Otto erwarb dann in Deutschland im Jahre 1877 ein Patent auf einem Viertaktmotor mit Leuchtgas-Betrieb beim neu gegründeten „Kaiserlichen Patentamt“ [33]. Er wurde ab 1877 unter der Bezeichnung „Ottos neuer Motor“ produziert und vertrieben. Lizenznehmer in Manchester, England nannten ihn „Otto Engine“. Das Otto-Patent wurde im Jahre 1886 auf Grund der vorherigen Erfindungen des Viertaktmotors wieder aufgehoben. Gottlieb Daimler und Carl Benz konnten dadurch ab 1886 ohne Hindernisse Viertaktmotoren bauen und verkaufen. Der Name Ottomotor blieb trotzdem bis heute erhalten: Zu einer Ehrung von Nicolaus August Otto führte der Verein Deutscher Ingenieure im Jahr 1936 die Bezeichnung Ottomotor für alle Hubkolbenmotoren mit Fremdzündung in Deutschland ein. Zehn Jahre später wurde daraus eine regelrechte DIN-Norm.

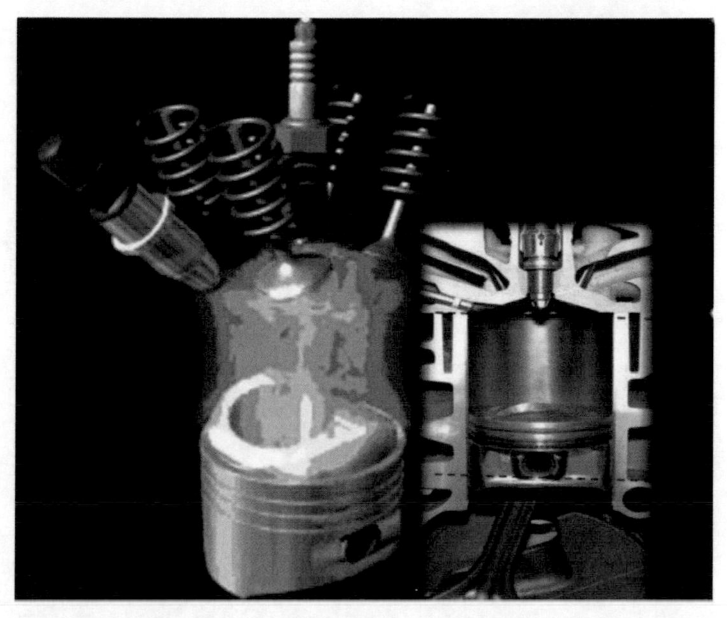

Bild 3.4 Während einer Verbrennung nimmt die Temperatur des gebildetes Abgasgemisches im Brennraum eines Kolbenmotors zu. Infolge dessen steigt der Druck im Gemisch, wodurch der Kolben geschoben wird

Die Ottomotoren sehen bis heute noch wie vor 135 Jahren aus, könnte man meinen: Kolben mit Kurbeltrieb, der in einem von Kühlflüssigkeit ummantelten Zylinder hin- und her läuft, Ein- und Auslassventile, Zündkerze (Bild 3.4). Die Entwicklung ist dennoch bemerkenswert: Aus zwei Ventilen wurden allgemein vier, für eine bessere Durchströmung. Die Kolben wurden kürzer und viel leichter, die Materialien widerstandsfähiger und reibungsminimiert, die Drehzahlen wurden viel höher. Entscheidend wurde aber die Art der Verbrennung, die von der Mischung des Kraftstoffes mit der Luft abhängt. Früher dienten dafür Vergaser, dann Niederdruck-Einspritzanlagen im Ansaugrohr, vor dem Eintritt in den Zylinder. Der Mischung wurde damit Zeit gelassen, der Kraftstoff konnte vollständig verdampfen und vor dem Ansaugen in den Zylinder sich gleichmäßig mit der Luft vermischen. Dann kam, Ende der 1990-er Jahre [34], [35] die Kraftstoff-Direkteinspritzung in den Zylinder, nachdem dieser mit frischer Luft gefüllt wurde. Viel Zeit bleibt dafür allgemein nicht: Bei einem Motor mit 6000 Umdrehungen pro Minute bleiben für einen ganzen Kolbenhub nur 5 Tausendstel Sekunde übrig. Für die Einspritzung des Kraftstoffs bleibt dann nur noch, im günstigsten Fall, die Hälfte dieser Zeit, meist aber unter einem Tausendstel Sekunde. Der Kraftstoff wird dann mit 100 bis 500 bar durch Düsen mit extrem kleinen Löchern oder Spalten in den Zylinder durchgequetscht. Für eine komplette Verdampfung der Tropfen ist die Zeit zu kurz, in den Tropfen bleiben oft flüssige Kerne. Die Homogenisierung dieser zum Teil verdampften Kraftstofftropfen mit der Luft ist auch dürftig. Wozu macht man es dann, warum blieb es nicht beim Vergaser? Liegt das nur an der besseren Dosierung? Keineswegs! Entscheidend ist bei der Kraftstoff-Direkteinspritzung die enorme Geschwindigkeit, mit der die Tropfen wie winzige Bleikugeln aus der Pistole in die Luft hineinschießen. Das schafft gewaltige Luftverwirbelungen um jeden Tropfen herum, dadurch werden die Kontaktoberflächen zwischen Kraftstoff und Luft viel größer. Es ist wie beim Mayonnaise-Schlagen, aber mit Tausenden, mit Millionen von winzigen Quirlen. Der Schmied macht es umgekehrt, er bläst Luft ins Feuer, um Verwirbelungen, und dadurch Fläche zwischen Glühteilchen und Luft zu erzeugen. Das funktioniert auch gut, obwohl mittels Blasebalgs die Luftgeschwindigkeit und die Luftdichte viel geringer als jene der besagten Schiesstropfen ist. Das Ergebnis lässt sich sehen: Mit der gleichen Luft im Zylinder und gar weniger Kraftstoff als vom Vergaser, kommt mehr Arbeit raus! Mehr Arbeit aus weniger zugeführter Wärme heißt, dass der thermische Wirkungsgrad ordentlich steigt!

Der thermische Wirkungsgrad einer Wärmekraftmaschine ist als Verhältnis der geleisteten Arbeit der Maschine zur zugeführten Wärme durch Verbrennung eines Gemisches von Luft und Kraftstoff definiert.

Sicherlich bleiben bei dieser Verdampfungs- und Vermischungseile einige flüssige Kraftstoffkerne unverbrannt oder nur teilweise verbrannt, der Prozentsatz ist allerdings sehr gering und sie werden nach dem Ausstoß aus dem Zylinder in Katalysatoren wirkungsvoll ausgefiltert oder nachbehandelt. Aktuelle Ottomotoren für Automobile erreichen einen beachtlichen Wirkungsgrad von 40%. Zwanzig Jahre zuvor waren es erst 23% bis 25%! Dabei sind allerdings die Wärmeverluste durch die Kühlung und durch die Abgase zu berücksichtigen. Diese Wärme wird im Winter für die Heizung des Fahrgastraumes genützt. Der Einsatz eines solchen Ottomotors mit Biogas oder Ethanol aus Pflanzenresten in einer Wärmepumpe, in der diese Wärmeanteile genutzt werden, zeigt allerdings ganz neue Perspektiven: Der gesamte Wirkungsgrad steigt in einem solchen Fall von 40% auf etwa 80%, die Nutzung klimaneutraler Kraftstoffe macht diese Kraftmaschine sehr fit für die Zukunft.

Und es geht auch noch anders, und zwar ohne Fremdzündung. Mit dem Diesel, den jetzt so viele Apostel und Besserwisser im Namen des Klimas verteufeln!

Rudolf Diesel (Bild 3.5), mit 12 Jahren aus Paris mit seiner bescheidenen Lederwarenhändler-Familie wegen des Kriegs nach England vertrieben, fand allein den Weg zu seinen Wurzeln, nach Augsburg. Dank einem Onkel der ihm Asyl gewährte, durfte Rudolf, der besser Französisch als Deutsch sprach, eine Gewerbeschule, dann die Technische Hochschule München besuchen und jede davon als Bester absolvieren [36].

Bild 3.5 Rudolf Diesel (1858 – 1913), seine Patenturkunde über das Diesel-Arbeitsverfahren (1893) und der erste funktionsfähige Dieselmotor (1895)

Die Industrieschule gab ihm die Leidenschaft für die Mechanik, fürs Experimentieren. Die Vorlesungen beim berühmten Professor Carl Linde ließen ihn die Faszination der theoretischen Seite, der Thermodynamik, entdecken. Linde war zwar berühmt für seine Kälteprozesse und –Maschinen, in den Vorlesungen erzählte er aber so fesselnd über Wärmekraftmaschinen, über die idealen Grenzen ihrer Prozesse, die etwa fünfzig Jahre zuvor vom französischen Physiker Sadi Carnot erkundet wurden. Welche Wirkungsgrade im Vergleich zu jenen der vorherrschenden Kolben-Dampfmaschinen!

Andererseits hatten etwa 20 Jahre zuvor Beau de Rochas, Nicolaus Otto, Gottlieb Daimler und Carl Benz ihre Motoren mit Fremdzündung so erfolgreich entwickeln können! Die 2000°C kann ein Motor dieser Art auch erreichen, aber nur für einen Moment, ausgehend von der relativ niedrigen Verdichtung, wodurch der maximale Druck allgemein nicht wesentlich über 80 bar steigt. Gerüstet mit so vielen theoretischen und praktischen Kenntnissen begann der junge Diesel seinen Kampf mit dem Wirkungsgrad der Wärmekraftmaschine. Der Franzose Carnot legte seinem eigenen, theoretischen Kreisprozess eine maximale, konstante Temperatur während der gesamten Wärmezufuhr zu Grunde. Man sollte also eine Verbrennung gleich bei 2000°C beginnen! Wie soll man so etwas erreichen? Durch vorherige Verdichtung des Arbeitsmediums, beispielsweise der Luft, bis zu so einer Temperatur? Das würde Drücke über 5500 bar verursachen, zu viel für Maschine, Schrauben, Werkstoffe. Ein Verdichtungsverhältnis von 700, anstatt etwa 7, wie bei den damaligen Ottomotoren? Und dann, die 2000°C auch noch während einer ersten Entlastungsphase halten?

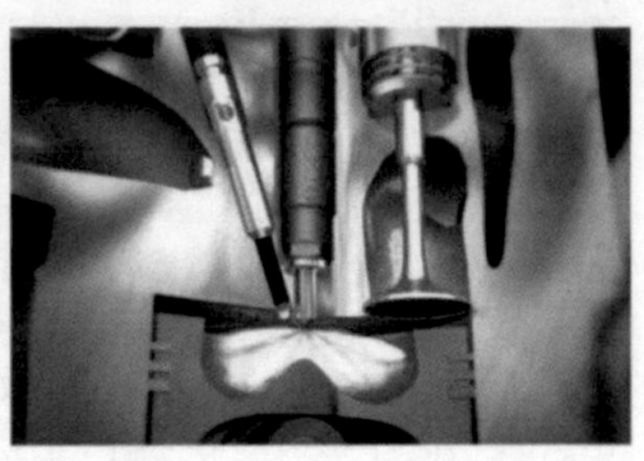

Bild 3.6 Ottomotor mit Flammenfront durch Fremdzündung (links) und Dieselmotor mit gleichzeitiger Verbrennung durch Selbstzündung (rechts) – moderne Ausführungen mit Kraftstoffdirekteinspritzung in Brennraum (nach Vorlagen von Bosch)

Diesel gelang ein Kompromiss zwischen dem Carnot- und dem Otto-Kreisprozess, indem er eine Verbrennung bei gleichem Druck konzipierte. Dabei kann der maximale Druck bei den etwa 80 bar vom Otto-Prozess bleiben. Die Lösung bestand in der Selbstzündung des direkt in den Brennraum eingespritzten Kraftstoffes, aufgrund der hohen Temperatur der Luft, die viel höher als im Ottomotor komprimiert wurde (Bild 3.6). Der Verbrennungsablauf ist dabei gewiss langsamer als bei einem Motor mit Fremdzündung, was in Bezug auf den Wirkungsgrad nachteilig ist. Andererseits ist aber sowohl das Temperatur- als auch das Druckniveau während der Wärmezufuhr höher als im Otto-Prozess. Dadurch ist der Wirkungsgrad deutlich höher und demzufolge der Kraftstoffverbrauch geringer als bei einem Ottomotor - oder noch deutlicher - als bei einer Dampfmaschine.

Nach zahlreichen und teuren Experimenten meldete Rudolf Diesel ein Patent zu „Arbeitsverfahren und Ausführungsart für Verbrennungskraftmaschinen“ an, welches vom Kaiserlichen Patentamt mit dem Datum von 23. Februar 1893 beurkundet wurde [37].

Am 10. August 1893 gelang dem damals 35-Jährigen ein erster, gewaltiger Knall, nachdem der Kraftstoffstrahl auf die heiße Luft eingespritzt wurde. Es funktionierte! Es folgten Experimente mit heftigen Explosionen, Aussetzern, Rußwolken und Feuerstrahlen aus dem Auspuff. Nach gut vier Jahren intensiver und nervenzerrender Arbeit von Diesel und einigen Ingenieuren gelang am 17. Februar 1897 der Durchbruch: 20 PS und 26,2% Wirkungsgrad, während eine Dampfmaschine gleicher Leistung nur 10% erbrachte!

Rudolf Diesel hatte es aber zu eilig, seine Erfindung zu kommerzialisieren: In den folgenden eineinhalb Jahren wurden Lizenzen an 20 Firmen weltweit vergeben. Viele Konstruktions- und Fertigungsfehler führten jedoch zu mittleren bis großen Funktionskatastrophen, die ihm viel Ärger brachten.

Der Siegeszug war aber dadurch nicht zu bremsen: 1902 liefen hunderte von Dieselmotoren in Fabriken, Elektrizitäts- und Pumpenwerken und Hotels, im folgenden Jahr auf Schiffen. Zwanzig Jahre später trieben Diesel-Motoren Traktoren und LKWs an, 1936 wurde auch das erste Automobil mit einem Diesel ausgerüstet: Mercedes Benz 260D.

Der thermische Wirkungsgrad der Dieselmotoren, als eigentlicher Kehrwert des Kraftstoffverbrauchs, erreichte in hundert Jahren den doppelten Wert. Gegenwärtig übertrifft er in PKW und LKW Motoren (40-

50%), jene aller anderen Wärmekraftmaschinen, angefangen von Ottomotoren (30-40%). Nur Gas- und Dampfturbinen mit Leistungen über 100 Megawatt können ähnliche Werte (40-45%) erreichen. Einzig und allein Gas- und Dampfturbinen-Kombikraftwerke von 100-500 Megawatt kommen auf höhere Wirkungsgrade (55-60%).

Vor einiger Zeit wurde experimentell nachgewiesen, was in dem Verfahren steckt, selbst mit Dieselmotoren aus der aktuellen Produktion, nur durch die exakte Modulation und Kontrolle des Verbrennungsvorgangs: Durch Teilung der Einspritzmenge pro Zyklus in fünf bis acht Portionen und dem entsprechend angepassten Einspritzbeginn können auch die lokalen Temperaturspitzen im Brennraum eliminiert werden, die für die Stickoxidentstehung verantwortlich sind.

Unter realen Bedingungen, in Fahrzeugen auf der Straße, wurden Stickoxidwerte gemessen, die gerade noch ein Zehntel der europäischen Norm erreichen.

Es geht also doch! Das Dieselverfahren wird weiterleben, und wie! Regenerative Kraftstoffe wie Methanol, Ethanol und Dimethylether aus Algen, Pflanzenresten und Hausmüll, sowie seine Zusammenarbeit mit Elektromotoren werden ihm einen weiteren Glanz verschaffen.

Strömungsmaschinen (Gasturbinen)

Leonardo da Vinci aus der Toskana, das wahre Universalgenie aller Zeiten, erfand im Jahre 1500 eine Gasturbine, die sich mittels heißen Gases aus einem Kamin drehte und über eine Zahnkettenverbindung einen Bratspieß antrieb [38].

Der Engländer John Barber erhielt im Jahre 1791 ein Patent für die erste Gasturbine deren meisten Komponenten sich auch in den modernen Gasturbinen wiederfinden [39]. Diese Turbine trieb eine Kutsche an.

Charles Gordon Curtis patentierte im Jahre 1899 den ersten Gasturbinenmotor in den USA ("Apparatus for generating mechanical power“ [40]. Nach 1937 erschienen in Großbritannien und in Deutschland die ersten von Strömungsmaschinen angetriebenen Militärjets [41]. Messerschmitt Me 262 war im Jahr 1943 das erste in Serie gebaute Strahltriebwerk-Flugzeug der Welt [42].

Die Gasturbinen haben gegenüber den Kolbenmotoren den konstruktiven Vorteil einer reinen Rotationsbewegung. Darüber hinaus besteht aber auch ein bemerkenswerter funktioneller Vorteil:

In einer Strömungsmaschine (Gasturbine) finden alle Prozessabschnitte, von Ansaugen der Luft, über Verdichtung, Verbrennung und Expansion des Abgasgemisches bis hin zum Ausstoß der verbrauchten Ladung – gleichzeitig, allerdings in einem jeweils dafür entwickelten und optimierten Funktionsmodul statt.

Verdichter, Brennraum, Turbine, Ansaugdiffusor und Abgasdüse haben also dafür eigene, spezifische Merkmale (Bild 3.7).

Dagegen wirkt die Kolben/Zylindereinheit eines Kolbenmotors einmal als Verdichter, dann als Brennraum, als Entlastungsmodul und als Ladungswechselanlage – die Kompromisse sind dabei vorprogrammiert.

Die Umsetzung eines solchen Prozesses kann in einer Maschine mit axialem Verdichter und Turbine (Bild 3.7), (Bild 3.8), oder in einer Maschine mit radialem Verdichter und Turbine (Bild 3.9), (Bild 3.10) erfolgen [3]. Die axialen Verdichter/Turbinenmodule finden generell im Flugzeugmotorenbau Anwendung (Strahltriebwerke), während die radiale Kombination Verdichter/Turbine wegen ihrer bereits breiten Anwendung als Turbolader für Kolbenmotoren durch die Ergänzung mit einer Brennkammer eine effizientere Umsetzung im Automobilbau finden könnte.

Das Funktionsprinzip beider Formen ist ähnlich.

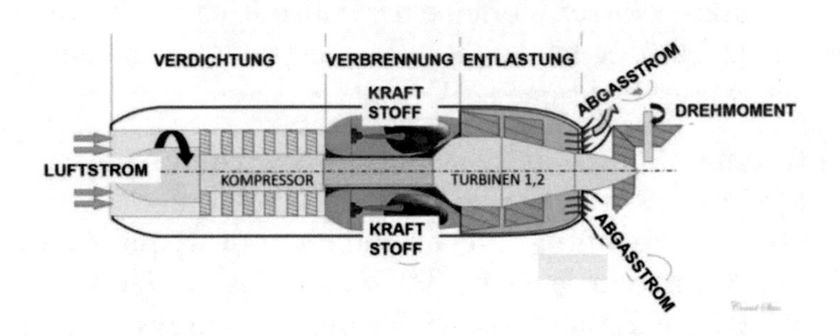

Bild 3.7 Gasturbine mit axialer Verdichter- und Turbineneinheit – schematisch

Bild 3.8 Gasturbine mit axialer Verdichter- und Turbineneinheit – Schnitt

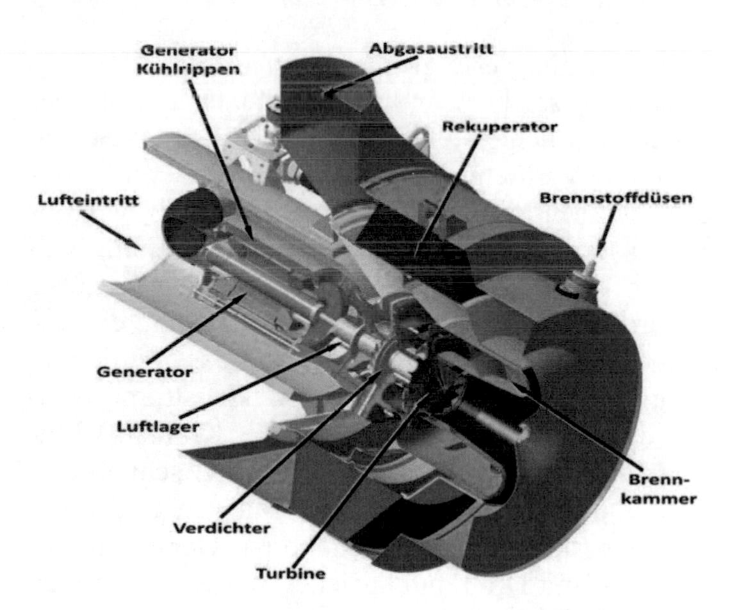

Bild 3.9 Strömungsmaschine (Gasturbine) mit radialer Verdichter- und Turbineneinheit – schematisch (Quelle: Capstone)

Bild 3.10 Strömungsmaschine (Gasturbine) mit axialer Verdichter- und Turbineneinheit – Schnitt (Quelle: Capstone)

Die Verdichtung erfolgt mittels der axialen Verdichterausführung (Bild 3.7), (Bild 3.8) üblicherweise über mehrere Verdichterstufen – bestehend aus Rotor und Stator. Die Verbrennung findet infolge des kontinuierlichen Massenstroms von Luft und Kraftstoff bei konstantem Druck statt. Die Vorteile der Mischung von Kraftstoff und Luft und der Verbrennung gegenüber jener im Brennraum eines Kolbenmotors sind eindeutig und lassen eine weitgehende Prozessoptimierung zu: Infolge der kontinuierlichen Massenströme während der Maschinenfunktion ist die Kraftstoff-Einspritzdüse stets offen, es gibt also keine schnell öffnende und schließende Nadel, wie in den Düsen der Einspritzsysteme für Kolbenmotoren. Der Kraftstoff wird meist mit Drall durchgeleitet, was einen stabilen Strahl und eine gute Zerstäubung gewährt [3].

Die Eindringtiefe des Strahls und sein Ausbreitungswinkel spielen ohnehin keine große Rolle: Der geometrischen Gestaltung des Brennraumes sind kaum Grenzen gesetzt. Die Kontaktfläche mit der ummantelnden Luft kann dadurch optimal gestaltet werden. Meistens ist der weitgehend zylindrische Mantel des Brennraumes an seiner Außenseite von einer Sekundärluftströmung, die vom gleichen Verdichter abgeleitet ist, umhüllt. Das entschärft einerseits die thermische Belastung des Brennraumes und dämpft seitliche Wärmeverluste. Andererseits können in Zonen des Brennraumes, an denen die Flammentemperatur so weit steigt, dass lokal Stickoxide entstehen könnten, Bohrungen in den Brennraummantel vorgenommen werden: Das Ansaugen eines Teils der Sekundärluftströmung durch solche Bohrungen führt zur lokalen Senkung der Temperaturen im gefährdeten Bereich.

Die Expansion der verbrannten Gase erfolgt über eine allgemein mehrstufige Turbine. Die erste Turbinenstufe oder –stufen dienen der Absicherung der Verdichterarbeit, die über eine axiale Welle diesem übertragen wird. Die zweite Turbinenstufe oder –stufen – setzt die restliche Enthalpie des Arbeitsmediums in die eigentliche Nutzarbeit um. Diese Arbeit kann mittels eines Getriebes für den Direktantrieb eines Fahrzeuges oder zur Stromerzeugung in einem Generator genutzt werden [3].

Das Abgas wird in dieser Weise bis zum Umgebungsdruck entlastet, hat aber doch noch eine höhere Temperatur als jene der Umgebung. Die darin noch enthaltene Wärme kann über einen Wärmetauscher aufgefangen und wiederverwendet werden.

3.4 Feuer direkt oder indirekt, auf Kolben oder vor Turbine?

Die Vielfalt der Prozess-Arten und Maschinenausführungen scheint überwältigend zu werden:

- Soll das Arbeitsmedium, ob Luft, Wasser, oder ein anderes Fluid, zuerst separat und indirekt angeheizt werden, wie in der Dampflok, im Kraftwerk oder in einem Stirlingmotor [1], [3]?
- Soll das Arbeitsmedium, beispielsweise die Luft, mit Kraftstoff direkt vor dem Kolben oder vor der Turbine angefeuert werden?
- Soll das Arbeitsmedium zeitweise in einem Raum eingeschlossen werden und dort eine Prozesssequenz nach der anderen absolvieren, wie in Viertakt-, Zweitakt- oder in Wankelmotoren [1], [3]?
- Soll das Arbeitsmedium vielleicht doch als Strömung durch aufgabenspezifische Module durchgezogen werden, wie in Kraftwerken oder in Strömungsmaschinen (Gasturbinen) [1], [3].

Kann man in einem solchen Dickicht von Varianten den richtigen Weg noch finden, um mittels Feuer Arbeit zu produzieren?

Ja, man kann es, wenn der Prozess und die Maschinenausführung sich nach Einsatzzweck richten. Es ist Unsinn, in einem Moped statt des üblichen, kleinen, kompakten und preiswerten Zweitaktmotors (vorzugsweise mit Biokraftstoff-Direkteinspritzung), einen Wasserstoff-Viertaktmotor oder eine Gasturbine einzubauen, nur der technischen Raffinesse zuliebe. Es ist genauso ein Unsinn, in einem sehr teuren und schnellen Auto mit weit über 1000 PS einen über 600 kg schweren und dazu noch großen Sechzehn-Zylinder-Viertaktkolbenmotor in W-Anordnung einzubauen. Es ist schlauer, stattdessen zwei kompakte Gasturbinen vorzusehen, die als stationär arbeitende Stromgeneratoren für vier ebenfalls kompakte Antriebselektromotoren Elektroenergie liefern. Der Preis und die Beschleunigung des jeweiligen Autos sind fast gleich, Unterschiede in Größenordnungen ergeben sich allerdings bezüglich Kraftstoffverbrauchs und Schadstoffemission. Beide Ausführungen wurden praktisch realisiert und auf der Straße mit beachtlichem Erfolg erprobt. Die zwei konkurrierenden Automobilhersteller sind international nicht unbekannt.

Ein bestimmter Prozess wird nicht durch eine immer komplizierterer Maschinenausführung besser. Das beste Beispiel war der Vergaser, der Kraftstoff zu dosieren hat. Mit der Zeit musste er sich an vielfältige Bedingungen anpassen. Es entstand eine zusätzliche Bohrung, dann noch eine Extradüse, ein Druckausgleichmodul. So wurde der Vergaser zur hydraulisch-pneumatischen, konstruktiv sehr komplexen Präzisionsuhr. Aber eines Tages erschien eine elektrisch angetriebene Kraftstoffpumpe und eine einfache, elektromagnetisch betätigte und elektronisch gesteuerte Einspritzdüse [34]. Das war faktisch das Ende des Vergasers.

Eine prozessbezogene Revolution ist meistens effizienter als eine Ausführungsbezogene, oft sehr umständliche Evolution.

4

Feuer mittels klimaneutraler Brennstoffe

4.1 Ressourcen, Potentiale, Eigenschaften

Die Sonne brennt ständig. Sie sendet ihre Wärmestrahlung als Bündel von elektromagnetischen Wellen in alle Richtungen, so auch zur Erde. Das Dauerbrennen auf der Sonne benötigt keinen Sauerstoff, den es ohnehin um die Sonne nicht gibt. Es ist eine Verbrennung durch Fusion der Wasserstoffkerne zu Heliumkernen, wie auf anderen Sternen auch.

Von einer *Kernfusion* wie auf oder in der Sonne träumen die Menschen schon lange. Es ist nur ungewiss, wie sie damit umgehen würden, wenn sie sie beherrschen könnten.

Das Schwarzpulver, als Sprengstoff, braucht auch keinen Sauerstoff von außen, es besteht aus Salpeter, welches selbst Sauerstoff als Oxidationsmittel beinhaltet, sowie aus Kohlenstoff, aus Holzkohle und aus Schwefel.

C. Stan, *Das Feuer ist kein Ungeheuer*,
https://doi.org/10.1007/978-3-662-64987-9_4

Schwarzpulver oder ähnliche Mischungen ohne Sauerstoff aus der Luft im Heizofen, im Kolbenmotor oder in der Gasturbine würden zu Explosionen und Zerstörungen führen. Sie werden lediglich als Impulsgeber für Waffen und Raketen verwendet.

In den meisten anderen Anwendungen nützen Menschen Brennstoffe die mit Sauerstoff aus der Umgebungsluft oxidieren. Aus einer derartigen chemischen Reaktion entsteht dann Wärme, die zur Heizung genutzt oder in Arbeit mittels Wärmekraftmaschinen umgewandelt werden kann. Mit der Arbeit werden Maschinen und Motoren angetrieben, oder elektrischer Strom generiert. Ein Brennstoff für Wärmekraftmaschinen wird als *Kraftstoff* bezeichnet.

Die Menschen nutzen auf der Erde sowohl fossile als auch regenerative Brennstoffe, beziehungsweise Kraftstoffe. Sie können fest, flüssig oder gasförmig sein [1], [3]:

Fest	- Kohle, Biomasse
Flüssig	- Kohlenwasserstoffe, Alkohole
Gasförmig	- Kohlenwasserstoffe, Wasserstoff

Von erheblicher Bedeutung für die Erhaltung des Klimas auf der Erde ist in erster Linie die Herkunft eines Brennstoffs.

<u>Fossile Energieträger</u> (organische Strukturen, die in Millionen von Jahren zu Kohlenwasserstoffen umgewandelt wurden) sind bei ihrer derzeitigen intensiven Nutzung nur noch begrenzt verfügbar. Der Grund ihres zwingenden Ersatzes ist aber ein anderer: Ihre Umwandlung, hauptsächlich in Kohlendioxid und Wasser

infolge der Verbrennung, ändert die Zusammensetzung der atmosphärischen Luft. Gefährlich ist dabei, dass das aus fossilen Brennstoffen entstehende Kohlendioxid auf natürlichem Wege nicht wieder aus der Luft gesaugt wird. Fossile Brennstoffe haben allerdings auch klare Vorteile, wie die vergleichsweise unaufwendige Umwandlung zu Kraftstoff, der einfache Transport und Speicherung und der große Energiegehalt pro Masse- oder Volumeneinheit.

Regenerative Energieträger aus Pflanzen sind dagegen unbegrenzt verfügbar. Ihre Umwandlung durch Verbrennung ist Teil eines natürlichen Kreislaufs, wodurch die Zusammensetzung der atmosphärischen Luft nur zum Teil beeinflusst wird. Die regenerativen Energieträger bieten eine sichere Perspektive der weiteren Energienutzung für Wärme, Arbeit und Strom.

Die meist genutzten fossilen und regenerativen Energieträger und die Brennstoffe/Kraftstoffe, die daraus hergestellt werden, sind die folgenden [1], [3]:

fossile Energieträger	***Brennstoff/Kraftstoff***
Kohle	*Synthetische-Kraftstoffe* *Wasserstoff*
Erdöl	*Benzin, Diesel, Autogas*
Erdgas	*CNG* *(Compressed Natural Gas)*
	LNG *(Liquified Natural Gas)*
	Wasserstoff

regenerative Energieträger	***Brennstoff/Kraftstoff***
Abfallprodukte	*Biogas*
Biomasse	*Methanol* *Ethanol*
Öle	*Rapsöl* *Palmöl* *Nussöl*
Wasser	*Wasserstoff*

Ein Brennstoff enthält eines oder mehrere der folgenden Elemente: *Kohlenstoff, Wasserstoff, Schwefel, Sauerstoff, Ballast.*
Je nachdem, welche aus diesen Elementen in einem Brennstoff vorhanden sind, resultieren aus seiner vollständigen Verbrennung mit Sauerstoff aus der Luft: *Kohlendioxid und Wasserdampf*, gegebenenfalls auch *Schwefeldioxid.*

Folgende Eigenschaften eines Brennstoffs/Kraftstoffs sind für seinen Einsatz zur Gewinnung von Wärme oder Arbeit maßgebend [3]:

- *Molekulare Struktur (Anzahl von Kohlenstoff-, Wasserstoff- und Sauerstoff-Atomen)*: Sie beeinflusst direkt, infolge der Massenanteile von Kohlenstoff und Wasserstoff in der Verbrennungsreaktion die Struktur und die Konzentrationen der Abgaskomponenten. Je Kilogramm Kraftstoff ergibt beispielsweise die Verbrennung von purem Kohlenstoff die maximale Kohlendioxid-Konzentration; dagegen ergibt die Verbrennung von purem Wasserstoff kein Kohlendioxid, sondern nur Wasser.

Erdgas hat mehr Wasserstoff-Atome im Verhältnis zu den Kohlenstoffatomen als *Benzin*. Bei der Verbrennung eines Kilogramms Erdgas resultiert weniger Kohlendioxid als von einem Kilogramm Benzin, beide Brennstoffe haben aber fast den gleichen Heizwert.

- *Dichte des Brennstoffs/Kraftstoffs:* Davon hängt das Volumen, aber auch die Masse des Gesamtsystems Kraftstoff-Tank ab.

Benzin, Diesel, Methanol, Ethanol und die Öl-Esters haben weitgehend eine ähnliche Dichte bei Umgebungsdruck und -temperatur. Zu ihrer Speicherung genügen einfache und preiswerte Tanks.

Autogas kommt bei einem vertretbaren Druck von 5 bis 10 bar, in flüssiger Phase, in die Nähe dieser Dichte.

Erdgas hat erst bei einem Druck von 200 bar, bei Umgebungstemperatur, etwa ein Fünftel der Dichte von Benzin. Erst bei sehr niedrigen Speichertemperaturen, um minus 150°C. bei Umgebungsdruck, erreicht es gerade mehr als die Hälfte der Benzindichte.

Wasserstoff stellt in Bezug auf Speicherfähigkeit, aufgrund seiner Dichte, ein beachtliches

Problem bezüglich der Speicherung. Unter gleichen Druck- und Temperaturbedingungen kann beispielsweise in einem Tank mit gegebenem Volumen rund 15-mal weniger Wasserstoff (in Gramm) als Luft (in Gramm) gespeichert werden! Die gespeicherte Masse kann nur dann in einem gegebenen Volumen erhöht werden, wenn einerseits der Druck erhöht, andererseits die Temperatur gesenkt wird [1].

- *Viskosität (Zähflüssigkeit) des Brennstoffs/Kraftstoffs:* Sie beeinflusst in erster Linie den Verbrennungsvorgang. Öle haben beispielsweise die rund zwanzigfache Viskosität im Vergleich zum Dieselkraftstoff. Selbst durch die chemische „Kürzung" ihrer Moleküle (Umesterung) wird die Zähflüssigkeit gesenkt. Sie bleibt aber immer noch zweimal so groß als jene des Dieselkraftstoffs. Die Verbrennung eines frischgepressten, durch eine intermittierend öffnende Düse eingespritzten Öls, kann zu Verkokungserscheinungen am Düsenaustritt und kurze Zeit, später zur Düsenverstopfung führen.

- *Heizwert des Brennstoffs/Kraftstoffs (Die Wärme, die infolge der Verbrennung eines Kilogramms davon gewinnbar ist):* Dieser Heizwert hängt von den Massenanteilen an Kohlenstoff, Wasserstoff und Sauerstoff im Brennstoff ab. Bei gleicher getankter Kraftstoffmenge (Kilogramm) wäre beispielsweise die Reichweite eines gleichen Fahrzeugs mit gleichem Verbrennungsmotor mit dem gleichen Leistungsbedarf etwa dreimal so groß beim Verbrennen von Wasserstoff als beim Verbrennen von Benzin. Leider ist aber die Dichte des Wasserstoffs, ob kalt oder unter Druck gespeichert, viel geringer als jene des Benzins, so dass in einem gleichen Volumen viel weniger Masse aufgenommen werden kann.

Beim Übergang von Benzin auf Methanol würde sich bei gleichem Tankinhalt die Reichweite zur Hälfte reduzieren. Der letztere Fall entspricht weitgehend realer Verhältnisse, aufgrund der vergleichbaren Dichte von Benzin und Methanol unter gleichen Speicherbedingungen (Umgebungszustand).

- *Luft-Kraftstoff-Verhältnis (chemisch erforderlicher Luftbedarf des Kraftstoffs):* Der Luftbedarf hängt, wie der Heizwert, von den Massenanteilen an Kohlenstoff, Wasserstoff und Sauerstoff im Brennstoff ab [1]. Ein Brennstoff aus purem Wasserstoff benötigt die größte Luftmasse für eine chemisch exakte Reaktion. Alkohole beinhalten bereits einen Anteil an Sauerstoff, beziehen deswegen, als Vergleichsbeispiel, weniger Sauerstoff aus der Umgebungsluft in die Verbrennung als Benzin ein.

- *Heizwert des Brennstoff-Luft-Gemisches:* Dieser *Gemischheizwert* ist mit dem vorhin erwähnten *Heizwert eines Brennstoffe*s nicht zu vergleichen. Ein Beispiel: Der Heizwert des Wasserstoffs übertrifft die Heizwerte aller anderen Kraftstoffe, was theoretisch mehr Wärme erwarten lässt. Der Luftbedarf des Wasserstoffs ist aber sehr hoch [1]. Und so wird der Heizwert eines Wasserstoff-Luft-Gemisches sogar etwas niedriger als jener eines

Benzin-Luft-Gemisches.
Das bedeutet, als Beispiel, dass die Umstellung von Benzin auf Wasserstoff in einem Kolbenmotor keine spektakuläre Änderung des Drehmomentes erwarten lässt.

Diese Zusammenhänge zeigen deutlich, dass die physikalischen Eigenschaften der Brennstoffe sowohl den Prozessablauf als auch die davon zu erwartender Wärme, bei Verbrennung mit Luft, beeinflussen.

Über die Eigenschaften fossiler Brennstoffe wie Benzin, Dieselkraftstoff, Erdgas, Schweröl oder Kohle wurde viel geschrieben und gesagt. Sie dominieren immer noch die Energiewelt, ob im Verkehr, in der Industrie oder bei der Raumheizung. Eine Zukunft haben sie aber kaum noch, deswegen werden sie in diesem Buch auch nicht weiter betrachtet.

Andererseits, genug Arbeit und Wärme aus Windkraft und Photovoltaik mittels Umwandlung in elektrische Energie zu gewinnen, klingt eher illusorisch. Das Brennen bleibt also doch im Rennen. Alkohole, Biogas und Öle haben dafür ein beachtliches Potential, sie sind zentral und dezentral, in großen und in kleinen preiswerten Anlagen herstellbar, einfach zu speichern und in Wärmekraftmaschinen wie in Heizungsanlagen problemlos einsetzbar.

4.2 Biogas (Methan)

Gewinnung

Das Biogas enthält zwischen 50% und 75% Methan aus organischen Rohstoffen und ist ein zukunftsträchtiger regenerativer Ersatz für das jetzt noch weltweit in großen Mengen eingesetzte Erdgas [3]. Biogas und Erdgas können, bis zu einer kompletten Ablösung des Erdgases, in beliebigen Verhältnissen gemischt werden. Dafür sind die gleiche Infrastruktur und die gleiche Speicherausrüstung verwendbar. Heizungsanlagen und Wärmekraftmaschinen funktionieren mit Biogas genauso gut wie mit Erdgas. Die auf der Welt vergärbare Biomasse ist sehr vielfältig, von Klärschlamm, Bioabfall, Speiseresten, Gülle, Mist, Pflanzenresten, bis zu den unterschiedlichsten Energiepflanzen

Als Beispiel: Eine kleine dörfliche Biogasanlage in Europa wandelt täglich 55 Tonnen Kuhmist aus einer benachbarten Farm in 370 Kilowatt-Stunden Elektroenergie um. Mit dieser Elektroenergie könnte man die Batterien von elf kompakten Elektroautos vollständig laden [3]. Für Autos mit Verbrennungsmotoren wäre jedoch das Methan, ohne eine Umwandlung in Elektroenergie, auch sehr geeignet. Das ist offensichtlich auch der einfachere Weg.

Eigenschaften

Aufgrund der Ähnlichkeit von *Heizwert, Luftbedarf und Gemischheizwert*, mit jenen des Benzins, ist eine Umstellung von Verbrennungsanlagen sowie von Benzinmotoren auf Methanbetrieb weitgehend unproblematisch.

Speicherung

Außer der gasförmigen Speicherung unter Druck, bekannt vom Erdgasbetrieb als CNG (Compressed Natural Gas) wird auch die LNG (Liquiefied Natural Gas) - Form verwendet: Bei minus 161- 164 °C und atmosphärischem Druck ist das Erdgas flüssig. Seine Dichte ist dann zwar drei Mal höher als bei Umgebungstemperatur, das erfordert jedoch eine Erhöhung des technischen Aufwandes (kryogene Speichertechnik). Die Nutzung von verflüssigtem Methan (LNG), derzeit als Erdgas, später als Biogas, hat auch gute Perspektiven. Diese Form wird zunehmend in Schiffsantrieben eingesetzt. Durch die erwähnte Kühlung bei Umgebungsdruck wird eine Phasenänderung von Gas zu Flüssigkeit erreicht, wodurch das Methanvolumen auf 6% der ursprünglichen, gasflüssigen Phase reduziert wird. Im Vergleich mit einer Druckerhöhung auf 200 bar bei atmosphärischer Temperatur, wie im Falle des CNG, ist das Volumen 3-mal geringer, was eine effizientere Speicherung gewährt. Diese Lösung wird in erster Linie in LNG-Tankern verwendet, die ohnehin das flüssige Gas transportieren. Derzeit (2019) gibt es insgesamt 321 Schiffe mit LNG Antrieb (dazu 501 neue Bestellungen), davon 224 LNG-Tanker, 44 sonstige Tanker, 12 LPG-Tanker, 22 Offshore-Schiffe 8 Container-Schiffe, 2 Autotransporter [3].

In Straßenfahrzeugen ist LNG auf Grund der kostenintensiven kryogenen Speicherung nur in Nutzfahrzeugen angewendet. Der Fahrzeughersteller Scania hat im Jahre 2019 ein solches Fahrzeug mit einem LNG- Motor mit 302 kW in Serie eingeführt. Die Basis bildet ein Serien-Dieselmotor, der auf Fernzündung, bei einer niedrigeren Verdichtung umgestaltet wurde. Die

Reichweite, nur für die Zugmaschine, beträgt 1.000 Kilometer. Der Fahrzeugbauer IVECO hat eine ähnliche Konfiguration mit einem Motor mit 339 kW bei gleicher Reichweite wie Scania in Serie gebracht. Die Bio-LNG-Euronet bietet für Scania und IVECO eine Flüssig-Biogas-Anlage, die zahlreiche Tankstellen in ganz Europa versorgt. Eine besondere LNG-Motor Variante wurde von Volvo entwickelt: Der Motor funktioniert im Diesel-Verfahren und ist abgeleitet von dem bewährten Serien-Dieselmotor der Firma, um somit den hohen thermischen Wirkungsgrad des Selbstzünders zu nutzten. Die Selbstzündung wird in diesem Fall durch die Piloteinspritzung einer geringen Menge von Dieselkraftstoff realisiert [3].

Und das war längst nicht alles: Eine zukunftsträchtige Technik – ANG (Adsorbed Natural Gas) – besteht in der Adsorption des Gases in einer Aktivkohlematrix bei Drücken von 40 bis 70 bar. Es wird spannend!

4.3 Alkohole: Ethanol und Methanol

Gewinnung

Nikolaus August Otto verwendete bereits 1860 Ethanol in seinen Motoren-Prototypen, Henry Ford nutzte Bioethanol zwischen 1908 und 1927 in Serienfahrzeugen und bezeichnete ihn als Treibstoff der Zukunft.

Ethanol und Methanol werden aus zwei Gruppen von Rohstoffen gewonnen [3]:

- *Stärke und Zucker* aus Pflanzen. Dafür wird beispielsweise in Brasilien Zuckerrohr-Melasse, in

Nordamerika Mais, in Europa werden Zuckerrüben und teilweise Weizen, in Asien Maniok (Cassava) verwendet.

- *Algen und Cellulose* aus Reststoffen der Papier- oder Holz-Verarbeitenden-Industrie, aus pflanzlichen Abfällen und aus Pflanzen, die für die menschliche Ernährung ungeeignet sind.

Das Potential dieser Rohstoffe und ihr Einfluss auf die menschliche und natürliche Umgebung bei ihrer systematischen Nutzung als Brennstoffe oder Kraftstoffe in Form von Methanol oder Ethanol kann mit folgenden Fakten und Beispielen dargestellt werden [3]:

- In Brasilien wird Zuckerrohr seit 1532 angebaut. Ethanol aus Zuckerrohr wurde dort als Kraftstoff für Automobile bereits zwischen 1925-1935 verwendet. Seit 1975, nach der 1. weltweiten Erdölkrise, wird durch die brasilianische Regierung das nationale Alkoholprogramm ProAlcool zum Ersatz fossiler Treibstoffe durch Alkohol konsequent verfolgt. Das erste serienmäßige Automobil betrieben mit 100 % Ethanol seit der Einführung des ProAlcool Programms war der Fiat 147 (1979); zehn Jahre später fuhren in Brasilien 4 Millionen Fahrzeuge mit 100 % Ethanol. Die Umkehrung dieser Tendenz in den nachfolgenden Jahren zu mehr Abhängigkeit von Erdöl hatte in erster Linie landüberschreitende wirtschaftspolitische Ursachen. Diese Situation wurde aber relativ schnell überwunden. Ab 2003 wurde der Brasilian VW Gol 1,6 Total Flex auf dem Markt eingeführt, ein Auto für variable Gemische (0-100 %) von Benzin und Ethanol (Flex

Fuel). Sieben Jahre später waren Chevrolet, Fiat, Ford, Peugeot, Renault, Volkswagen, Honda, Mitsubishi, Toyota, Citroen, Nissan und Kia mit Flex Fuel Autos auf dem brasilianischen Markt zu finden. Das machte 94 % aller Neuzulassungen aus!
Im Jahre 2017 fuhren in Brasilien 29 Millionen Flex Fuel-Fahrzeuge. Diese intensive Verwendung von Ethanol aus Zuckerrohr wirft gewiss die Frage der Rohstoffverfügbarkeit auf. Brasilien verfügt über 355 Millionen Hektar beackerbaren Landes, wovon derzeit lediglich 72 Millionen Hektar beackert sind. Zuckerrohr wird nur auf 2 % davon gepflanzt. Nur 55 % dienen dabei der Ethanol Gewinnung. Brasilianische Wissenschaftler gehen davon aus, dass der Rohrzuckeranbau auf das 30-fache erhöht werden kann, ohne die Umwelt zu beeinträchtigen und auch ohne Gefahr für die Lebensmittelproduktion. Die Produktivität beträgt bis zu 8000 Liter Ethanol pro Hektar (2008) bei einem Preis von 22 US Cent/Liter. Es wird dabei zehnmal mehr Energie (in Form von Ethanolkraftstoff) gewonnen, als die Energie, die im gesamten Prozess zwischen Zuckerrohranbau und Gewinnung der entsprechenden Ethanolmenge verwendet wurde.

99,7 % der Zuckerrohrplantagen von Brasilien befinden sich auf Ebenen in der südöstlichen Region Sao Paolo, also mindestens 2.000 Kilometer von Amazonas-Tropenwald entfernt, wo das Klima für Zuckerrohr eher ungeeignet ist.

- In den USA wird Ethanol hauptsächlich aus Korn und Mais hergestellt. Dafür sind 10 Millionen Hektar erforderlich, das sind 3,7 % des beackerbaren Landes [3]. Die Produktivität beträgt bis zu 4000 Liter Ethanol pro Hektar (2008), also die Hälfte im Vergleich zu Gewinnung aus Zuckerrohr in Brasilien. Die Energiebilanz zwischen Ethanol als Kraftstoff und Ethanolgewinnung beträgt nur 1,3 bis 1,6. Das ist eher gering im Vergleich mit dem Wert 10 bei Zuckerrohr. Der Herstellungspreis ist mit 35 US Cent/Liter höher als bei der Verwendung von Zuckerrohr (22 Cent). Ford, Chrysler und GM bauen Flex Fuel-Antriebe in ihrer ganzen Fahrzeugpalette, von Limousinen und SUV's bis hin zu Geländewagen. In den USA fahren derzeit 10 Millionen Flex Fuel Fahrzeuge.

  Ein aktuelles US-Regierungsprogramm sieht für die nächsten Jahre die verstärkte Gewinnung von Cellulose-Ethanol aus landwirtschaftlichen Restprodukten, aus Resten aus der Papierindustrie sowie aus Hausmüll vor.

Neben *Zuckerrohr, Korn, Mais, Zuckerrüben und Maniok* stellen die *Algen* ein bedeutendes Rohstoff-Potential zur Herstellung von Alkohol dar. Algen sind im Wasser lebende Wesen, die sich auf Basis von Photosynthese ernähren. Der Ertrag pro Fläche – allerdings bei Kultivierung in Algenreaktoren – ist deutlich höher als bei der Produktion von Biomasse in der Landwirtschaft: gegenüber Raps 15fach und gegenüber Mais 10fach. Die Forschung ist auf diesem Gebiet derzeit sehr aktiv. Zwei Unternehmen sind in diesem Zusammenhang bezeichnend: Boeing und Exxon.

Herstellung

Alkohole können durch eine der folgenden zwei Methoden hergestellt werden [3]:

- Destillation gegärter Biomasse
- Synthese, über Vergasung und Reaktion mittels Cyanobakteria und Enzymen

Alkohol wurde bereits im Jahre 925 vom persischen Arzt Abu al-Razi aus Wein destilliert. Die natürliche Entstehung von Alkohol bei der Vergärung zuckerhaltiger Früchte wurde jedoch viel früher von den Menschen festgestellt, wie in alten ägyptischen und mesopotamischen Schriften, aber auch in der Bibel erwähnt wird. Die Herstellung von Alkohol aus Biomasse ist ähnlich jener, die für die Gewinnung von Obstler, Rum, Whisky, Wodka oder Sake – als Vertreter aller Kontinente – aus Obst oder Gemüse angewandt wird. In Japan wurde Sake aus vergorenem Reis bereits im 3. Jahrhundert v. Chr. gewonnen. Im 10. Jahrhundert war in Anatolien (Kleinasien) die Destillation von Wein aus Litschi und Pflaumen zur Herstellung von hochprozentigem Brantwein verbreitet. Die Überproduktion an Getreide Mitte des 18. Jahrhunderts führte in England zu einer Großproduktion von Gin.

Die einfachste Form der Destillation besteht im Kochen von Obst, welches innerhalb einiger Wochen bei freier Lagerung garte, gefolgt vom Kondensieren des entstehenden Dampfes mittels äußerer Kühlung des Dampfrohres, beispielsweise mit einer Strömung kalten Wassers, und Zuleitung des entstehenden flüssigen

Alkohols zu einem Gefäß. Diese einfache Darstellung soll nur betonen, dass eine solche Technologie leicht und gut beherrschbar ist und, dass sie überall auf der Welt in Großanlagen oder dezentral anwendbar ist. Industriell wird die zuckerhaltige Maische aus dem fermentierten Rohstoff, die bereits um 10 % Alkoholgehalt hat, durch Destillation/Rektifikation bis zu einer Konzentration von mehr als 99 % gebracht.

Eine besonders interessante Alternative bildet die Herstellung von Ethanol aus Abfällen die Kohlenwasserstoffe beinhalten. Darunter zählen auch alte Reifen oder Plastebehälter sowie Bioabfälle (Bild 4.1).

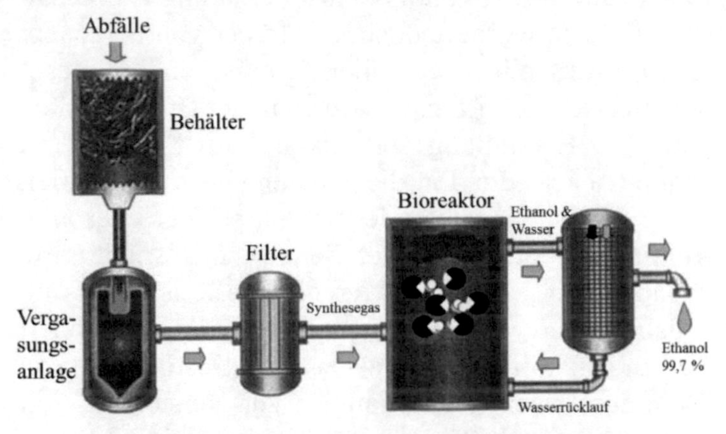

Bild 4.1 Verfahren zur Ethanol Herstellung aus Abfällen - schematisch

Die Kohlenwasserstoffstrukturen im Abfall werden durch Cracking in ein Synthesegas umgewandelt. Die chemische Energie in den beinhalteten Anteilen an Kohlendioxid und Wasserstoff wird dann in einem Bioreaktor von Mikroorganismen genützt, um daraus Ethanol herzustellen. Die Mikroorganismen zeigen eine erhöhte Toleranz an Verunreinigungen, die eine klassische chemische Umwandlung hemmen würden. Nach Angaben von General Motors als Projektträger, bleiben die Herstellungskosten des Ethanols nach diesem Verfahren unter einem US Dollar je Gallone (1US Gallone = 3,785 Liter) – und damit etwa unter der Hälfte der Herstellungskosten für Benzin. Zur Herstellung einer Gallone von Ethanol nach diesem Verfahren ist jeweils eine Gallone Wasser erforderlich, was ein Drittel der erforderlichen Wassermenge bei der Produktion üblicher Biokraftstoffe bedeutet.

Der absolute Renner für Verbrenner wird aber das Methanol sein! Man spricht derzeit überall von **„eFuels“**. Das sind Alkohole, die mit Beteiligung regenerativer Elektroenergie von Photovoltaik- und Windkraftanlagen gewonnen werden (deswegen „eFuels“ oder „Electro-Fuels“).

Die eFuels sind Alkohole aus Kohlendioxid und grünem Wasserstoff. Durch das Kohlendioxid-Recycling zwischen Industrie, Wärmekraftmaschinen und Atmosphäre könnten sie die Existenz aller derzeit in der Welt arbeitenden Verbrennungsmotoren retten!

Mit dem „grünen Strom“ von Photovoltaik- und Windkraftanlagen neben Kohlendioxid-emittierenden Industriebetrieben produziert man Wasserstoff aus Wasser, im Rahmen einer Elektrolyse. Die Hauptkomponente auf dem Weg zum eFuel ist aber eine andere: Das aus dem naheliegenden Stahlhüttenwerk oder Kohlekraftwerk kräftig ausgepustete Kohlendioxid!

Die Bundesrepublik Deutschland hat durch ihre wirtschaftlichen und industriellen Leistungen die höchsten

Kohlendioxidemissionen in Vergleich zu allen europäischen Ländern: 800 Millionen Tonnen pro Jahr (2018). Davon stammen 300 Millionen Tonnen vom Energiesektor, 133 Millionen Tonnen von den Heizungsanlagen in Unternehmensgebäuden und Wohnungen, 160 Millionen Tonnen aus der Industrie und 160 Millionen Tonnen vom Straßenverkehr (Automobile und Lastwagen).

Diese Menge an Kohlendioxid in Kraftstoff umzuwandeln ist eine immense Herausforderung, aber auch eine einmalige Chance für das Weltklima.

In einem deutschen Stahlwerk (ThyssenKrupp, Duisburg) werden jährlich 15 Millionen Tonnen Stahl produziert, wobei 8 Millionen Tonnen CO_2 - 1% der gesamten deutschen CO_2 Emission - entstehen. Durch ein neues Verfahren (Carbon2Chem, 2018) wird das vom Stahlwerk emittierte Kohlendioxid in Filtern gesammelt, gespeichert und anschließend durch Synthese mit Wasserstoff in Methanol umgewandelt. Dafür wird der Wasserstoff direkt neben dem Werk, mittels eigenen, dezentralen Windkraftanlagen elektrolytisch hergestellt [2].

Das Abgas aus dem Stahlwerk wird in einen Speicher angesaugt, das enthaltene Kohlendioxid wird über einen alkalischen Filter bei 80°C-120°C separiert, wonach der Filter gekühlt und das Gas zu einem Behälter geführt wird. Dieser Prozess erfolgt zyklisch. Das Kohlendioxid wird vom Behälter zu einer chemischen Anlage geleitet und mit einer Wasserstoff-Strömung über Katalysatoren zu einer Synthese-Reaktion geführt, woraus Methanol und Wasser resultieren (Bild 4.2).

Das Carbon2Chem Programm sieht die zukünftige Umwandlung von 20 Millionen Tonnen CO_2 pro Jahr. Eine ähnliche Anlage wurde vor kurzem in Island in Betrieb genommen. Dort werden aus 6000 Tonnen CO_2 rund 4000 Tonnen Methanol hergestellt, wobei die Wasserstoffproduktion mittels umweltfreundlicher Elektrolyse erfolgt.

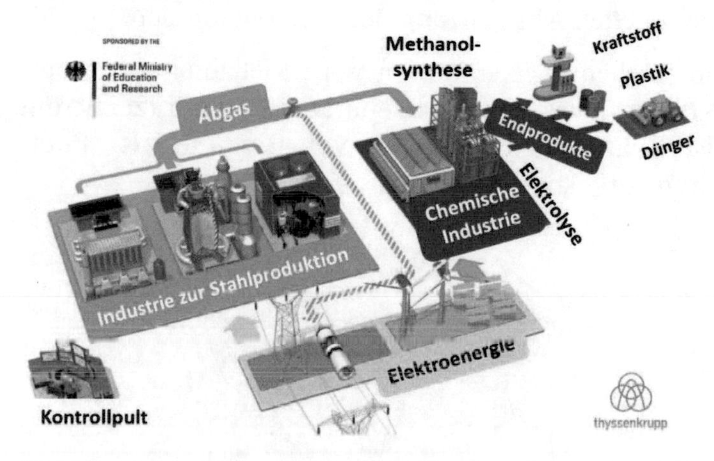

Bild 4.2 Anlage zur Synthese von Kohlendioxid aus industriellen Abgasen und durch Elektrolyse on site produziertem Wasserstoff (Quelle: Bundesministerium für Bildung und Forschung, Thyssenkrupp)

Das in dieser Weise hergestellte Methanol wird neuerdings in großen Schiffs-Dieselmotoren als Treibstoff eingesetzt.

Wärtsilä, einer der größten Schiffsmotorenhersteller der Welt, produziert bereits neuartige Viertakt-Dieselmotoren mit Methanol Einspritzung. Ein anderer weltbekannter Dieselmotorenhersteller, MAN, hat seinerseits einen Zweitaktmotor mit Hochdruck-Direkteinspritzung von Methanol entwickelt. Beide

Motorenarten unterscheiden sich in Bezug auf Gemischbildungs- und Verbrennungsverfahren grundsätzlich von den klassischen Dieselmotoren. Der Vorteil des Methanols als Kraftstoff in Dieselmotoren besteht nicht nur in dem Recycling des Kohlendioxids, sondern auch in der erheblichen Senkung der Stickoxidemission, unter der gesetzlichen Grenze und in der kompletten Abschaffung der Partikelemission.

In solchen Dieselmotoren wird Methanol als Hauptkraftstoff direkt in den Brennraum eingespritzt und mit Hilfe einer kleinen Menge von Biodiesel als „Pilotkraftstoff" angezündet (Bild 4.3).

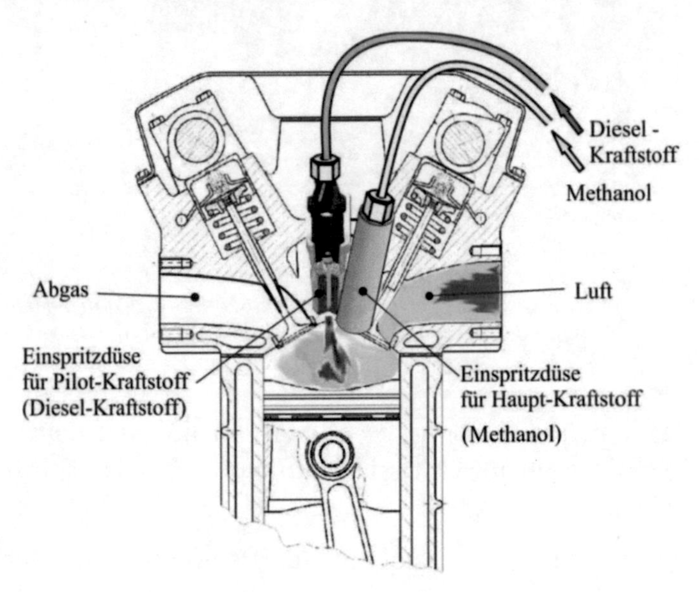

Bild 4.3 Diesel-Viertaktmotor mit Haupteinspritzung von Methanol und Pilot-Einspritzung von Dieselkraftstoff

Andererseits werden Ottomotoren mit Methanol-Saugrohreinspritzung, in China, in großem Maßstab eingesetzt: 80% von den 10.000 Taxis in der Metropole

Xi'an fahren mit 100% Methanol, das ist überzeugend – sie bräuchten nur noch eine Thyssen Krupp-Stahlgießerei am Stadtrand [3].

Siemens und Porsche bauen gemeinsam mit anderen Partnern in Patagonien, Chile, eine Anlage zur Herstellung von eFuels, die im Jahr 2022 bereits 130.000 Liter produzieren wird. Vier Jahre später werden es 550 Millionen Liter werden. Der Literpreis wird 2026 etwa 1,60 Euro pro Liter sein, ab 2030 könnte der Preis bei einem Euro pro Liter liegen.

Eigenschaften

Methanol und Ethanol haben zwar niedrigere Heizwerte als Benzin, weil sie Sauerstoff in ihren Molekülen beinhalten. Andererseits besteht gerade wegen dieses eigenen Sauerstoffs ein geringerer Bedarf an Sauerstoff aus der Umgebungsluft.

Schlussfolgerung: Aus einem Kilogramm Luft-Ethanol-Gemisch erhält man praktisch die gleiche Wärme wie aus einem Kilogramm Luft-Benzin-Gemisch.

Verbrennung

Umstellungen von Automobil-Benzinmotoren auf Methanol und Ethanol gab es bereits in den siebziger Jahren, und sie waren ausgesprochen erfolgreich!

Porsche setzte beispielsweise bei der Umstellung von Benzin auf einem Gemisch von 85 % Methanol und 15 % Benzin zwei Kraftstoffpumpen anstatt einer, sowie Einspritzdüsen mit erhöhtem Durchsatz und Methanol-resistente Werkstoffe für alle kraftstoffführenden Bauteilen ein. Hinzu kamen ein anpassungsfähiges Motormanagement und ein adäquates Motoröl. Das

Drehmoment jedes solchen Motors bei voller Belastung war bei jeder Drehzahl mehr als 10% höher, der Wirkungsgrad stieg in der gleichen Größenordnung.

Alle Automobilhersteller, die diese Technik erprobt oder in Serie eingeführt haben, erreichten bei der Umstellung von 100 % Benzin auf 100 % Ethanol einen Drehmomentanstieg von 10 % bis 15 %. Die Begründung liegt in der besseren und schnelleren Verdampfung des Ethanols und in der Wirkung des Sauerstoffgehalts direkt im Molekül während der Verbrennung. Aufgrund des geringeren Heizwertes des Ethanols im Vergleich zu Benzin muss für eine chemisch vollständige Reaktion 1 Liter Benzin durch 1,6 Liter Ethanol ersetzt werden. Das hat nur mit der chemisch exakten Bilanz, jedoch nicht mit dem Wirkungsgrad des Verbrennungsvorgangs zu tun. [3].

Perspektiven

Weltweit gab es bereits im Jahre 2017 über 50 Millionen Flex Fuel Fahrzeuge: davon, wie bereits erwähnt, über 29 Millionen in Brasilien und über 18 Millionen in den USA, gefolgt von Kanada mit 600.000 und Schweden mit 230.000 Fahrzeugen. Flexfuel Autos bauen in Brasilien namhafte Hersteller wie VW (etwa 50.000 Autos pro Jahr), FIAT und GM (in gleicher Größenordnung), Ford, Renault, Toyota und Honda.

In den USA wurden im Jahr 1998 rund 216.000 Flex Fuel Fahrzeuge produziert, im Jahr 2012 mehr als die 10-fache Anzahl (2,47 Millionen), die derzeitige Zahl von 15,11 Millionen belegt über die jeweiligen Regierungsprogramme hinaus auch die Akzeptanz dieses Konzeptes bei den Kunden [3].

Auf längere Sicht erscheint die Verwendung von Alkoholen ohne Benzinanteile genauso umweltfreundlich wie die Nutzung von elektrolytisch gewonnenem Wasserstoff.

Die Hauptenergiequelle und die Prozessverkettung sind ähnlich, nur die
energietragende Komponente ist unterschiedlich:

- Die Energie der Sonnenstrahlung wird auf dem einen Weg für den Antrieb mittels des *Kohlendioxids* genutzt, der in der Verbrennung gebildet und in einer Pflanze, als natürlicher Reaktor (Photosynthese), wieder gespalten wird. Das Kohlendioxid in der Natur wird als Träger der Energieumwandlung genützt.
- Die Energie der Sonnenstrahlung wird auf dem anderen Weg für den Antrieb mittels des *Wassers* genutzt, das in der Verbrennung gebildet und in einer industriellen Anlage (Elektrolyse), wieder gespalten wird. Das Wasser in der Natur wird in diesem Fall anstatt des Kohlendioxids als Träger der Energieumwandlung genützt.

Den einzigen, aber wesentlichen Unterschied zwischen den beiden Kreisläufen macht die Anlage zur Spaltung des jeweiligen Moleküls (*Kohlendioxid,* beziehungsweise *Wasser)* aus. Die Spaltungsanlage für Kohlendioxid bietet die Natur selbst.

4.4 Wasserstoff

Herstellung

Die Wasserstoffherstellung ist idealerweise auf Basis der Sonnenenergie möglich: Man braucht nur Wasser und Sonne. Mittels Elektrolyse, mit Strom von der Sonne, in photovoltaischen Anlagen gewonnen, wird das Wasser in seine zwei Komponenten, Wasserstoff und Sauerstoff gespalten. Derzeit wird jedoch Wasserstoff weltweit nur zu 2% in dieser Art und Weise hergestellt, die „übrigen“ 98% werden aus Erdgas, Schweröl und Benzin produziert, wobei Kohlendioxid entsteht!

Die Nutzung von Wasserstoff, entweder durch Verbrennung in einer Wärmekraftmaschine oder durch Protonenaustausch und dadurch Stromerzeugung in einer Brennstoffzelle, führt wieder zu dem ursprünglichen Wasser.

Ein beachtliches Problem ist aber auch die Speicherung des hergestellten Wasserstoffs. Jedes Gas in der Natur ist durch eine Gaskonstante gekennzeichnet, welche die Verhältnisse zwischen Druck, Dichte und Temperatur in einem bestimmten Zustand des jeweiligen Gases bestimmt. Das Molekül des Wasserstoffs ist aber das leichteste aller Elemente der Natur, dadurch ist seine Gaskonstante auch die größte. Das ergibt folgendes Problem: Um genug Dichte des Wasserstoffs in einem Speicher zu erreichen, muss entweder der Druck sehr hoch gesetzt werden, oder die Temperatur extrem niedrig sein. Unter häufig herrschenden Umgebungsbedingungen (Druck: 1 bar, Temperatur 20°C) würde ein 80-Liter Speicher gerade einmal 6,6 Gramm Wasserstoff enthalten.

Luft hat, als Vergleich, eine rund 15-mal höhere Dichte als Wasserstoff. Demzufolge wären in dem gleichen Tank bei gleichem Druck- und Temperaturbedingungen 100 Gramm Luft vorhanden. Und flüssiges Benzin erst: bei einer Dichte von 0,75 Kilogramm pro Liter wären im Speicher 60 Kilogramm davon! Der Heizwert des Wasserstoffs (Wärme aus der Verbrennung eines Kilogramms des jeweiligen Brennstoffs) ist, gewiss, dreimal so hoch wie jener des Benzins. Als Ersatz für 60 Kilogramm Benzin würden also 20 Kilogramm Wasserstoff genügen. Was kann man aber mit 6,6 Gramm Wasserstoff beginnen?

Das führt zwangsweise zur Speicherung von Wasserstoff entweder im flüssigen Zustand, bei minus 253 °C oder als Gas bei hohem Druck, von 600 bis 900 bar.

Dieser thermodynamische Zusammenhang bleibt unabhängig von dem technischen Fortschritt bei der Speicherung von Wasserstoff.

Verbrennung

Wasserstoff ist extrem zündfähig, bei einer Konzentration in der Luft, die von 4 % Vol. bis 77 % Vol. reicht. Die Geschwindigkeit der Flammenfront ist viel höher als bei anderen Brennstoffen/Kraftstoffen. Die Flamme ist dazu auch noch unsichtbar.

Der Luftbedarf ist jedoch sehr hoch im Vergleich zu jenem von Benzin oder Ethanol. Dadurch wird der große Vorteil des Wasserstoffs bezüglich Heizwertes je Kilogramm, wie bereits erwähnt, wieder wett gemacht. Die Verbrennung einer bestimmten Menge eines Gemisches von Wasserstoff und Luft bringt also keineswegs mehr Wärme als die Verbrennung der gleichen Menge eines Gemisches von Benzin und Luft oder von Ethanol und Luft, es resultiert eher weniger Wärme.

Die Speicherung ist mit einer weiteren Besonderheit verbunden: Bei der kryogenen (*das heißt bei extrem niedriger Temperatur*) Wasserstoffspeicherung muss das gesamte Speicher- und Einspritzsystem, vom Tank über Leitungen bis zu den Einspritzdüsen thermisch isoliert werden, um eine Phasenänderung von Flüssigkeit zu Gas zu vermeiden.

Die Einspritzung oder Einblasung in einen Brennraum stellt ein weiteres Problem dar. Wenn Wasserstoff in einen Brennraum eingespritzt wird, sind folgende Besonderheiten zu beachten:

- Der höhere Luftbedarf des Wasserstoffes im Vergleich zu Benzin, Dieselkraftstoff, Methanol oder Ethanol bedeutet, dass auf die Luftmenge, die in einem Brennraum eingeschlossen ist, zwar weniger Wasserstoffmasse, aber, aufgrund der geringen Dichte, viel mehr Volumen eingespritzt werden muss. Das heißt: Entweder mehr Einspritzdruck oder eine längere Einspritzdauer, wenn möglich.
- Der Kontakt der Einspritzdüse mit dem Brennraum erfordert ihre besondere thermische Isolation. Der Mantel des Düsenkörpers hat in vielen Anwendungen Temperaturen um 200 °C, der Wasserstoff hat im Speicher aber minus 253°C. An der Düse wechselt dadurch die flüssige in

eine gasförmige Phase, dadurch wird die Dichte des Wasserstoffes an der Einspritzstelle sehr gering. Um eine bestimmte Masse einzuspritzen, muss das Volumen umso größer werden. Man braucht dafür entweder mehr Düsen, oder mehr Zeit, oder beides.

Perspektiven

Das erste Wasserstoffauto lief bereits bei BMW im Jahre 1979, mit einem 4-Zylindermotor, der eine Leistung von 60 kW erreichte. Parallel zur Entwicklung der Wasserstoffautos beschäftigte sich BMW im Rahmen von Partnerschaften mit der Herstellung des Wasserstoffs mittels Sonnenenergie beziehungsweise Wasserelektrolyse. In dem Auto boten sich gerade bei Anwendung von Wasserstoff Kombinationen zwischen Antrieb und Stromerzeugung an Bord. BMW nutzte für die Stromerzeugung eine kompakte Brennstoffzelle, die eine elektrische Leistung von 5 kW bei einer Spannung von 42 Volt produzierte.

Wasserstoff kann aber nicht nur für die Gewinnung thermischer Energie durch Verbrennung, sondern auch für die Erzeugung elektrischer Energie in Brennstoffzellen eingesetzt werden. Ein Vergleich mit der Verbrennung ist an dieser Stelle sehr empfehlenswert, auch ohne weitreichende Details über Brennstoffzellenausführungen und Einsatzgebiete wie Brennstoffzellenautos.

Das Prinzip der Brennstoffzelle stammt aus dem Jahre 1839. Ihre Entwicklung wurde aber zunächst nicht weiterverfolgt. Der Durchbruch der Brennstoffzelle auf Basis reiner Wasserstoff-Sauerstoffströmungen über leichte Katalysatorelektroden in alkalisch-wässrigen Elektrolyten gelang in den fünfziger Jahren, forciert von besonderen Anforderungen bei der Stromerzeugung in Raketen für die Raumfahrt.

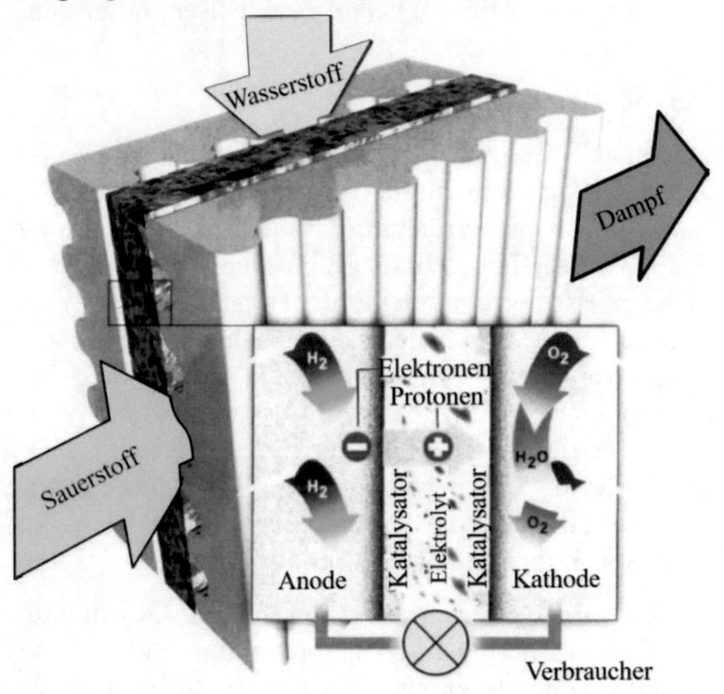

Bild 4.4 Energieumwandlung in einer Brennstoffzelle

Die Strömungen von Wasserstoff und Sauerstoff werden in einer Brennstoffzelle von einem Elektrolyten getrennt, der im Zusammenwirken mit einem Katalysator einen Protonenaustausch von der Wasserstoffströmung (Anode) zu der Sauerstoffströmung (Kathode) bewirkt (Bild 4.4).

Ähnlich der Verbrennung in Wärmekraftmaschinen ist nicht nur die Reaktion des Wasserstoffs mit Sauerstoff aus der Luft möglich. Anstatt Wasserstoff kann in einer Brennstoffzelle auch ein Kohlenwasserstoff (Benzin, Dieselkraftstoff) oder ein Alkohol (Methanol, Ethanol) als Träger von Wasserstoff eingesetzt werden. Ab dieser Stelle ist ein direkter Vergleich der Reaktionen und Prozesse in der Brennkammer einer Wärmekraftmaschine beziehungsweise entlang der Membrane einer Brennstoffzelle nicht nur möglich, sondern auch aufschlussreich.

Eine effiziente Verbrennung bedarf einer starken, möglichst turbulenten Vermischung von Luft und Kraftstoff. In einer Brennstoffzelle gibt es auf den ersten Blick bessere Voraussetzungen für einen steuerbaren Ablauf des Energieumwandlung-Prozesses: Die Reaktionskomponenten (Wasserstoff und Sauerstoff) sind grundsätzlich voneinander getrennt, was eine bessere Gestaltung und Kontrolle ihrer Massenströme entlang der Membrane erlaubt. Die Strömungen erfolgen prinzipiell jeweils in eine einzige Richtung, was die Steuerung des Austausches weiter vereinfacht. Allerdings muss die Austauschfläche dann vergrößert werden, wenn die Leistungsanforderung steigt. Das ist bei der Verbrennung in einem Brennraum weitaus günstiger: Die Turbulenz während der Bildung des Gemisches im Brennraum vergrößert gewaltig die Kontaktfläche zwischen den Reaktionspartnern Wasserstoff und Sauerstoff. Dazu stehen sie auch noch in direktem Kontakt, ohne eine Membran dazwischen.

Der wesentliche Unterschied besteht allerdings in der Temperatur: In einer Brennstoffzelle laufen die Reaktionen meist bei 80°C bis 100°C. Verbrennung bedeutet aber 1600°C oder 2000°C. Die Temperatur ist aber, wie erwähnt, ein Zeiger der inneren Energie der beteiligten Moleküle. Und diese springen während einer Verbrennung regelrecht auseinander, die Splitter finden dann schneller ihre Partner.

Die Verbrennung bleibt die Mutter aller chemischen Reaktionen!

4.5 Pflanzenöle

Eine der wichtigsten Lichtquellen der Menschen war über Jahrtausende hin das Feuer aus der Öllampe. Zuerst waren es Steinschalen, mit Tierfett gefüllt und mit einem Docht aus Pflanzenfasern und später aus Stoffresten versehen. Mit der Zeit wurde das Tierfett durch Pflanzenöle ersetzt, die bis dahin genutzten steinernen Schalen wurden dann aus Ton und Metall gefertigt und dann vor Wind, Regen oder Dreck mit einem Deckel, später mit einem Lampenzylinder aus Glas geschützt.

Herstellung

Öle als Brennstoffe/Kraftstoffe werden aus vielerlei Pflanzen gewonnen. Darunter zählen in gemäßigten Klimazonen der Erde *Raps, Rüben, Sonnenblumen, Flachs* und in tropischen oder heißen Klimazonen *Olivenbäume, Ölpalmen, Kokospalmen, Erdnüsse, Sojabohne, Rizinus, Kakao und sogar Baumwolle.*

Die Gewinnung von Pflanzenölen mittels mechanischer Pressen ist weit verbreitet und relativ unaufwendig. Allgemein wird aber eine gestufte Raffination dieser Öle vorgenommen, um Fettbegleitstoffe zu entfernen, die bei ihrer Verwendung störend wirken würden. Durch eine anschließende Entschleimung werden Phosphatide sowie Schleim- und Trübstoffe entfernt. Bei der nachfolgenden Entsäuerung werden freie Fettsäuren entfernt, die gegenüber metallischen Flächen korrosiv wirken.

Eine der Öleigenschaften, die Viskosität (die Zähflüssigkeit), erschwert den Einsatz solcher in klassischer Form gewonnen Öle erheblich: Die langen verzweigten Ölmoleküle, die zu dieser Viskosität führen, beeinträchtigen insbesondere die Verbrennung, weil währenddessen die Sauerstoffmoleküle kaum bis zum Kohlenstoff gelangen können. Verkokungen an Einspritzdüsen und Brennraumwänden sind in solchen Fällen kaum zu vermeiden.

Bild 4.5 Verkokung der Einspritzdüse eines Dieselmotors mit Direkteinspritzung beim Betrieb mit frisch gepresstem Rapsöl

Eine grundsätzliche Lösung dieses Problems besteht in der Kürzung der verzweigten Ölmoleküle. Das Verfahren ist als „Umesterung“ bekannt.

Die Umesterung erfolgt als chemische Reaktion des Öls mit Methanol, woraus ein Methylester des jeweiligen Öls sowie Glycerin entstehen [3]. Dadurch wird die Viskosität um eine ganze Größenordnung reduziert und erreicht damit fast die Viskositätswerte von Dieselkraftstoffen.

Der verfahrenstechnische Aufwand für die Umesterung ist allerdings beachtlich: Die Kosten pro Liter Ester sind mit dem Preis eines Liters frisch gepressten Öls oder eines Liters Dieselkraftstoff vergleichbar.

Biokraftstoffe der 1. Generation

Ein derartiger Kraftstoff, der in Deutschland aus 80 % Rapsöl und 20 % Sojaöl hergestellt wird, ist unter der Bezeichnung FAME (Fettsäuremethylester) bekannt.

Biokraftstoffe der 2. Generation:
Biomass-to-Liquid (BtL), Next-Generation Biomass-to-Liquid (NexBtL)

Solche Kraftstoffe werden vorwiegend aus Biomasse - Holzabfälle, Stroh, pflanzliche Abfälle und aus Pflanzenresten bei Nutzung der Frucht als Nahrung - hergestellt.

Die Herstellung erfolgt nach dem Carbo-V/Fischer-Tropsch-Verfahren, nach Hydrierverfahren, oder nach Pyrolyseverfahren:

- Carbo-V/Fischer-Tropsch-Verfahren (BtL, Sun-Diesel): Die Biomasse wird dabei in einem Reaktor bei Zufuhr von Wärme und bei einem gegebenen Druck unter Beteiligung von Sauerstoff vergast. Der Prozess besteht aus drei Stufen [3]. Der Energiegehalt pro Anbaufläche ist etwa dreimal so groß als bei der Gewinnung eines Biodiesels der ersten Generation aus Raps. Ein Automobil mit modernem Dieselmotor kommt bei einem Durchschnittsverbrauch von rund 6 Litern pro hundert Kilometer auf mehr als 64.000 Kilometer mit der Menge an SunDiesel, die von einem Hektar Anbaufläche gewonnen wird.

- Hydrierverfahren (NexBtL): Ein Pflanzenöl wird dabei nach der Behandlung mit Phosphorsäure und Natronlauge in einem Temperaturbereich um 350°C und bei einem Druck von 80 bar mit Wasserstoff versetzt (hydriert). Ein solches Hydrierverfahren kann in einer klassischen Raffinerie realisiert werden, der resultierende Kraftstoff, wie nach dem Fischer-Tropsch-Verfahren, unterscheidet sich nicht von einem üblichen Dieselkraftstoff.

- Pyrolyseverfahren: Die Biomasse wird dabei auf 475°C unter Sauerstoffausschluss erhitzt. Die Pyrolyseprodukte werden infolge der anschließenden Kühlung kondensiert. Der Heizwert entspricht etwa der Hälfte jenes eines konventionellen Dieselkraftstoffs.

Verbrennung

Allgemein ist das Leistungs- und Verbrauchsverhalten bei Verwendung eines frisch gepressten Öls, zum Beispiel von Rapsöl, in Dieselmotoren vergleichbar mit jenem beim Einsatz von konventionellem Dieselkraftstoff. Das gilt insbesondere für großvolumige Motoren. Der Betrieb mit einem Ester, beispielsweise Rapsölmethylester (RME) ist für Automobil-Dieselmotoren zu empfehlen.

Interessant erscheint die Alternative, in einem klassischem Raffinerieprozess dem Erdöl frische Pflanzenöle beizumischen. Die resultierende molekulare Struktur unterscheidet sich kaum von jener des Dieselkraftstoffs.

4.6 Synthetische Brennstoffe/Kraftstoffe

Synfuel oder Designerkraftstoff wird zunehmend zum Ausdruck eines neuen Trends in der Entwicklung von Energieträgern, deren molekulare Struktur gezielt konstruiert werden kann.

Folgende Kriterien sind bei der Gestaltung eines synthetischen Kraftstoffs maßgebend [3]:

- Die Gewinnung aus erneuerbaren, unerschöpflichen Ressourcen in der Natur, wie Pflanzen, die nicht für Nahrung geeignet sind, sowie aus Abfällen von Holz, Pflanzen, Nahrungsmitteln oder aus der entsprechenden verarbeitenden Industrie, durch eine effiziente Recycling-Logistik.

- Die Gewinnung aus dem von Feuerungsanlagen in Industrie- und Kraftwerken emittierten Kohlendioxid.
- Die Verarbeitung mit niedrigem energetischem und verfahrenstechnischem Aufwand, dadurch bei niedrigen Kosten, vorwiegend mit Elektroenergie aus Wind- und photovoltaischen Anlagen vor Ort.
- Die Gestaltung der Eigenschaften nach den Erfordernissen der Anlage, in der die Verbrennung stattfinden soll.
- Die Reaktion zu Endprodukten, die umweltverträglich sind.

Verbrennungsreaktionen mit Wärmeabgabe können allgemein aus molekularen Strukturen des Typs Kohlenstoff-Wasserstoff-Sauerstoff initiiert werden. Dabei gilt:

- Das Verhältnis der Elemente Kohlenstoff-Wasserstoff im Molekül eines solchen Brennstoffs sollte möglichst in Richtung des maximalen Wasserstoffanteils gestaltet werden. Dadurch würden infolge der Verbrennung mehr Wasser und weniger Kohlendioxid entstehen.
- Soweit Kohlenstoff im Molekül des verwendeten Brennstoffs vorhanden ist, sollten möglichst an die Kohlenstoffatome Sauerstoffatome gebunden sein, um eine rasche und vollständige Verbrennung des Kohlenstoffs zu ermöglichen. Oft findet der Sauerstoff aus der Luft nicht den Weg oder den Platz zu den Kohlenstoffatomen in

einem stark verzweigten Molekül. Das führt allgemein zur unvollständigen Verbrennung und somit zu Ruß- oder Partikelemission.

- Die molekulare Struktur soll zu einer flüssigen Phase mit größtmöglicher Dichte im Bereich der Benzin- oder Dieseldichte bei üblichen Umgebungstemperaturen und -drücke führen.

Von allen bisher aufgeführten, nicht synthetischen Kraftstoffen, erfüllen Methanol und Ethanol diese Kriterien am besten. Das Recycling des resultierenden Kohlendioxids in der Natur, ohne weiteren Aufwand, erhöht ihren Wert als alternative Kraftstoffe.

Synthetische Kraftstoffe nach den aufgeführten Kriterien werden derzeit hauptsächlich durch die Synthese von Kohlendioxid und Wasserstoff mit dem Zwischenprodukt Methanol hergestellt. Es handelt sich dabei um Polyoxymethylendimethylether (OME) mit verschiedenen Kettenlängen der Moleküle.

Wie bei Methanol oder Ethanol, bewirkt der Sauerstoff im Molekül eines OME-Kraftstoffs die Senkung des Luftbedarfs von der Umgebung im Vergleich mit Benzin oder Dieselkraftstoff. In einen Verbrennungsmotor mit gegebenen Hubvolumen muss demzufolge bei Senkung des Luftbedarfs die eingespritzte Menge des jeweiligen Kraftstoffes aus Gründen der chemischen Bilanz zunehmen. Die Zunahme der eingespritzten Kraftstoffmenge hat in so einem Fall nichts mit einem Kraftstoffmehrverbrauch infolge einer schlechteren Verbrennung zu tun!

Für manche Anwendungen, wie in Kraftwerken oder in Strömungsmaschinen eröffnen sich aber auch weitere interessante Möglichkeiten, Brennstoffe zu gestalten. Das sind Metallpulver und ihre Mischungen.

Die Verbrennung von Aluminiumpulver bei sehr hohen Temperaturen ist von der Schweißtechnik bekannt. Die Entzündung von Magnesium in der Luft ab 500 °C hat lange Zeit das Gießen von Magnesiumteilen verhindert. Aber als Pulver, eingespritzt in Verbrennungsanlagen, wird seine Nutzung zum Vorteil. Ähnlich reagiert Eisenpulver mit dem Sauerstoff in der Luft.

Mischungen solcher festen Brennstoffe, wobei insbesondere Anteile von Aluminiumpulver vorkommen, werden aufgrund ihrer ausgezeichneten Energiedichte in der modernen Raketentechnik verwendet.

Die Gestaltung von Metallpulvern in definierten Anteilen der Komponenten ist unaufwändiger als im Falle synthetischer, flüssiger Brennstoffe.

Und so kommen die Menschen nach rund eintausend Jahren zurück zum Schwarzpulver: diesmal jedoch fein auf die Luft zerstäubt, gleichmäßig verteilt und erst dann, ganz genau kontrolliert, verbrannt.

5 Feuer verursacht Emissionen

5.1 Das Kohlendioxid

Das Feuer ist für unsere Erde doch zum Ungeheuer geworden! Holz, Kohle, Lampenöl, Benzin, Diesel, Erdgas, Autogas, alle enthalten Kohlenstoff, die meisten davon auch Wasserstoff. Wenn man sie mit Sauerstoff aus der Luft verbrennt, entstehen im besten Fall Kohlendioxid und Wasser. Wenn sie nicht gut brennen, weil die Kohlekörnchen, die Holzspäne oder die Kraftstofftropfen zu groß sind, resultiert aus dem mit Sauerstoff reagierenden Kohlenstoff, neben Kohlendioxid auch Kohlenmonoxid, manchmal aber auch Partikel oder Ruß [1]. Die beste Verbrennung ist gegeben, wenn der im Brennstoff beinhaltete Kohlenstoff vollständig in Kohlendioxid umgewandelt wurde.

Ein Zauberfeuer, in dem aus der Verbrennung von Erdöl, Kohle oder Erdgas gar kein Kohlendioxid, sondern nur Luft oder Wasser entstehen würden, ist ein Märchen für manche Erwachsene ohne Physikkenntnisse.

C. Stan, *Das Feuer ist kein Ungeheuer*,
https://doi.org/10.1007/978-3-662-64987-9_5

Die Beeinflussung der Erdatmosphäre durch das Verbrennen fossiler Energieträger wird gegenwärtig als existentielles Kriterium für die wärmeverbrauchende Wirtschaft betrachtet.

Seit Beginn der Industrialisierung, nach der Erfindung und Einführung der Dampfmaschine (1712), hat sich die Erdatmosphäre bislang um rund 1 *°C* erwärmt. Es ist bemerkenswert, dass gleichzeitig die Konzentration des Kohlendioxids in der Erdatmosphäre von 280 [*ppm*] (parts per Million - Volumenanteile CO_2 je eine Million Anteile Luft) auf nunmehr 417 [ppm] [43] anstieg. Der Beitrag des Kohlendioxids zur Erwärmung der Erdatmosphäre wird allerdings sehr kontrovers bewertet. Die Klimaforscher des IPCC (Intergovernmental Panel for Climate Change) betrachten den Anstieg der anthropogen erzeugten Kohlendioxidmenge in der Erdatmosphäre als verantwortlich für den Temperaturanstieg mindestens während der letzten 5-6 Jahrzehnte. Andere Wissenschaftler halten jedoch die geänderte Intensität der Sonnenstrahlung für die Ursache des Temperaturanstiegs und bezweifeln den anthropogenen Treibhauseffekt.

Die vorausgesagte Erwärmung der Erdatmosphäre bei dem jetzigen Emissionstempo um 5,8 °C bis zum Ende dieses Jahrhunderts zwingt jedoch zum schnellen Handeln: Das aktuelle Ziel der Staatengemeinschaft ist, durch eine drastische Senkung der von den Menschen verursachten Kohlendioxidemission bis zum Ende des Jahrhunderts die Erwärmung der Erdatmosphäre bis auf 1,5°C zu bremsen.

Ist das wirklich lebenswichtig für unseren Planeten, für seine Flora und für seine Fauna einschließlich des

Homo sapiens? Um die möglichen Konsequenzen der Erderwärmung zu verstehen, drehen wir das Problem doch um:

Gab es vielleicht Leben auf unserem „Zwillingsplaneten“ Venus, welcher fast den gleichen Durchmesser (95%), fast das gleiche Gewicht (81%) und gar eine Atmosphäre hat?

Das Problem wäre gerade diese Atmosphäre: Das Kohlendioxid ist nicht im Millionstel Bereich vertreten, wie in der Erdatmosphäre, sondern mit stolzen 96% des Volumens seiner Atmosphäre. Stickstoff haben wir in der Erdatmosphäre zu 78%, auf der Venus sind es nur 3,5%. Und was ist mit dem Sauerstoff, den die Menschen und die Tiere auf der Mutter Erde zum Atmen brauchen? Die Luft der Erdatmosphäre enthält rund 21% Sauerstoff, auf der Venus gibt es gar keinen Sauerstoff! Dafür gibt es aber in der Venus-Atmosphäre 0,5% Schwefeldioxid. In der Luft auf der Erde mögen wir den überhaupt nicht.

Wie sieht eine vom Kohlendioxid beherrschte Atmosphäre, wie auf der Venus, aus? Sie ist erstmal sehr dicht, wie eine Flüssigkeit. Im Zusammenhang mit der absorbierten Sonnenstrahlung beträgt der Druck am Boden des Planeten nicht 1 bar, wie auf der Erde, sondern 92 bar, wie in einem Benzinmotor nach der Zündung. Die Temperatur erreicht am Boden 460°C, das Benzin würde dort gleich im Tank selbst zünden.

Alles nicht geeignet für die Lebewesen die wir auf der Erde kennen!

Also wieder zurück zur Erde, zunächst. Das Erdklima wird durch komplexe Regelmechanismen bestimmt, die untereinander stark gekoppelt sind. Daran sind hauptsächlich die Biosphäre, die Ozeane sowie die Kryosphäre (die Eismassen) beteiligt. Die Haupteinflüsse auf die Temperatur der Atmosphäre können unabhängig von der Komplexität der gesamten Vorgänge aus einer grundsätzlichen Bilanz abgeleitet werden:

Die gegenwärtige durchschnittliche Temperatur der Erdatmosphäre von rund 15 °C wird maßgeblich vom atmosphärischen *Wasserdampf* und von Spurengasen wie *Kohlendioxid, Ozon, Methan und Lachgas* bestimmt. Solche Gase bestehen aus Molekülen mit 3 oder mehr als 3 Atomen, manchmal aus 2 unsymmetrischen Atomen.

Ohne den natürlichen Treibhauseffekt, den der Wasserdampf und die natürlich vorhandenen Spurengase hervorrufen, würde die durchschnittliche Temperatur der Erdatmosphäre um 33 °C, also auf *minus* 18 °C sinken.

Der natürliche Treibhauseffekt kann in einer vereinfachten Form in Bezug auf die möglichen Effekte erklärt werden:

Die Sonnenstrahlung wird zum größten Teil in den Wellenlängenbereich einer Wärmestrahlung emittiert. Innerhalb dieses Bereiches liegt auch die Lichtstrahlung. Die atmosphärischen Gase mit Molekülen aus einem oder zwei symmetrischen Atomen zeichnen sich durch eine weitgehende Durchlässigkeit für alle Wellenlängenbereiche einer elektromagnetischen Strahlung aus. Gase mit Molekülen aus zwei unsymmetrisch gelegenen Atomen und mit 3 oder mehr als 3 Atomen reagieren dagegen selektiv auf elektromagnetische Strahlungen.

Die hohe Intensität der Sonnenstrahlung zur Erde erfolgt grundsätzlich auf kurzen Wellenlängen, im sichtbaren Bereich, mit geringen Anteilen im Ultraviolett- und Röntgenbereich. Die Strahlungsintensität auf einer jeweiligen Wellenlänge ergibt einen Wärmestrom, der die Atmosphäre und weiterhin die Körper auf der Erde über ihre Flächen durchdringt.

Die anteilmäßige Übertragung der Strahlungsenergie auf die Körper in der Erdatmosphäre in Form von innerer Energie bewirkt eine Senkung der Intensität der Strahlen, die von der Zunahme ihrer Wellenlänge begleitet wird. Nach Übergabe eines Wärmestromes auf Körper ändert sich demzufolge die Wellenlänge der durchdrungenen Sonnenstrahlung vom sichtbaren Bereich zum Infrarotbereich hin.

Nach einer Wärmestromübergabe reflektiert die Son nenstrahlung von der Erde, allgemein als spiegelnde Reflexion. Diese reflektierten Strahlen haben jedoch nach der Wärmeabgabe eine veränderte, also eine „gestreckte" Wellenlänge. Sie werden durch ein- und zweiatomige Gase ungehindert durch die Atmosphäre in die Höhe durchgelassen, jedoch nicht durch mehratomige Gase, die einen erheblichen Teil der Strahlung zurück in die Erdatmosphäre drängen (Bild 5.1). Dadurch entsteht erneut ein Wärmestrom, die Intensität und Wellenlänge der zurückgeschickten Strahlung werden erneut verändert. Die innere Energie und somit die Temperatur der Erdatmosphäre und der erwärmten Körper auf der Erde nimmt dadurch bis zu einem energetischen Gleichgewicht zwischen reflektierter und absorbierter Strahlung zu.

Dieser natürliche Treibhauseffekt in der Erdatmosphäre wird hauptsächlich von *Wasserdampf, Kohlendioxid und Ozon* hervorgerufen. Das Kohlendioxid stellt dabei den zweitwichtigsten Anteil dar.

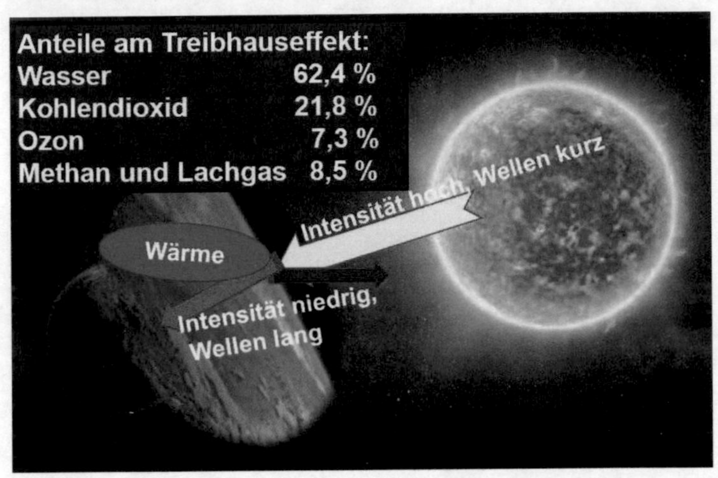

Bild 5.1 Entstehung des natürlichen Treibhauseffektes in der Erdatmosphäre

In einem klassischen Treibhaus mit Glasscheiben über Tomaten und Salat im Garten wirkt nicht hauptsächlich der Wasserdampf und das Kohlendioxid aus der Luft als Barriere für die reflektierte Sonnenstrahlung, sondern das Siliziumdioxid der Glasscheiben.

Der Treibhauseffekt ist deutlich und angenehm auf einer verglasten Veranda, an einem frostigen Wintertag mit strahlender Sonne am blauen Himmel zu spüren: Draußen minus 20°C, drinnen plus 20°C. Sobald ein Fenster aufgemacht wird ist jedoch der Treibhauseffekt samt Plusgraden weg, auf der Veranda ist dann plötzlich der Frost zu spüren!

Und jetzt kommt das Feuer als Ungeheuer: Bei jeder Verbrennung eines kohlenstoffhaltigen Energieträgers entsteht grundsätzlich Kohlendioxid [1]. Durch Verbrennung fossiler Energieträger wie *Kohle, Erdölprodukte und Erdgas* übersteigt die Kohlendioxidemission 20 Milliarden Tonnen pro Jahr, was über 0,6 % der natürlichen Emission in einem natürlichen Kreislauf ausmacht. Die Letztere läuft allerdings infolge der Photosynthese in einem natürlichen Kreisprozess ab [2].

Durch Verbrennung eines Kilogramms Benzin oder Diesel entstehen rund 3,1 Kilogramm Kohlendioxid. Die Verbrennung eines Kilogramms Kohle ergibt 3,7 Kilogramm desselben Treibhausgases, während aus der Verbrennung eines Kilogramms Erdgas nur 2,7 Kilogramm Kohlendioxid resultieren.

Die meisten Klimaforscher setzen als Basis ihrer Prognosen die kumulative Kohlendioxidemission in der Atmosphäre, die durch anthropogene Verbrennungen entsteht. In den vergangenen 50 Jahren hat sich übrigens die Wintertemperatur in Europa um 2,7 °C erhöht, eine Tatsache, die solche Voraussagen unterstützt.

Die Kritiker dieses Szenarios betrachten jedoch andere natürliche Faktoren, wie die variable *Intensität der Sonnenstrahlung* oder die *Aktivität der Vulkane* als maßgebend für die globale Erderwärmung der letzten 150 Jahre. Für diese Kritiker ist das aufgebaute Modell des Kohlendioxidkreislaufes in Atmosphäre, Biosphäre und Hydrosphäre unglaubwürdig. Das gilt auch für Eigenschaften der CO_2-Strahlungsabsorption und für die angenommene CO_2-Lebensdauer. Trotz dieser

Bedenken wird weltweit eine drastische Reduzierung der offensichtlich zu stark wachsenden anthropogenen Kohlendioxidemission angestrebt.

Wo entstehen aber diese bedrohenden Kohlendioxidemissionen? Die Antwort ist ernüchternd und beängstigend zugleich:

70% der weltweiten Kohlendioxidemissionen entstehen in den Städten!

4,5 der insgesamt 7,9 Milliarden Menschen, also 57% der Weltbevölkerung, leben derzeit (Mitte 2021) in Städten, bis zum Jahr 2030 werden es schätzungsweise 5,2 Milliarden sein. Sie brauchen alle Häuser und Wärme.

Im Bau und Gebäudesektor entstehen 38% der globalen Treibhausemissionen [44]. Allein die Zementproduktion verursacht 8% der weltweiten CO_2-Emission, wobei nur die Hälfte durch die Prozesswärme verursacht wird, die andere Hälfte von der chemischen Umwandlung von Kalkstein zu Zement (Calciumcarbonat). Die feuerintensive Stahlproduktion ist für 10% verantwortlich.

Und die Menschen brauchen auch Wärme, die mit Heizungsanlagen erzeugt wird. Verfeuert wird dafür hauptsächlich, zentral oder dezentral, Kohle, Holz, Erdgas, Schweröl. Das Feuer für Wärme und Strom verursacht weltweit über 40% der CO_2-Emissionen.

Der Verkehr, auf der Erde, in der Luft und zu Wasser, mit Benzin- und Diesel-fressenden Verbrennungsmotoren ist für ein Viertel der globalen Emissionen verantwortlich. Gewerbe, Handel und Dienstleistungssektor erbringen den Rest [45].

Das Feuer ist dennoch kein Ungeheuer: Wegen der anthropogenen Kohlendioxidemissionen muss man weder die Kraftwerke oder die Hausheizungen noch die Verbrennungsmotoren stilllegen. Dafür gibt es zwei andere, rationelle und pragmatische Wege:

Die Menschen aller Länder sollen fortan klimaneutrale Brennstoffe verfeuern und zahlreiche Prozesse in Kraftwerken, Maschinen, Heizungen und Verbrennungsmotoren nach den wirkungsvollsten Regeln der Thermodynamik miteinander koppeln.

5.2 Die Stickoxide

Für Fauna und Flora der Erde sind *Luft* und *Wasser* existenzielle Elemente. Die Fauna, vom Fisch und Insekt bis zum Menschen, braucht darüber hinaus auch kohlenstoffhaltige *Nahrung* in Form von Kohlenwasserstoffen, Proteinen und Fetten. Diese Nahrung wird allgemein durch gegenseitiges Fressen abgesichert: nicht nur Mensch-Kartoffel, und Insekt-Pflanze, sondern auch Mensch-Fisch, Fisch-Fisch, Mensch-Mensch.

Der Mensch braucht aber auch *Wärme*. Dafür feuert er in Öfen und in Kraftwerken Holz, Kohle, Erdgas und Erdöl. Das ergibt Kohlendioxid, welches in die zu atmende Luft steigt und die Atmosphäre erhitzt. Der Mensch braucht jedoch darüber hinaus auch Arbeitsmaschinen und Mobilitätsmittel, wofür im Laufe der Industrialisierung Dampf- und Wärmekraftmaschinen, also neue Kohlendioxidschleudern entstanden.

Und so geht es munter weiter: Der Mensch braucht auch Energie für Raketen, für Bomben und für Brennstoffzellen, aber auch für chemische Produkte. Dafür kam er sogar auf die Idee, das Wasser zu spalten, um an den Wasserstoff zu kommen. Das Brechen der festen Verbindung zwischen dem Sauerstoffatom und seinen zwei kleineren Wasserstoffbrüdern wurde „Elektrolyse" getauft, weil dafür elektrische Energie erforderlich ist. Allerdings wird die elektrische Energie weltweit hauptsächlich durch Verbrennung von Kohle, Erdöl und Gas produziert. Und so wird wieder, wie vom Feuer, Kohlendioxid in die Luft geblasen.

Und weil es um die Spaltung von Molekülen in Atome geht: Der Mensch hat das nicht nur dem Wasser angetan, sondern auch der Luft. Diese besteht hauptsächlich aus Molekülen von Stickstoff (78%), gebildet aus zwei Stickstoffatomen und aus Molekülen von Sauerstoff (21%), gebildet aus zwei Sauerstoffatomen. Die Moleküle von Stickstoff und die von Sauerstoff existieren normalerweise in der Luft nebeneinander, ohne sich gegenseitig zu stören: jedes davon mit seinen eigenen Atomen eben. Das große Problem entsteht dann, wenn über die Luft *Gas, Alkohol, Wasserstoff oder Dieselkraftstoff* gegossen wird, um ein Feuer zu entfachen: Feuer für Omas Ofen, Feuer für den Stahlkocher, Feuer für die Kolben des Dieselmotors.

Für die Feuerung eines Kraftstoffes der erwähnten Art wird allerdings nur der Sauerstoff aus der Luft benötigt. Bleibt dann der Stickstoff inert, unbeteiligt an diesem Geschehen? Eine Zeit lang schon. Aber irgendwann, wenn das Feuer auf Temperaturen über 2000°C kommt, beginnen die zwei Atome einiger Stickstoffmoleküle so stark zu zittern, dass sie aus ihren Laufbahnen geworfen werden [1]. Sie schießen dann, außerhalb ihrer Moleküllmütter, zwischen den in dem Feuerwerk schwebenden, ähnlich entstandenen Splittern von Kohlenstoff (C), Sauerstoff (O), Stickstoff (N) oder zufälligen Bindungen (CO, HC, OH) hin und her (Bild 5.2).

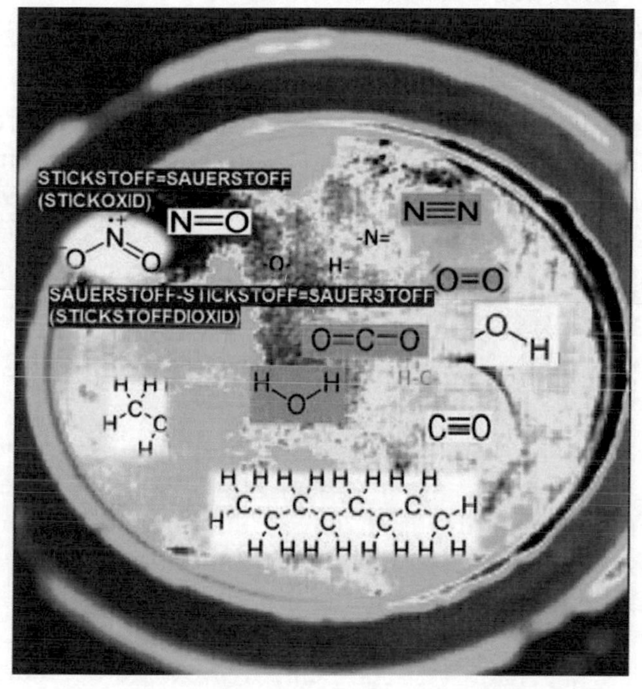

Bild 5.2 Entstehung neuer Moleküle aus freischwebenden Atomen während der Verbrennung im Brennraum eines Dieselmotors bei Temperaturen über 2000°C

Entsprechend den Murphy Gesetzen, was nicht passieren darf, kommt immer vor: Ein freischwebendes Stickstoffatom verbindet sich ausgerechnet mit einem freischwebenden Sauerstoffatom in einem neuartigen Molekül: Stickoxid. Manchmal wollen zwei Sauerstoffatome zu einem Stickstoff, sie bilden dann ein Stick-Dioxid. Oder zwei zu drei und zwei zu vier. Und so entsteht die Katastrophe der modernen Welt: Die Stickoxide!

Ist das wirklich eine Katastrophe, ist es ein Zeichen der modernen Welt? Von wegen! Vom Himmel her kommen seit es die Erde gibt, ganz natürlich, Blitze. Sie schlagen ins Holz oder in Schaffe ein, das Holz wird augenblicklich verkohlt, das Schaf genauso schnell gegrillt.

Welcher Unterschied besteht zwischen einem Blitz und einer Flamme?

Die Energie einer Flamme kann von jener eines Blitzes entfacht werden, die in einem Strahl, wie ein Laserstrahl, konzentriert ist. Dieser Blitz-Strahl bohrt sich zunächst durch die Luft und zersetzt auf seiner Spur aufgrund seiner Temperatur von 20.000-30.000°C die Moleküle von Sauerstoff und Stickstoff in Atome, die sich dann, chaotisch oder nicht, in Stickoxidmolekülen zusammenfinden.

In der Erdatmosphäre entstehen in jeder Minute 60 bis 120 Blitze, meist über die Erdoberfläche. Sie verursachen jährlich, durch die Spaltung der Moleküle von Sauerstoff und Stickstoff in der Luft, zwanzig Millionen Tonnen Stickoxide in der Atmosphäre. In der Troposphäre, also in Höhen unter 5 Kilometern, beträgt die Stickoxidemission in den Sommermonaten mehr als 20% der gesamten Menge, die von der Industrie, vom Verkehr und von den Heizungssystemen verursacht wird.

Und wo ist das eigentliche Problem? Die Stickoxide (NO, NO_2 und weitere N, O Bindungen) durchdringen die Bronchien von Lebewesen und verursachen dadurch gelegentlich ihre Reizung. Sie erreichen dann in dem weiteren Verlauf der Luftleitung, über die Luftröhre, das Gewebe der Lungen und können die Sauerstoffführung ins Blut dämpfen.

In einem weiteren Zusammenhang führt die Mischung von Stickoxiden mit Wasserdampf in der Atmosphäre zur Bildung von Säuren, insbesondere der salpetrigen Säure, welche in Regentropfen kondensieren (Saurer Regen) und am Boden insbesondere den Bäumen schaden.

Und nun kommen die Automobile ins Spiel: Deren Verbrennungsmotoren verursachen, so wird allgemein berichtet, mehr als die Hälfte der von den Menschen generierten Stickoxidemissionen in der Erdatmosphäre. Die andere Hälfte stammt insbesondere aus dem Energiesektor der Industrie und der Heizungsanlagen in Wohnhäusern. Und unter den Verbrennungsmotoren ist der Diesel der Hauptschuldige. Man glaubt die Lösung gefunden zu haben: Der Diesel wird, zumindest aus den Automobilen, eliminiert. Die halbe Flotte der europäischen Autos soll also ersetzt werden. Was haben die Menschen an diesen Dieseln nur so toll gefunden? Den Verbrauch, was sonst? Ein Drittel weniger Verbrauch bei gleicher Leistung ist doch nicht von ungefähr. Und, darüber hinaus, das so kräftige Drehmoment aus dem Stand, was unverzichtbar für schwere Limousinen, für Lastwagen und Traktoren ist.

Solche Vorteile kann man nicht einfach aus der Hand geben.

Warum emittiert ein Dieselmotor mehr Stickoxide als ein Benzinmotor? Weil die Verbrennung anders verläuft [1]:

- Ein Gemisch von Benzin und Luft wird von einem Blitz mit über 4000°C getroffen, der von der Zündkerze produziert wird. Dieser Blitz spaltet die Moleküle von Luft und Benzin um sich herum. Splitter davon, ob gebrochene Kohlenwasserstoffketten oder einzelne Kohlenstoffatome treffen dann zunehmend Sauerstoffsplitter (Atome) aus der Luft und verbinden sich mit diesen. Diese Verbindung verursacht Wärme, viel Wärme, die dann auch den Nachbarn übertragen wird, die ihrerseits auch in unzähligen Splittern zerplatzen. Dieser Vorgang pflanzt sich wie eine Lawine fort, aber eben eine heiße Lawine, in den ganzen Brennraum oberhalb des Kolbens.
- Beim Diesel wird die Luft durch die vom Kolben geleistete Kompression heißer (im Durchschnitt 600°C) als beim Benziner (im Durchschnitt 400°C). Erst gegen Ende dieser Kompression werden die Dieselkraftstofftropfen auf die Luft eingespritzt und von der Wärme dieser in Milliarden von kleinen, brennenden Inseln umgewandelt. Zugegeben, die Temperatur der komprimierten Luft im Dieselmotor (600°C) ist viel geringer als jene des Blitzes (Plasma) von der Zündkerze im Benzinmotor (4000°C), wodurch auch die Verbrennung langsamer erfolgt. Die Diesel-Inseln brennen aber alle gleichzeitig,

während die Benzin Tropfen erst nach und nach, durch Wärmeübertragung von Nachbar zum Nachbar, in einer fortlaufenden Front brennen. Die Diesel-Inseln Verbrennung, langsamer aber gleichzeitig, führt zu zwei Effekten: Der gesamte Verbrennungsvorgang ist länger und hat eine höhere Temperatur als im Benzinmotor. Die höhere Temperatur führt zu einem höheren Wirkungsgrad und damit zu einem geringeren Kraftstoffverbrauch bei gleicher gewonnener Energie. Das Schlechte daran ist, dass bei einer höheren Verbrennungstemperatur und mit mehr Zeit, einige Stickstoff- und die Sauerstoffmoleküle in jener Luft im Brennraum, die nicht an der eigentlichen Verbrennung beteiligt war, platzen. Und so finden sich nach Murphy's Gesetzen Splitter, die sich nicht finden sollten: Sauerstoff- und Stickstoffatome, die zusammen Stickoxide bilden. Was kann man dagegen tun? Weniger komprimieren. Ja, das wird zum Teil gemacht, von Ingenieuren, die es sich leicht machen: Das Stickoxid sinkt, aber auch der Wirkungsgrad, wodurch der Verbrauch steigt. Geht es auch anders? Gewiss, mit einem absorbierenden Katalysator nach dem anderen, immer größer, schwerer und teurer oder mit einer Umwandlung der Stickoxide im Auspuff mittels Urea Ströme aus einem Extratank.

Helfen viele Filter und Anlagen in der Kaminesse mehr, als das Feuer im Kamin selbst besser zu kontrollieren? Bis zu einer bestimmten Emissionsgrenze gewiss. Und dann?

Dann muss man sich um die Verbrennung selbst besser kümmern! Die Herde mit heißen Temperaturen im Brennraum eines Dieselmotors, in denen die Stickoxide entstehen, sind nicht gleichmäßig verteilt, sondern ziemlich klar lokalisiert, was durch Simulationen und Experimente feststellbar ist. Manche Entwickler wollen diese Herde während der Verbrennung kühlen, indem sie Wasser oder abgekühltes, nicht mehr reagierfähiges Abgas dahinführen. Die Verbrennung hemmen heißt aber die Effizienz des Prozesses mindern. Es geht auch anders: Der Kraftstoff wird neuerdings in fünf, sechs oder sieben kleinen Portionen pro Zyklus eingespritzt, mit gut kontrollierten Abständen dazwischen, wodurch die lokalen Temperaturen nicht übermäßig steigen können. Das kann zusätzlich mit einer Druckmodulation kombiniert werden. Wird das reichen?

Die Stickoxidemissionen der Dieselautos führen derzeit zu gefährlichen Konzentrationen in der Luft großer europäischen Metropolen. Das wird zu einer weiteren, drastischen Senkung der Emissionsgrenzen führen. Wenn der Dieselmotor mit seinem vorteilhaften Drehmomentenverlauf und seinem niedrigen Verbrauch gerettet werden soll, hilft nur eine Neugestaltung des Verbrennungsablaufs selbst, im Zusammenspiel mit dem Einsatz neuer, regenerativer Kraftstoffe wie Biogas oder Alkohole.

Ist die Luft am Ende der Kompression nicht heiß genug, um die Kraftstofftropfen schneller brennen zu lassen, als die Stickoxide entstehen können? Dann soll sie heißer werden, aber nicht mehr durch Kompression. Einiger Tropfen eines zusätzlichen, schnell entzündbaren Kraftstoffs schaffen die ersten brennenden Inseln -

wie die kleinen Zündhölzer im Kamin, bevor die großen Holzstücke – in dem Fall die vielen Tropfen des Hauptkraftstoffes hineingeworfen werden [1], [46]. Diese Art des Vorheizens des Brennraums schafft Wunder: Der Hauptkraftstoff – Biogas oder Alkohol – brennt dann lebhafter, der Druck wird merklich höher, die Brenndauer deutlich geringer, für die Bildung von Stickoxiden ist keine Zeit mehr vorhanden, was sich in einer recht schwindenden Konzentration wiederfindet. Zugegeben, der schnell entzündbare Initialkraftstoff braucht einen eigenen, wenn auch kleinen Tank – aber das ist derzeit mit AdBlue für den Katalysator, worauf man dann verzichten kann, ähnlich.

5.3 Die Partikel

Die Partikel sind immer ein Dorn im Auge der Umweltorganisationen und Klimaschützer, sobald es um die Fahrzeuge mit Verbrennungsmotoren geht. Man sieht so gerne die Partikel aus der Verbrennung, aber nicht den übrigen Staub aus Milliarden von Partikeln, der uns aus vielen Quellen bombardiert. Zugegeben, zu sehen ist es nicht immer: Das menschliche Auge kann Partikel mit einem Durchmesser unter 50 Mikrometer nicht wahrnehmen, die passieren die Hornhaut unserer Augen zusammen mit den vier Milliarden Photonen, die uns in jeder Millionstel Sekunde das Licht bringen. Gut ist das nicht. Genauso schlecht ist, dass diese Teilchen unsere Nase, dann den Rachen, den Kehlkopf, die Luftröhren, die Bronchien und Bronchiolen, bis zu den Lungenbläschen (Alveolen) durchqueren, um in unser Blut zu gelangen.

Die Partikel, die aus der Verbrennung eines Brennstoffs/Kraftstoffs, in dem Heizungsofen oder im Kamin zu Hause, in den Industrie- und Kraftwerk-Verbrennungsanlagen sowie in Verbrennungsmotoren von Fahrzeugen resultieren, enthalten unverbrannte oder unvollständig verbrannte Kerne von Kohlenstoff oder Kohlenwasserstoffen.

Die Verbrennung ist aber nicht allein für die Partikel-Emissionen verantwortlich. Es gibt auch andere, genauso ernst zu nehmende Partikelquellen. Die wichtigsten davon sind die folgenden:

- Der Staub, der auf Feldern und Feldwegen aufgewirbelt wird. Dieser Staub enthält sowohl organische als auch anorganische Teilchen. Auf den asphaltierten Straßen springen von den Bitumen-Anteilen Splitter von Kohlenwasserstoffen als polyzyklische Aromaten, die krebserregend sind, dazu noch kleine Steinchen aus verschiedenen Mineralien.
- Die Partikel, die durch den Abrieb von den Reifen aller Fahrzeuge, auch von jenen der Elektroautos, bei dem Kontakt mit dem Straßenbelag abgerissen und geschleudert werden. Das ist in Deutschland etwa die gleiche Menge wie die von den Abgasen aller Verbrennungsmotoren. Dazu kommt der Abrieb von Kupplungen und insbesondere von den Bremsen. Auch wieder die gleiche Menge an feinen Partikeln wie von den Reifen oder wie von den Abgasen der Verbrennungsmotoren.
- Die Partikel, die bei Straßenbahnen in einer Stadt durch Bremssand und Abrieb der Räder auf den

Metallschienen entstehen: In Wien beispielsweise werden von den Straßenbahnen jährlich etwa 417 Tonnen Partikel mit Durchmessern um 10 Mikrometer aus zermahlenem Bremssand und 65 Tonnen aus dem Räderabrieb emittiert. Zermahlener Quarzsand gilt als hochgradig krebserregend.

Inhomogene Gemische aus festen und/oder flüssigen, extrem kleinen Teilchen, die in irgendeinem Gas schweben, werden allgemein als „Aerosole" bezeichnet. Für Teilchen der beschriebenen Art die in der atmosphärischen Luft schweben wurde international auch die Bezeichnung „Particulate Matter" (Kürzel: PM) eingeführt. Sie werden in Größenklassen eingeteilt: PM 10 sind beispielsweise die Partikel mit einem mittleren Durchmesser von 10 Mikrometern (ein Hundertstel Millimeter).

Der Staub mit Partikelgrößen von mehr als 10 Mikrometern, den der Mensch sehr oft ins Gesicht geblasen bekommt, wird größtenteils in der Nase gebremst und in einem körpereigenen Sekret mit höher Viskosität eingehüllt, um dann, meistens in ein Taschentuch ausgeschieden zu werden (Bild 5.3) [47].

Partikelgrößen unter 10 Mikrometern, bis zu einer Größe von etwa 2,5 Mikrometern können jedoch die Nasenschleime passieren und in die Bronchien gelangen. Bei Unterschreiten dieser Partikelgrenze kommen sie dann bis in die Lungenbläschen (Alveolen). Das größere Problem verursachen jedoch die eingeatmeten Partikel mit Größen unter 0,1 Mikrometern, die in die Blutgefäße gelangen können. Die etwa 300 Millionen kugelförmigen Alveolen in den Lungen eines Menschen haben eine gesamte Fläche von 80 bis 120 Quadratmetern, was 50-mal mehr als die durchschnittliche Hautfläche eines Menschen bedeutet! Durch die Flächen der Lungenbläschen wird der Gastransfer realisiert, der die Funktion des Organismus gewährt: Die eingeatmete frische Luft enthält rund 21% Vol. Sauerstoff welcher ins Blut geleitet wird. Andererseits wird das Kohlendioxid, welches aus der Energieumwandlung in den Zellen resultiert, aus dem Blut in die Lungen transferiert und von dort ausgeatmet.

Wenn feine Partikel zusammen mit der eingeatmeten Luft in die Luftbläschen gelangen, verursachen diese Entzündungen der Oberflächen oder auch Wassereinlagerungen. Es ist erwähnenswert, dass auch eingeatmete Wassertropfen mit Größen um 0,1 bis 2,5 Mikrometern als Partikel wirken!

Die Verteilung von Staub und Partikeln in Europa, am Beispiel der Partikel mit einer durchschnittlichen Größe von 10 Mikrometern, zeigt sehr starke Unterschiede, insbesondere zwischen Skandinavien (weniger als 20 Mikrogramm je Kubikmeter) und Mitteleuropa oder Norditalien (wo immer wieder mehr als die dreifache Menge gemessen wurde!).

In Deutschland gab es im Januar 2021nicht weniger als 59 Millionen Kraftfahrzeuge und rund 8 Millionen Kfz-Anhänger (an dieser Stelle wegen Reifenabrieb erwähnt) [48]. Die Feinstpartikelemission ist offensichtlich zum großen Teil den Straßenfahrzeugen geschuldet, obgleich die Anteile der Industrie, des Energiesektors und der Hauswärmeerzeugung eine ähnliche Größenordnung erreichen. Der Anteil der Fahrzeugemission ist dabei umso höher, je feiner die

Partikel sind. Die Hauptschuld daran trägt die Verbrennung in Kolbenmotoren.

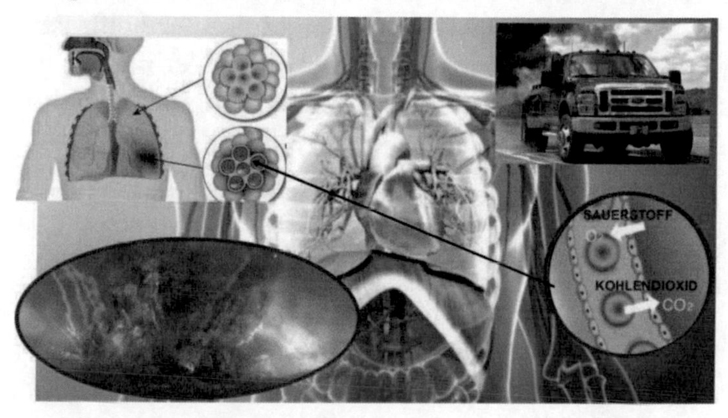

Bild 5.3 Partikelwege über Nase, Bronchien und Lungenbläschen (Alveolen) bis ins Blut

Für eine möglichst vollständige und effiziente Verbrennung der Kohlenwasserstoffe die ein Kraftstoff enthält, muss der Einspritzstrahl bei der Einspritzung in einem Kolbenmotor in sehr kleinen Tropfen zerstäubt werden. Die Zeit, die der Zerstäubung und weiter der Vermischung der Tropfen mit Luft zur Verfügung steht, ist aber sehr kurz, etwa ein halbes Tausendstel einer Sekunde. Dieser Umstand führt dazu, dass einige noch flüssige Kerne der winzigen Tropfen nicht, oder nicht vollständig brennen. Sie haben Durchmesser in der Größenordnung von 0,1 Mikrometern und werden mit den Abgasen ausgestoßen. Wäre eine Verbrennung dieser Tropfen auch möglich? Wenn der Einspritzdruck steigt, um die Zerstäubung des Einspritzstrahls noch besser zu machen, und andererseits der Kraftstoff in kleinen Portionen eingespritzt wird, um immer Luft um die Tropfen zu haben, wird die Verbrennung sehr effizient. Das äußert sich in der Zunahme der Flammentemperatur. Aber damit sind wir wieder beim Platzen der Moleküle und so beim Stickoxid. Das ist das größte Dilemma der Verbrennungsmotorenentwickler: Stickoxide runter heißt Partikelemission hoch und dazu auch noch Verbrauchszunahme und umgekehrt: Flammentemperatur hoch, Partikel runter, Verbrauch auch, aber Stickoxid hoch.

Wäre es nicht besser, die eingespritzten Tropfen etwas größer zu lassen, das heißt weniger zu zerstäuben, wie mit den alten, klassischen Reihen-Einspritzpumpen? Zugegeben, in dem Fall entsteht Ruß, das sind unverbrannte Kohlenwasserstoffkerne, die nur an der Oberfläche etwas teilverbrannt sind. Und der Ruß ist höchst krebserregend!

Eine Lösung gleichermaßen für die Diesel- und Benzinmotoren mit Direkteinspritzung ist eine ausreichend kontrollierte Verbrennung gleichzeitig in mehreren Zündherden im Brennraum. Das Dilemma, Partikel gegen Stickoxid als Variablen auf einer Hyperbel bleibt grundsätzlich erhalten, aber die erwähnte Art der Verbrennung zieht diese Hyperbel weit nach unten. Die bisherigen Ergebnisse sind ermutigend.

Aber die Verbrennung ist nicht per se für die Partikelemission der Fahrzeuge schuld! Das größte Problem der Partikelemissionen zukünftiger Automobile, obgleich diese elektrisch mit Batterie, Brennstoffzellen, oder auch noch von Wärmekraftmaschinen angetrieben sein werden, bleiben die Reifen! Aus den 205 Tausend Tonnen feiner Partikel, die derzeit in Deutschland pro Jahr insgesamt emittiert werden, sind 42 Tausend den Straßenfahrzeugen geschuldet. Und wiederum von diesen entstehen 6 Tausend Tonnen durch Reibung der Reifen auf der Fahrbahn und 7 Tausend Tonnen durch

Reibung in den Bremsen. Die von den Reifen abgeworfenen Partikel enthalten Zink und Kadmium, jene von den Bremsen Nickel, Chrom und Kupfer. Die Räder der Zug- und Straßenbahnwagen führen im Kontakt mit den Metallschienen zu Abrieb und Abwurf von feinen Eisenpartikeln. Zugegeben, Kalzium und Magnesium haben die Menschen, sowie die Lebewesen allgemein, in den Knochen und im Gehirn, Phosphor wiederum in den Knochen, Eisen in den Enzymen, aber zu viel davon ist auch nicht gesund.

Ein Mittelklasse-Automobil emittiert durch die Reibung seiner vier Reifen auf der Fahrbahn, im Durchschnitt, 39,9 Gramm Gummipartikel je Hundert Kilometer, wovon 0,15 Gramm Durchmesser unter 10 Mikrometer haben. Diese Werte wurden wissenschaftlich erstellt und mit statistischen Methoden verarbeitet, wobei die Vielfalt der Reifenarten und der Fahrbahnbelage berücksichtigt wurde. Ein einfaches diesbezügliches Experiment kann man in der eigenen Garage durchführen, indem ein Reifen im neuen Zustand und dann nach zehntausend Kilometern Fahrstrecke gewogen wird, das Ergebnis wird Viele wundern. Das Schlechte daran ist, dass diese Gummibällchen in unsere Lungen eindringen und jene, die noch auf der Fahrbahn bleiben, von Millionen Würmchen und anderen Tierchen gefressen werden, die ihrerseits in unsere Salate gelangen können, und damit auch in unseren Mägen.

Deswegen muss man nicht unbedingt in Panik geraten, wir sind an Partikel in dieser Größenordnung gewöhnt: Ein Cholera-Partikel ist zwei Mikrometer lang und ein halbes Mikrometer dick, Raps- und Fichtepollen Partikel haben etwa zehn Mikrometer Durchmesser. Neuerdings gibt es in unzähligen Büros Laserdrucker. Eine gedruckte Seite führt zur Emission eines Staubs aus zwei Millionen sehr feinen Partikeln, die über Nase und Atemwege in die Lungenbläschen geraten.

In London gibt es seit 2003 eine Gebühr für die Fahrt von Vehikeln durch das Zentrum der Stadt, was zur Minderung des Verkehrs um ein Drittel geführt hat. Die Partikelemission ist aber, erstaunlicherweise, absolut unverändert geblieben.
Die Verbrennung in den Motoren solcher Vehikel ist also nicht der größte Übeltäter in Bezug auf die Partikelemission in Städten.

In den Verbrennungsmotoren ist das Feuer genau kontrolliert und gesteuert. Was ist aber mit den Vulkanen der Erde, in denen die Verbrennung absolut unkontrolliert verläuft? Diese Vulkane stoßen pro Jahr nicht weniger als fünfundachtzig Millionen Tonnen Asche in die Luft aus. Die darin enthaltenen Partikel sind größtenteils kleiner als fünf Mikrometer. Und solche Teilchen dringen in die Lungen ein.

Ein anderes Brennen ist aber noch gefährlicher in Bezug auf die Partikelemission als das von den Vulkanen: Das Brennen ohne Feuer, genauer gesagt das Glimmen der Kohle- oder Holzstücke in einem Industrie- oder Lagerfeuer oder jenes der Pfeifen, Zigarren und Zigaretten jeglicher Art! Am deutlichsten verrät das die Farbe der Lungenbläschen eines Rauchers. Die Partikel in dem Zigarettenrauch haben, als Beispiel, Größen zwischen 0,1 und 1 Mikrometer. Sie gelangen in die Blutbahn und „bereichern“ die Blutkörperchen mit Kohlenmonoxid, Benzol, Formaldehyd und anderen Delikatessen.

Literatur zu Teil I

[1] Stan C.: Thermodynamik für Maschinen- und Fahrzeugbau, Springer, 2020, ISBN 978-3-662-61789-2

[2] Stan, C.: Energie versus Kohlendioxid, Springer, 2021, ISBN 978-3-662-62705-1

[3] Stan, C.: Alternative Antriebe für Automobile, Springer, 2020, ISBN 978-3-662-61757-1

[4] Jennings, L.; Rose. H.: Griechische Mythologie: Ein Handbuch, Beck Verlag, München, 2011, ISBN 978-340-662-9013

[5] Berna, F. et al.: Microstratigraphic evidence of in situ fire in the Acheulean strata of Wonderwerk Cave, Northern Cape Province, South Africa, PNAS. Band 109, Nr. 20, 2012, E1215-E1220, doi:10.1073/pnas.1117620109

[6] Preece R.C. et al: Humans in the Hoxnian: Habitat, context and fire use at Beeches Pit, West Stow, Suffolk, UK. In: Journal of Quaternary Science. Band 21, 2006, S. 485–496. doi:10.1002/jqs.1043

[7] Villa, P.: Terra Amata and the Middle Pleistocene archaeological record of southern France. University of California Press, Berkeley 1983, ISBN 0-520-09662-2

[8] Roebroeks, W: Villa, P.: : On the earliest evidence for habitual use of fire in Europe. In: PNAS. Band 108, Nr. 13, 2011, S. 5209–5214. doi:10.1073/pnas.1018116108

[9] Collina-Girard, J.: Le Feu avant les Allumettes, 3. Édition, Maison des Sciences de l'Homme, Paris 1994

[10] Paczensky, v. G., Dünnebier, A.: Kulturgeschichte des Essens und Trinkens, Orbis, München 1999, ISBN 978-3442721924

[11] Grassmann, H. Chr.: Die Funktion von Hypokausten und Tubuli in antiken römischen Bauten, insbesondere in Thermen. Erklärungen und Berechnungen. Archaeopress, Oxford 2011, ISBN 978-1-4073-0892-0

[12] www.iea.org/statistics;

International Energy Agency (IEA): Key World Energy Statistics

[13] Minke, G.: Lehmbau-Handbuch. 1. Auflage, Ökobuch, Staufen bei Freiburg 1994, ISBN 3-922964-56-7

[14] Campbell, J.W.P., Pryce, W.: Backstein. Eine Architekturgeschichte – Von den Anfängen bis zur Gegenwart. Verlag Knesebeck 2003, ISBN 3-89660-189-X

[15] Kolb, F.: Rom, die Geschichte der Stadt in der Antike, C. H. Beck Verlag, München 2002, ISBN 3-406-46988-4

[16] http://www.romanconcrete.com

[17] https://www.kalk.de/rohstoff/rohmaterialgewinnung/veredelung-brennen

[18] Nestler, R.: Klimakiller Beton, Der Tagesspiegel, 20.09.2019

[19] *** 2020 Buildings GSR Full Report, Global Alliance for Buildings and Construction, UN Environment Programme

[20] Schaeffer, H.: Glastechnik - Werkstoff Glass, Verlag Deutsches Museum, 2012, ISBN 978-3940396358

[21] www.schmidtbauer-gruppe.de/unternehmen/showroom/detailansicht/die-groesste-iso-glasscheibe

abgerufen am 09.09.2021

[22] www.kupferinstitut.de/kupferwerkstoffe

[23] Lemoine, B.: The Eiffel Tower. Gustave Eiffel: La Tour de 300 Mèters. Taschen, Köln 2008, ISBN 978-3-8365-0903-9

[24] http://www.bridgesdb.com/bridge-list/sydney-harbour-bridge/

[25] http://www.glasssteelandstone.com/Building-Detail/701.php

[26] Kammer, C.: Aluminium Taschenbuch - 1. Grundlagen und Werkstoffe, 16. Auflage. Düsseldorf, Aluminium-Verlag, 2002

[27] Johannsen, O.: Geschichte des Eisens. 3. Auflage. Verlag Stahleisen, Düsseldorf, 1953

[28] *** Stahl und Eisen, Verein Deutscher Eisenhüttenleute, Düsseldorf/ Wentworth Press, 2019, ISBN 978-1012520601

[29] Caswell Rolt, L. T.; John S. Allen, J.: The Steam Engines of Thomas Newcomen, 2. Auflage, Moorland Publishing Company, Hartington 1977, ISBN 0-903485-42-7, S. 160 (englisch)

[30] *** UK Patent Nr. 913 „A New Invented Method of Lessening the Consumption of Steam and Fuel in Fire Engines.“ , registered 29. April 1769

[31] Brevetto inglese n°1072 del 1854 riguardante il motore Barsanti e Matteucci

[32] Letessier, F.: *Alphonse Beau de Rochas*. Digne 1964

[33] Langen, A.: *Nicolaus August Otto. Der Schöpfer des Verbrennungsmotors*. Franckh, Stuttgart 1949, DNB 452708931

[34] Stan, C.: Direkteinspritzsysteme für Otto- und Dieselmotoren, Springer, 1999, ISBN 3-540-65287-6

[35] Stan, C.: Direct Injection Systems for Spark-Ignition and Compression Ignition Engines, SAE International, 1999, ISBN 0-7680-0610-4

[36] Diesel, E.: *Diesel. Der Mensch, das Werk, das Schicksal*. Hanseatische Verlagsanstalt, Hamburg 1937. Heyne, München 1983, ISBN 3-453-55109-5

[37] *** Patent DE67207: *Arbeitsverfahren und Ausführungsart für Verbrennungskraftmaschinen.* Erfinder: Rudolf Diesel

[38] Pescio, C. et al.: Leonardo, Giunti Editore, 2006, ISBN 88-09-04693-5

[39] *** UK patent no. 1833 – Obtaining and Applying Motive Power, & c. A Method of Rising Inflammable Air for the Purposes of Procuring Motion, and Facilitating Metallurgical Operations

[40] *** US 635919 Apparatus for generating mechanical power

[41] Golley, J: "Jet, 5th Edition, “Frank Whittle and the invention of the jet engine", 2009, ISBN 978-1-907472-00-8

[42] Ziegler, M.: *Turbinenjäger Me 262. Die Geschichte des ersten einsatzfähigen Düsenjägers der Welt.* Motorbuch-Verlag, Stuttgart 1977, ISBN 3-87943-542-1

[43] Juli 2021, *Mauna Loa Station, Hawaii/Der Tagesspiegel, 25.10.2021*

[44] Solarfy 17.12.2020

[45] Stan, C.: Energy versus Carbon Dioxide, Springer 2021, ISBN 978-3-662-64161-3

[46] Stan, C.: Hilliger, E.: Pilot Injection…CIMAC Congress

[47] Stan, C.: Automobile der Zukunft Springer 2021 ISBN 978-3-662-64115-6

[48] *** Kraftfahrtbundesamt (KBA), Pressemitteilung Nr. 8,/2021

Teil II

Thermodynamik des Feuers

6

Wärme und Arbeit ändern Zustände

6.1 Phänomenologische Betrachtung von Zustandsänderungen

Thermodynamik ist eine Wortkombination der altgriechischen Begriffe „Thermo“ (warm) und „Dynamis“ (Kraft). Sie zeigt, dass Wärme und Arbeit eng miteinander verbunden sind. Damit hatte sich Jahrhunderte lang die allgemeine Physik befasst. Nach der Entwicklung und Verbreitung der Dampfmaschinen, im 18. Jahrhundert, hat die Komplexität dieses Zusammenspiels deutlich zugenommen und so ist die Thermodynamik zu einer eigenständigen Wissenschaft geworden.

Die moderne “technische“ Thermodynamik befasst sich mit dem Energieaustausch, der Energieumwandlung und der Energieübertragung in technischen Systemen.

Die in der Thermodynamik behandelten Energieformen sind, entsprechend der Darstellungen im Kap. 3.1: Wärme, Arbeit, Innere Energie und Enthalpie [1].

C. Stan, *Das Feuer ist kein Ungeheuer*,
https://doi.org/10.1007/978-3-662-64987-9_6

Wärme und/oder Arbeit erscheinen nur während einer Zustandsänderung (Austausch, Umwandlung, Übertragung von Energie), sie sind allerdings nicht in einem bestimmten Zustand vorhanden.

Beispiele: Wärme vom menschlichen Körper bei 37°C zur Umgebungsluft bei 1°C; Arbeit einer Turbine beim Drehen einer Welle.

Die Energie, die ein System in einem Zustand speichern kann, besteht weder aus Wärme noch aus Arbeit, sondern lediglich aus den Energieformen Innere Energie und Enthalpie.

Beispiele: Innere Energie des Abgases in einem momentan geschlossenen Brennraum, Enthalpie des Wasserdampfs in einem Kessel, beim Ausströmen zu einer Turbine.

Ein System beinhaltet meist ein Medium, welches den Austausch von Wärme und Arbeit gewährt oder die Innere Energie, beziehungsweise die Enthalpie speichert (Bild 6.1). Als Arbeitsmedien gelten insbesondere:

– Gase und Gasgemische

Beispiele: Luft, Wasserstoff, Abgasgemische

– Dämpfe

Beispiel: Wasserdampf

– Gas-Dampf-Gemische

Beispiele: feuchte Luft, Luft-Kraftstoff-Gemisch.

Feste Arbeitsmedien kommen meist während einer Energieübertragung vor.

Beispiele: Wärmeleitung durch Rohrwände, Wärmestrahlung vom Kachelofen.

Ein Energieaustausch zwischen einem System und seiner Umgebung führt zur Änderung von Systemgrößen in dem Arbeitsmedium. Zu den Systemgrößen zählen *der Druck, die Temperatur und das Volumen.*

Die Thermodynamik hat eigene Gesetze, auch wenn diese von den allgemeinen Gesetzen der Physik abgeleitet wurden. Ein Hauptgrund dafür ist die große Anzahl der Teilchen in einem Arbeitsmedium.

Die Gesetze, die für ein Medium als Ganzes gelten, unterscheiden sich von den Gesetzen, die für Teilkomponenten zutreffen.

Beispiel: Luft besteht zu 99% aus Teilchen von Stickstoff (78%) und Sauerstoff (21%). Im Zylinder eines Verbrennungsmotors mit einem Volumen von 0,5 Litern befinden sich bei einem Druck von 1 bar und bei einer Temperatur von 20°C nicht weniger als 7.521.681.200.000 Milliarden Teilchen von Stickstoff und Sauerstoff.

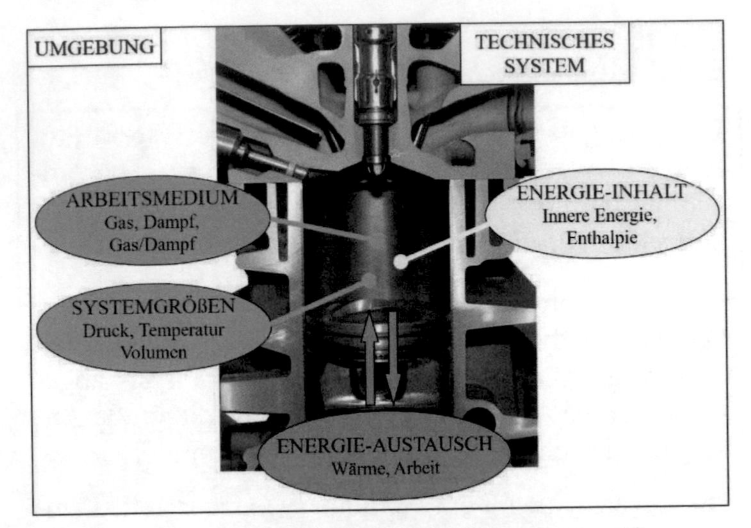

Bild 6.1 Energiegrößen, Arbeitsmedien und Systemgrößen

Das Verhalten jedes Teilchen bedingt zwar die Gesetze im Gesamtsystem, es genügt jedoch nicht, um diese zu begründen.

Beispiel: Für jedes Teilchen von Stickstoff oder Sauerstoff in einem mit Luft befüllten Behälter hat die Größe Temperatur (Kap. 3.1) keinen Sinn. Jedes Teilchen hat einfach eine eigene Bewegungsenergie (kinetische Energie). Für die Luft als Ganzes, im makroskopischen Maßstab, ist die Temperatur eine vereinbarte Ausdrucksform für die kinetische Energie der Gesamtheit der Teilchen. Man kann diese Temperatur mit einem am Behälter angebrachten Thermometer messen.

Ein solcher Unterschied zwischen dem Verhalten einzelner Komponenten und jenem des Systems als Ganzes erfordert eine eigene Untersuchungsmethodik.

Dafür gibt es die Wahl zwischen Determinismus, Phänomenologie und atomistisch-statistischer Analyse.

Determinismus, als analytische Untersuchungsmethodik – anwendbar für Vorgänge in der Physik oder in der Technischen Mechanik – ist für die Bemessung oder Bewertung thermodynamischer Prozesse nicht geeignet. Determinismus kann allgemein für eine begrenzte, kontrollierbare Anzahl von materiellen Teilchen angewandt werden: So kann beispielsweise aus der Ermittlung der Bewegungsbedingungen jedes Teilchens in jedem Moment und an jedem Ort sowohl der aktuelle, als auch ein späterer Bewegungszustand im gesamten System ermittelt werden.

Bild 6.2 Kugeln und Queue auf einem Billard-Tisch

Beispiel: Schlagen der Kugel auf einem Billard-Tisch. (Bild 6.2).Man kann die Schlagkraft und die Queue-Position bei Kenntnis über Position und Gewicht jeder Kugel und über den Tisch-Bezugsstoff so einstellen, dass die orange Kugel die blaue trifft, diese dann die pinkfarbene, die auf die grüne tangential stößt, so dass die letztere das Loch trifft.

Man sollte diese Erkenntnis jedoch nicht unbedingt auch in der Menschenwelt, und insbesondere nicht bei der Erfassung von Gesetzen anwenden:

Mit deterministischen Methoden, aus der Analyse des Verhaltens eines einzelnen Individuums, ist es praktisch nicht möglich die Verhaltensmerkmale einer ganzen Gesellschaft abzuleiten.

Das wird dennoch häufig in Politik, Wirtschaft und Finanzen praktiziert, mit meist folgenschweren Ergebnissen. Entsprechende Beispiele könnten ein ganzes Buch füllen.

Die ***Phänomenologie*** ist nicht vollkommen analytisch, dafür aber pragmatisch: Dabei werden die makroskopischen Erscheinungen in einem Medium betrachtet, zunächst ohne Bezug auf seine mikroskopische Struktur. Die Grenze zwischen der makroskopischen und der mikroskopischen Struktur entspricht dem Wirksamkeitsbereich eines dafür geltenden Gesetzes. Jede Größe muss bis zu einer solchen Grenze gemäß ihrer genauen Definition noch messbar oder mit Sinnen feststellbar sein.

Beispiele: Temperatur, Druck, Farbe, Geruch, Geschmack, Klang.

Bei einer phänomenologischen Untersuchung werden alle Gesetze experimentell ermittelt *(„Phänomenon", aus dem Altgriechischen, bedeutet im Deutschen „Erscheinendes").* Dadurch sind solche Gesetze hypothesenfrei.

Experimentell bedeutet jedoch nicht empirisch, wobei ein einzelner, bestimmter Vorgang in einer mathematisch dafür zugeschnittenen Form ausgedrückt wird.

Phänomenologie ist wie folgt definierbar: Zusammenfassung von ausschließlich experimentell gewonnenen Erkenntnissen für eine möglichst große Anzahl ähnlicher Vorgänge mit anschließender Ableitung und Formulierung von Gesetzmäßigkeiten und Erfassung solcher Gesetzmäßigkeiten in kurzen, prägnanten Formeln, wenn möglich.

Im Falle eines phänomenologisch abgeleiteten Gesetztes genügt allerdings ein einziges Experiment, welches der jeweiligen Formulierung widerspricht, um das Gesetz generell, oder für einen Teil seines Wirkungsbereiches, ungültig zu machen.

Beispiel eines phänomenologischen Gesetztes „Wärme kann niemals von selbst (auf natürlichem Wege) von einem Körper mit niedrigerer Temperatur auf einen Körper mit höherer Temperatur übergehen", Clausius (1822-1888), eine der Formulierungen des Zweiten Hauptsatz der Thermodynamik. Bislang ist seit der Zeit von Professor Clausius niemals und nirgendwo auf der Welt etwas vorgekommen, was diesem Gesetz wiedersprechen würde.

Für jedes Gesetz, welches phänomenologisch abgeleitet wurde, sind allerdings folgende Kriterien zu beachten:

- Voraussetzungen,
- Gültigkeitsbereich,
- Randbedingungen.

Ein gewisser Nachteil der phänomenologischen Untersuchungsmethodik besteht darin, dass fundierte physikalische Erklärungen der experimentell gewonnenen Erfahrungen durch deren makroskopische Betrachtung nicht vorhanden sind und auch nicht unbedingt angestrebt werden. Solange aber diese Methode die Simulation, Extrapolation und Reproduzierbarkeit von Vorgängen bei der Entwicklung von Systemen oder Anlagen gewährt, ist ein solcher Kompromiss dennoch vertretbar.

Beispiel: Das Feuer. Die Flammen während der Verbrennung von Holz, Kohle, Gas, Benzin oder Kerzenwachs schicken in ihre Umgebung Wärme, Farbenerscheinungen, Gerüche und Geräusche. All das ist nach außen nicht nur mit menschlichen Sinnen feststellbar, sondern auch mit Geräten messbar. Ein momentaner Zustand, als Kombination der gleichen Eigenschaften, ist dann auch wieder herstellbar, indem die Eingangsvoraussetzungen genau eingehalten werden. Dafür nutzt es wenig, wenn man genau analysieren kann, warum ein Teilchen Stickstoff oder ein kleines Stück Kohle vom blauen zum roten Bereich der Flamme wandert und wie sein weiterer Weg durch die Flamme verläuft oder verlaufen würde. Hauptsache, man kann alles so reproduzieren, dass das zweite, das dritte und das tausendste Mal die blaue Zone genau an der gleichen Stelle erscheint und die Temperaturverteilung in der Flamme genau die gleiche ist. Der Physiker würde sich aufregen, weil mit seinen Kenntnissen und mit modernen Computern die Verfolgung der Bahn jedes Teilchens unter den vielen Milliarden in der Flamme möglich wäre. An einer solchen Aufgabe würde er allerdings von der Promotion bis zum Rentenalter tüfteln, während der Ingenieur seine exakt arbeitende Maschine mit einem solchen Brennraum in drei Monaten in die Produktion überführen könnte (Bild 6.3).

Bild 6.3 Flammen von einem Kohlefeuer und von einer Wachskerze, mit unterschiedlichen Farbtönen, von blau und dunkelrot bis gelb, die jeweils eine Temperaturzone signalisieren

Die ***atomistisch-statistische Untersuchungsmethodik*** ist eine Alternative zur Phänomenologie, die eher in der physikalischen Analyse thermodynamischer Medien oder Vorgänge Anwendung findet. Dabei wird das Verhalten eines Mediums im mikroskopischen Maßstab mit deterministischen Methoden analysiert. Für den Übergang zum makroskopischen Verhalten werden statistische Verfahren angewandt. In dieser

Weise können bei Bedarf auch physikalische Begründungen für phänomenologisch abgeleitete Gesetzmäßigkeiten gefunden werden.

6.2 Wärme, Arbeit, Freiheitsgrade der Eigenschaften

Das Medium (meist *flüssig oder gasförmig*) in einer Maschine oder Anlage kann mit deren Umgebung *Masse* und Energie (*Wärme oder Arbeit*) austauschen.

Zahlreiche Austausch-Kombinationen sind möglich.

Beispiel: Einem Kolbenmotor werden Luft und Kraftstoff zugeführt. Aus dem Motor wird Abgas abgeführt. Ein Teil der Wärme, die aus der Verbrennung des Luft/Kraftstoff Gemisches resultiert, wird in mechanische Arbeit umgewandelt, welche dem Fahrzeugantriebssystem übertragen wird. Der Rest der Wärme wird über das Kühlwasser/Schmieröl sowie über die Abgase der Umgebung übertragen (Bild 6.4).

Der momentane Zustand des Arbeitsmediums in einer Maschine oder Anlage, ausgedrückt durch die Werte von Zustandsgrößen (Eigenschaften) wie *Druck, Temperatur oder Volumen*, ist nur in einem makroskopischen Gleichgewicht feststellbar.

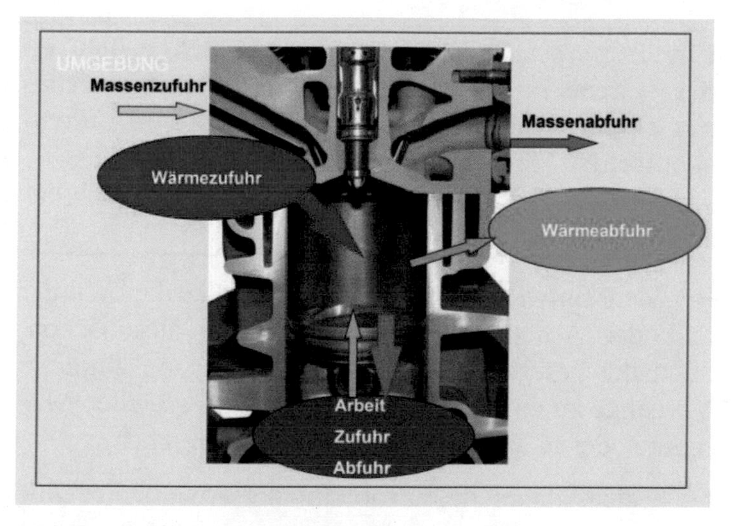

Bild 6.4 Kolbenmotor als Maschine mit kombiniertem Austausch von Masse, Arbeit und Wärme

Der momentane Zustand des Arbeitsmediums in einer Maschine oder Anlage, ausgedrückt durch die Werte von Zustandsgrößen (Eigenschaften) wie *Druck, Temperatur oder Volumen*, ist nur in einem makroskopischen Gleichgewicht feststellbar.

Im mikroskopischen Maßstab ist zwar eine ständige Bewegung der Teilchen vorhanden; soweit sich jedoch diese innere Bewegung in einem dynamischen Gleichgewicht befindet, ist ihre Wirkung im makroskopischen Maßstab im betrachteten momentanen Zustand wirkungslos.

Ein *Zustand* charakterisiert das Gleichgewicht eines Systems im makroskopischen Maßstab, welches auf einem dynamischen Gleichgewicht im mikroskopischen Maßstab beruht.
Eine *Zustandsgröße* ist eine makroskopische Eigenschaft des Systems in einem Zustand.

Bei der Entwicklung von Maschinen, die Wärme und/oder Arbeit mit ihrer Umgebung austauschen, nützt die Präzisierung jedes Zustandes, um ähnliche Vorgänge zu einer späteren Zeit in einer gleichen Maschine oder in anderen Maschinen zu erreichen.

Es besteht dabei das Problem, die Anzahl der Zustandsgrößen (Eigenschaften) die einen Zustand genau definieren, so gering wie möglich zu halten.

Die Eigenschaften eines Systems im makroskopischen Maßstab werden durch experimentell vereinbarte Größen wie *Temperatur, Druck oder Volumen* dargestellt. Ebenso gut könnten es jedoch auch *die Farbe, der Geruch oder das Geräusch* sein.

Wenn durch die Wertepaarungen einer geringen Anzahl voneinander unabhängiger Größen ein Zustand fixiert werden kann, dann sind die meisten der sonstigen Eigenschaften auch davon ableitbar.

Die Zustandsgrößen, die unabhängig voneinander einen Zustand definieren, werden als *Freiheitsgrade eines Systems* verstanden.

Der US-amerikanische Wissenschaftler Josiah Gibbs (1839-1903) leitete in diesem Zusammenhang ein Gesetz ab, welches als Muster der Phänomenologie betrachtet werden kann: Die Phasenregel.

Für alle Systeme in der Natur gibt es laut der Phasenregel einen eindeutigen Zusammenhang zwischen den Freiheitsgraden (F), der Anzahl der chemischen Komponenten im System (K) und der jeweiligen Phasen (P) (*gasförmig, flüssig, fest*):

$$F = K - P + 2$$

Beispiele: Für ein homogenes System mit einer Komponente (Wasser) und einer Phase (flüssig) gilt: ***1 – 1 + 2 = 2.*** *Bei Erwärmung des flüssigen Wassers in einem offenen Topf (ohne festem Deckel) ändern sich während des Kochens sowohl seine Temperatur als auch seine Dichte (bzw. das Wasservolumen im Topf). Der Druck im Wasser bleibt aber konstant. Die zwei Freiheitsgrade beim Kochen sind also die Temperatur und das Volumen. Ihre Messung zu einer bestimmten Zeit präzisiert den momentanen Zustand.*

Bei einer ähnlichen Erwärmung in einem Schnellkochtopf (mit festem Deckel, voll mit Wasser gefüllt) ändern sich wiederum Temperatur und Druck, während die Dichte (bzw. das Wasservolumen im Topf) konstant bleibt. Die zwei Freiheitsgrade sind in diesem Fall die Temperatur und der Druck. Auch hierfür genügt ihre Messung zu einem bestimmten Zeitpunkt, um den momentanen Zustand zu präzisieren.

Für ein System mit einer Komponente und zwei Phasen gilt ***1 – 2 + 2 = 1.*** *In diesem Fall ist nur eine Zustandsgröße frei wählbar, die anderen hängen dann davon ab:*

Beispielsweise erscheint bei der Erwärmung von Wasser über den Siedepunkt hinweg noch eine gasförmige Phase (Dampf). Ab diesem Punkt bleibt die Temperatur trotz der Wärmezufuhr konstant. Bei Erwärmen in einem offenen Behälter ändert sich dann nur die Wasserdichte, während der Druck konstant bleibt. In einem geschlossenen Behälter, in dem die Wasserdichte (bzw. das Volumen) konstant bleibt, ändert sich dagegen nur der Druck.

Bislang brachen keine Gase, Gasgemische oder Flüssigkeiten in verschiedenen Phasen die Phasenregelung von Gibbs. Den Physiker, der dafür, auf Grund des Atomverhaltens (im mikroskopischen Bereich) in jeder Komponente und in jeder Phase, eine streng wissenschaftliche Erklärung der Anzahl der Freiheitsgrade eines Systems sucht, kann man wirklich nicht beneiden!

Ein Extrembeispiel der Phasenregelung gibt wieder das Wasser: Diese einzelne chemische Komponente kann doch gleichzeitig fest, flüssig und gasförmig sein. In diesem Zustand sind aber alle Freiheitsgrade „vergeben": Die Temperatur muss dafür genau 0°C betragen, der Druck 0,006 bar, die Dichte in jeder der 3 Phasen ist genau fixiert.

Wissenschaftler wie der Franzose Mariotte (1620-1684), der Ire Boyle (1626-1691), und der Franzose Gay-Lussac (1778-1850), haben durch vielfältige Experimente Zusammenhänge zwischen den drei Größen *Druck, Temperatur und Volumen* für idealisierte Gase gefunden und in Formeln zusammengefasst: Wenn man Sauerstoff (in einer weiteren Idealisierung auch Luft, als Gasgemisch mit bekannten Eigenschaften) bei konstantem Druck erwärmt ist der Volumenanstieg direkt proportional dem Temperaturanstieg. Und wenn bei der Erwärmung das Volumen konstant war, so ist wiederum der Druckanstieg direkt proportional dem

Temperaturanstieg. Daraus entstanden unzählige Formelkombinationen.

Das Feuer kann also das Wasser in einem Kessel erhitzen, das ergibt in einem Kraftwerk sowohl Wärme, als auch Arbeit.

Das Feuer kann die Luft in einem Motorbrennraum erhitzen. Das ergibt sowohl Wärme, als auch Arbeit.

Um das Kraftwerk oder den Kolbenmotor bauen zu können, muss man sich zuerst mit den Eigenschaften des Arbeitsmediums (Wasser oder Luft) während den Zustandsänderungen beschäftigen: Werden alle Deckel wegen Druck platzen oder die Schrauben wegen Temperatur schmelzen, wird das Wasser in der Pumpe des Kraftwerks zu Eis?

7 Arbeit aus Wärme

7.1 Energieaustausch

Momentaufnahme in einer Wohnung: Die Wände nach außen sind wärmedicht, die Eingangstür ebenfalls, geschlossen ist sie auch. Kein Wasser strömt rein, kein Abwasser raus, der Strom ist abgeschaltet. Die Räume A, B und C sind offen zueinander. Im Raum B knistert im großen Kamin ein Feuer. Der Opa liest im Raum C an dem Licht einer Öllampe. Das Enkelkind dreht dauernd seine Runden durch alle Räume, Kraft an den Rädern über die Strecke bedeutet viel Arbeit, der Zwerg hat aber genug Energie.

Von B nach A, aber auch von B nach C strömt Energie in Form von Wärme, die der Kamin ausstrahlt. Das Dreirad des Enkels trägt die Energie in Form von Arbeit von B nach A, gelegentlich nach C, und so weiter. Die Flamme der Öllampe des Großvaters bringt Licht und etwas Wärme in den Raum C.

Energiebilanz: Der Raum B gibt einen Teil seiner Energie in Form von Wärme an A und C. Das Kind

C. Stan, *Das Feuer ist kein Ungeheuer*,
https://doi.org/10.1007/978-3-662-64987-9_7

trägt die Dreiradarbeit von B nach A und dann weiter nach C und zurück nach B. Den Opa mit seiner Öllampe könnte man bei so viel Energieaustausch fast vernachlässigen. In jedem Raum wird also in Zeitabständen das Energieniveau verändert. Wenn man aber zu irgendeiner Zeit die gesamte Energie in den 3 Räumen addiert ist keine Änderung feststellbar.

Und von so einer einfachen Erkenntnis, die immer und überall gilt, hat jeder Student der technischen Wissenschaften so viel Respekt. Das ist der phänomenologisch abgeleitete „Erste Hauptsatz" der Thermodynamik.

Der erste Hauptsatz– allgemein
Zwischen den Teilsystemen eines energetisch dichten Systems kann ein Energieaustausch derart erfolgen, dass sich die Energie einzelner Teilsysteme verändert. Die gesamte Energie des Systems, als Summe der Energien der Teilsysteme bleibt jedoch konstant.

Die Zusammenhänge dazu sind im Bild 7.1 dargestellt

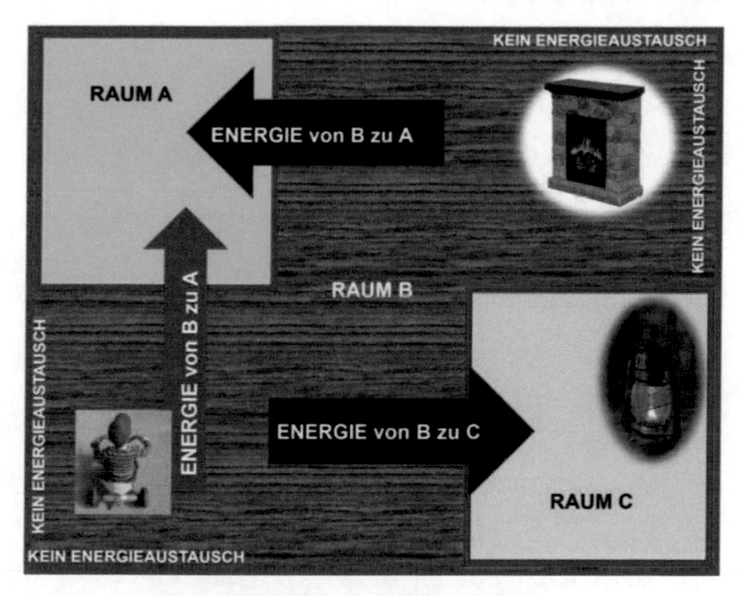

Bild 7.1 Energieaustausch innerhalb eines gegenüber der Umgebung energiedichten Systems

Die Gesamtheit System-Umgebung ist aber auch ein energetisch dichtes System (*Die Grenze der Umgebung an der Unendlichkeit ermöglicht keinen weiteren Energieaustausch*). Und so wird der Erste Hauptsatz noch interessanter (Bild 7.2):

Der erste Hauptsatz – Austausch System-Umgebung
Während des Energieaustausches zwischen einem System und seiner Umgebung, beispielsweise als Wärme oder Arbeit, bleibt die Summe aller Energieformen des Systems und der Umgebung konstant.

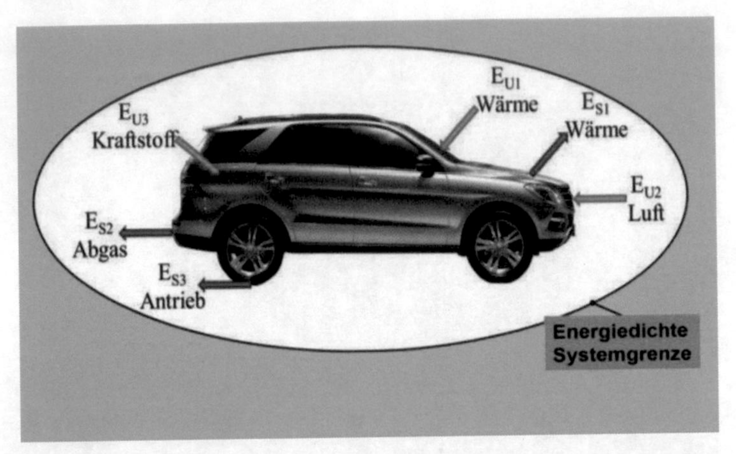

Bild 7.2 Energieaustausch zwischen einem System und seiner Umgebung

Eine der vielen Folgen dieser Gesetzmäßigkeit: Ein Antrieb kann nur so lange Arbeit leisten, wie ihm eine entsprechende Energie zugeführt wird.

Ein Antrieb, der ohne entsprechende Energiezufuhr Arbeit zu leisten versucht, wird als „*Perpetuum Mobile 1. Ordnung*" bezeichnet.

7.2 Energiebilanz von einem Zustand zum anderen

Ein Prozess (eine *Zustandsänderung*) zwischen zwei Zuständen eines erhitztes oder gekühlten Mediums (ob *Gas, Dampf oder eine Flüssigkeit*), welches Arbeit in einer Maschine leistet oder aufnimmt, kann auf unterschiedlichen Wegen ablaufen. So kann währenddessen entweder der Druck oder das ihm zur Verfügung stehende Volumen konstant gehalten werden. Es kann aber auch sein, dass sich beide, Druck und Volumen, während des Prozesses ständig ändern.

Was aber am Ende rauskommt ist unabhängig von dem Weg der Zustandsänderung!

Obwohl die Arbeit und die Wärme Prozessgrößen (wegabhängig) sind, ist ihre Summe oder Differenz, je nachdem ob zu- oder abgeführt, eine Systemgröße (wegunabhängig). Sie charakterisiert den Anfangszustand, dann den Endzustand des Mediums [1].

Für ein in dem System eingeschossenes Medium ist diese Zustandsgröße die Innere Energie.

Beispiele für geschlossene Systeme:

- *ein mit Wasser gefüllter Schnellkochtopf*
- *eine mit Kaffee gefüllte Metallkanne mit Deckel*
- *ein Luftballon*
- *das Abgas in einem Kolbenmotor während der Expansion.*

Die innere Energie umfasst mehrere Energieformen, die nur im mikroskopischen Maßstab erfassbar sind, hauptsächlich aber die Bewegungsenergie der Teilchen.

Der erste Hauptsatz – Zustandsänderungen in geschlossenen Systemen
Der Austausch von Wärme und Arbeit zwischen einem geschlossenen System und seiner Umgebung während einer Zustandsänderung entspricht der Änderung seiner inneren Energie.

Ein offenes System tauscht mit der Umgebung, im Gegensatz zu einem geschlossenen System, Arbeitsmedium aus.

Beispiele für offene Systeme mit einem jeweils strömenden Arbeitsmedium:

- *eine Gasturbine als Flugzeugantrieb*
- *eine Dampfturbine im Kraftwerk*
- *Wasserpumpen, Heizkörper, Düsen.*

Bei offenen Systemen, in denen eine Strömung des Arbeitsmediums vorkommt, ändern sich außer der Inneren Energie, wie in geschlossenen Systemen, auch die strömungsspezifischen Energieformen: Pumparbeit, kinetische Energie, potentielle Energie. Die Summe all dieser Energieformen in einem Zustand wird mit Enthalpie bezeichnet.

Der erste Hauptsatz – Zustandsänderungen in offenen Systemen
Der Austausch von Wärme und Arbeit zwischen einem offenen System und seiner Umgebung während einer Zustandsänderung entspricht der Änderung seiner Enthalpiel.

In vielen Prozessen in Maschinen und Anlagen findet kein Wärmeaustausch oder kein Arbeitsaustausch statt. Das vereinfacht die Bilanz der ausgetauschten Energie.

Geschlossene Systeme: Arbeit ohne Wärmeaustausch

Beispiele:

- *wärmeisolierte Luftpumpe*
- *Kolbenverdichter ohne Kühlung*
- *Kolbenmotor ohne Kühlung während der Expansion*

In einem solchen Fall entspricht die Arbeit, die für die Verdichtung erbracht werden muss oder von der Entlastung gewinnbar ist, der Änderung der inneren Energie des eingeschlossenen Gases (Luft bzw. Abgas). Man erkennt einfach, ob der Prozess eine Verdichtung oder eine Entlastung war: Wenn die innere Energie in dem Gas nach dem Prozess gestiegen ist, war es eine Verdichtung, wenn sie gesunken ist, war es eine Entlastung.

Geschlossene Systeme: Wärmeaustausch ohne Arbeit

Beispiele:

- *Verbrennung im geschlossenen Brennraum eines Kolbenmotors (Bild 7.3)*
- *Erhitzung der Luft in einem Autoreifen wegen Reibung des Gummis auf dem Straßenbelag während des Fahrens*
- *Erhitzung des Wassers in Omas Badkessel*
- *Kühlung des Weißweines in einer Flasche.*

Bild 7.3 Verbrennung im geschlossenen Brennraum eines Kolbenmotors

In diesem Fall entspricht die Wärme, die zugeführt wurde, der Zunahme der inneren Energie des Gasgemisches im Kolbenmotor, der Luft im Reifen, oder des Wassers im Badekessel. Die Wärmeabfuhr von dem Weißwein in der Flasche entspricht der Senkung seiner inneren Energie, aber immerhin, kalt schmeckt ein trockener Weißwein besser!

Offene Systeme: Arbeit ohne Wärmeaustausch

Beispiele:

- *Wärmeisolierter Radial- und Axialverdichter (Bild 7.4)*
- *Ungekühlte Radial- und Axialturbinen (Bild 7.4)*
- *Wasser-, Kraftstoff- und Ölpumpen*

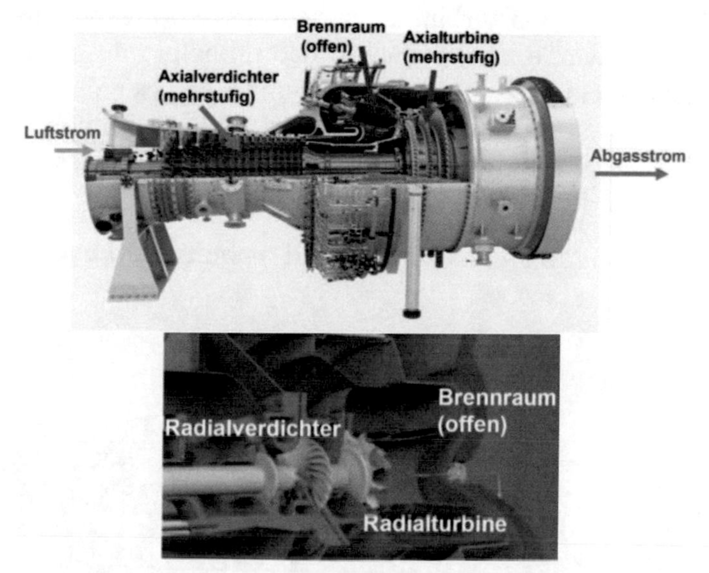

Bild 7.4 Funktionsmodule in Strömungsmaschinen (Gasturbinen): Axialverdichter und -turbine, Radialverdichter und Turbine, offene Brennräume

In einem solchen Fall entspricht die Arbeit, die für die Verdichtung erbracht werden muss oder von der Entlastung gewinnbar ist, der Änderung der Enthalpie des strömenden Gases (Luft, bzw. Abgas). Man erkennt einfach, ob der Prozess eine Verdichtung oder eine Entlastung war: Wenn die Enthalpie in dem Gas nach dem Prozess gestiegen ist, war es eine Verdichtung, wenn sie gesunken ist, war es eine Entlastung.

Offene Systeme: Wärmeaustausch ohne Arbeit

Beispiele:

- *Wärmetauscher: Kühler und Heizkörper*
- *Brennraum einer Strömungsmaschine (Gasturbine) (Bild 7.4)*

Im Falle der Gasturbine entspricht die Wärme, die zugeführt wurde, der Zunahme der Enthalpie des strömenden Gases zwischen Eintritt und Verlassen des offenen Brennraums. Ähnlich ändert sich die Enthalpie zwischen Eingang und Ausgang des Wasserstromes im Kühler oder im Heizkörper.

Strömungen ohne Wärme- und Arbeitsaustausch

Beispiele:

- *Strömungen durch wärmeisolierte Rohre und Düsen (Bild 7.5)*

Bild 7.5 Abgasströmung durch die Düsen der Strahltriebwerke eines Flugzeugs (Quelle: Eurofighter Typhoon F2, RAF)

Weder Wärme, noch Arbeit zwischen dem Eingang und dem Ausgang aus einem Rohr oder aus einer Düse, das bedeutet, dass sich die Enthalpie der jeweiligen Strömung gar nicht ändert.

Ist so ein Fall überhaupt vom Interesse? Und ob: Die Enthalpie besteht doch aus innerer Energie, Pumparbeit und kinetischer Energie. Die Verhältnisse zwischen diesen 3 Formen können durch gezielte Maßnahmen geändert werden. Das beste Beispiel dafür ist die Düse in einer Gasturbine:

Der Düseneingang hat einen größeren Durchmesser, beziehungsweise Strömungsquerschnitt als der Düsenausgang. Das Abgas wird dadurch beschleunigt. Das heißt, die Pumparbeit wird zunehmend in kinetische Energie umgewandelt, die Strömungsgeschwindigkeit steigt, während der Druck abnimmt. Zwischen Eingang und Ausgang aus der Düse hat sich aber die Enthalpie (die gesamte Energie) des Gases gar nicht geändert!

Die Wirkung dieser Gasbeschleunigung ist enorm: Zwischen dem Eingang der Luft in das Ansaugrohr der Maschine und dem Ausgang der Abgase durch die Düsen hat sich die Strömungsgeschwindigkeit (Meter pro Sekunde) stark verändert. Im Zusammenhang mit dem durchgelassenen Massenstrom von Luft und Kraftstoff (Kilogramm pro Sekunde) entsteht daraus eine Kraft (Newton), die von der Strömung auf die Umgebungsluft ausgeübt wird. Die Luft ist aber viel, viel größer, und reagiert darauf, indem sie ihren Zustand gar nicht ändert, dafür aber den Übeltäter nach vorne, mit der gleichen Kraft schiebt. Das ist die Reaktionskraft! Gewonnen nur durch Beschleunigung von Abgas in Düsen, in denen sonst nichts vorkommt, weder Arbeit, noch Wärmeaustausch. Alle Module in der Maschine (Verdichter, Brennraum, Turbine) dienen also nur diesem einen Zweck: der Abgasbeschleunigung in der Düse. Die eigentliche Arbeit erscheint erst außerhalb der Maschine. Sie entspricht der entwickelten Kraft multipliziert mit der Flugdistanz (Newton-Meter, bzw. Joule).

Im Grunde genommen, unabhängig von Beschleunigungsdüsen, ist das beim Rudern auf dem See ähnlich: Man beschleunigt in diesem Fall das Wasser zwischen Bug und Heck des Bootes mit Paddeln. Das Wasser ist aber auch in diesem Fall viel, viel größer und schiebt, analog, den Übeltäter nach vorne, mit der entsprechenden Reaktionskraft.

Am Ende, noch zwei Empfehlungen im Zusammenhang mit Reaktionskräften:

- Man sollte nicht hinter einem am Boden beschleunigenden Turbojet stehen. Was oder wer nicht so groß wie die Umgebungsluft ist, wird mit Wucht weggefegt.
- Man sollte nicht in der Badewanne rudern, das Wasser in einem solch kleinen Becken übt keine Reaktionskraft, es schwappt aber aus.

8 Arbeitsmittel als Träger von Wärme und Arbeit

8.1 Luft und Wasser sind Arbeitsmittel, Brennstoff nicht

Was hat ein Arbeitsmittel eigentlich für eine Aufgabe? Die Antwort ist klar: viele! Es soll zuerst gut fließen können. Es soll in sehr kurzer Zeit über Wärmetauscher viel Wärme aufnehmen und viel Wärme abgeben können. Dabei darf es weder bei niedrigen Temperaturen einfrieren, noch sich bei hohen Temperaturen zersetzen. Eine Phasenänderung von Gas zu Flüssigkeit und umgekehrt muss exakt kontrollierbar sein, um beispielsweise Flüssigkeitspumpen oder Dampfturbinen in den Kreisläufen von Kraftwerken nicht zu beschädigen.

Ein Arbeitsmittel, was auch die Kältemittel umfasst, darf nicht giftig oder leicht entzündbar sein, es darf auch kein Ozonloch verursachen. Vor allem muss es aber preiswert, überall verfügbar und einfach speicherbar sein.

C. Stan, *Das Feuer ist kein Ungeheuer*,
https://doi.org/10.1007/978-3-662-64987-9_8

Luft

Für die unmittelbare Wirkung eines Feuers in Kolbenmotoren, in Gasturbinen und in jeder anderen Art von Wärmekraftmaschinen (Kap 3.2) ist Luft (*21% Sauerstoff und 78% Stickstoff, 1% mehrere andere Gase*) das mit Abstand verbreitetste Arbeitsmittel. Luft kann man bis zu 1000 bar komprimieren oder bis zu 1000°C erhitzen, ohne dass sie ihre chemische Struktur ändert oder flüssig wird. Luft kann man andererseits bis zu *minus* 195 °C kühlen, bevor sie flüssig wird. Der Sauerstoff aus der Luft reagiert direkt mit allen Arten von Brennstoff, vom Benzin und Methanol bis zum Rapsöl und Wasserstoff.

Die Thermodynamiker und insbesondere die Ingenieure, die Verbrennungsmotoren entwickeln, betrachten in erster Annäherung die Brennstoffe/Kraftstoffe „nur" als Wärmegeber für die Luft, die auf Temperaturen über 2500°C erhitzt werden kann. In einer weiteren Annäherung wird die Luft nach der Wärmezufuhr als ein Gasgemisch von Kohlendioxid, Wasser-Heißdampf und Stickstoff betrachtet, wessen Kenngrößen exakt ermittelbar sind, wie jene jedes anderen Gases [1].

Wasser

Für die mittelbare Wirkung des Feuers (Kap. 3.2) in Kraftwerken mit Kesseln und Gasturbinen, in Heizungsanlagen jeder Art oder in Dampflokomotiven wird Wasser verwendet. Das Wasser wird beim Erhitzen über 100°C bei 1 bar oder über 300°C bei 100 bar [1] zum Heißdampf, also ganz „trocken", ohne jegliche Spuren von Flüssigkeit. Das ist genau das, was der

Dampfturbine am meisten bekommt, ähnlich des überhitzten Gasgemisches in der Gasturbine eines Düsenjägers.

In Kühlkreisläufen von Kolbenmotoren oder Gasturbinen, die mit dem Feuer, auch wenn indirekt, zu tun haben, wird auch Wasser als Arbeitsmittel verwendet. Wegen Frostgefahr enthält das Wasser in solchen Kühlkreisläufen auch einige Zusätze.

Arbeitsmittel für Maschinen ohne Feuer

In Kühlschränken kann kein Wasser als Arbeitsmittel genützt werden, weil es im Kreislauf, bei Temperaturen unter 0°C Eispfropfen bilden würde. Dafür eignen sich benzinähnliche Derivate von Erdöl, wie Propan oder Butan, Ammoniak, Dichlordifluormethan (Freon) und Fluorchlorkohlenwasserstoffe (FCKW).

In Klimaanlagen wird neuerdings Kohlendioxid als Arbeitsmittel verwendet, früher war Tetrafluorethan (R134a) das dafür meist verwendete Fluid.

Luft als ideales Gas

Unter all diesen Arbeitsmitteln ist die Luft nicht nur eines der effizientesten sondern auch das einfachste. Für die Berechnung oder für die Analyse der Prozesse in Wärmekraftmaschinen oder Kälteanlagen für extrem niedrige Temperaturen wird das Arbeitsmedium Luft aus thermodynamischer Sicht als „ideales Gas" betrachtet (*auch wenn sie eigentlich ein Gemisch von Sauerstoff und Stickstoff ist*):

Die Gase, so auch die Luft, unterscheiden sich von Flüssigkeiten und festen Stoffen durch ein einfacheres thermisches Verhalten. Ein Gas nimmt das ganze zur Verfügung stehende Volumen in Anspruch, was auf sehr niedrige Wechselwirkungskräfte zwischen seinen Teilchen hindeutet. Diese Wechselwirkungskräfte werden umso kleiner, je niedriger der Druck bzw. je höher die Temperatur des Gases ist. Dadurch werden die Abstände zwischen den Teilchen eines Gases derart groß, dass ihr eigenes Volumen vernachlässigbar wird.

Durch Extrapolation dieser Voraussetzungen wird das Modell eines idealen Gases gebildet. Der Vorteil des Modells liegt in einer einfacheren, übersichtlicheren Analyse der thermodynamischen Vorgänge bei Gasen [1].

Das Modell des idealen Gases und die daraus resultierenden Zusammenhänge sind in einem breiten Feld von Druck- und Temperaturwerten für jedes reale Gas mit ausreichender Genauigkeit anwendbar. Abweichungen werden mit zunehmendem Druck oder sinkender Temperatur, je nach Gas-Art, mehr oder weniger deutlich. Die einfachste Methode, das Verhalten eines realen Gases in einem Zustand oder während einer Zustandsänderung zu analysieren, ist die gleichzeitige Messung von Druck, Volumen bzw. Dichte und Temperatur. Für häufig verwendete Gase liegen solche Werte in physikalischen Tabellen vor.

Wärmekapazität der Luft als Arbeitsmittel

Wieviel Wärme die Luft, als Arbeitsmittel in einer Maschine, über einen Wärmetauscher aufnehmen oder abgeben kann, darüber gibt seine Wärmekapizität Auskunft. Eine solche Eigenschaft, wie viele andere im Falle der Luft oder jedes anderen Arbeitsmittels, wird immer für 1 Kilogramm, also massenbezogen angegeben. Massenbezogene Größen werden oft auch als „spezifische Größen" bezeichnet.

Die spezifische Wärmekapazität eines Stoffes, so auch der Luft, ist als Energie (Wärme) definiert, die für die Erhöhung der Temperatur seiner Masseneinheit (1 kg) um 1 Kelvin benötigt wird.

1 Kelvin ergibt (- 273,15 + 1) ° C. Wenn es allerdings um die Erhöhung der Temperatur von Grad zu Grad geht, also um eine Differenz, so kann diese auch in °C gemessen und ausgedrückt werden.

Die spezifische Wärmekapazität ist wie die Wärme selbst, eine Prozessgröße. Sie ist also nicht die gleiche, wenn die Wärme bei konstantem Volumen oder bei konstanter Temperatur zugeführt oder abgeführt wurde.

Die spezifische Wärmekapazität ist abhängig von der Art des Stoffes, in diesem Fall der Luft, und wird üblicherweise in Physiklabors experimentell ermittelt und in Tabellen erfasst, die jedem zugänglich sind.

Was man damit anfangen kann ist in Bezug auf den Energieaustausch in einem Prozess, ob im Kraftwerk oder in einem Kolbenmotor, besonders wichtig:

- Die bei konstantem Volumen gemessenen Wärmekapazität, multipliziert mit der Temperatur in einem bestimmten Zustand des Arbeitsmittels ergibt die Innere Energie in jenem Zustand.

- Die bei konstantem Druck gemessenen Wärmekapazität, multipliziert mit der Temperatur in einem bestimmten Zustand des Arbeitsmittels ergibt die Enthalpie in jenem Zustand.

Die spezifische Wärmekapazität für Luft bei konstantem Volumen oder bei konstantem Druck kann in einer sehr übersichtlichen Art ermittelt werden.

- *Die Luft wird in einem Gefäß mit fest geschraubtem Deckel (für Messung bei konstantem Volumen) oder in einem Gefäß mit beweglichem, aber dicht an die Wände des Gefäßes gleitendem Deckel (für die Messung bei konstantem Druck) eingeschlossen.*
- *Die Luft wird mittels einer elektrischen Heizungsspirale, die durch das Gefäß verläuft, erhitzt.*
- *bei Messung der Heizleistung (P) und des jeweiligen Temperaturanstieges (T) in gleichen Zeitabständen (t) ist die Wärmezufuhr (Q) für die Stoffmenge (m) – und damit die spezifische Wärmekapazität ableitbar.*

Folgende Merkmale der Wärmekapazität sind zu beachten [1]:

- Die spezifische Wärmekapazität ist abhängig von der Temperatur: beispielsweise, zwischen 30°C und 31°C ist sie geringer als zwischen 70°C und 71°C.
- Die Werte der spezifischen Wärmekapazität eines Gases bei konstantem Druck sind stets größer als jene bei konstantem Volumen. Sie sind sehr leicht ermittelbar, indem an der spezifischen

Wärmekapazität bei konstantem Volumen für einen Stoff, bei jeder Temperatur, ein konstanter Wert addiert wird (*die Gaskonstante des jeweiligen Stoffes*)

- Die spezifische Wärmekapazität bei konstantem Volumen bzw. bei konstantem Druck hängen von dem jeweiligen Stoff *(beispielsweise: Luft, Wasser, Kohlendioxid, Methan)* ab (Bild 8.1).

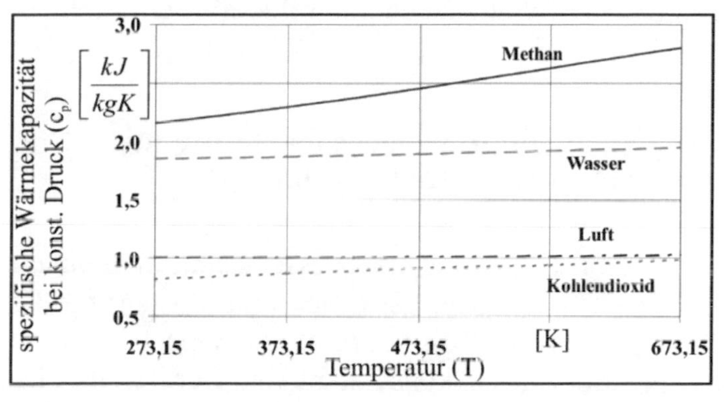

Bild 8.1 spezifische Wärmekapazitäten unterschiedlicher Gase für unterschiedliche Temperaturen.

Gasgemisch

Bei der Durchführung von Prozessen mit Feuerungen wird das Arbeitsmedium nach der Verbrennung häufig zu einem Gasgemisch.

Beispiel: die Abgasanteile nach Verbrennung in einem Kolbenmotor oder in einer Gasturbine: Kohlendioxid, Wasserdampf, Stickstoff, teilweise auch Kohlenmonoxid, unverbrannte Kohlenwasserstoffe, Stickoxyde, Sauerstoff)

Zur Beschreibung der Zustände und der Zustandsänderungen in idealen Gasgemischen wird vorausgesetzt, dass die einzelnen Gaskomponenten während einer Zustandsänderung ohne Verbrennung miteinander nicht chemisch reagieren.

Die Zusammenhänge zwischen ihren Massen- und Volumenanteile, die Dichte eines Gemisches und die Wärmekapazität bei konstantem Druck und bei konstantem Volumen (*woraus die Innere Energie und die Enthalpie ableitbar sind*) werden auf Basis einfacher Formeln aus Tabellenbüchern problemlos ermittelt.

8.2 Elementare Prozessabschnitte mit Gasen als Arbeitsmittel

Die Zustandsänderungen (Prozessabschnitte) in einem Gas oder Gasgemisch, bei denen eine Zustandsgröße (*Druck, Volumen, Temperatur*) oder eine bestimmte Kombination dieser konstant bleibt, werden als elementare Zustandsänderungen häufig angewendet. Dabei wird insbesondere der Energieaustausch als Wärmezufuhr (Q_{zu}), Wärmeabfuhr (Q_{ab}), Arbeitszufuhr (W_{zu}), Arbeitsabfuhr (W_{ab}) sowie die Extremwerte der Zustandsgrößen Druck (p), Volumen (V) und Temperatur (T) zwischen Beginn und Ende der Zustandsänderung ermittelt. Die folgenden Beispiele sind dafür repräsentativ.

Zustandsänderungen bei konstantem Volumen

Ein Energieaustausch zwischen einem technischen System oder Modul und seiner Umgebung bei konstantem Volumen des Arbeitsmediums führt allgemein zur Änderung der übrigen Zustandsgrößen.

Beispiele (Bild 8.2):

Geschlossene Systeme:	*Wärmezufuhr durch Verbrennung in einem Ottomotor (als ideale Zustandsänderung)*
	Heizen eines Mediums in einem geschlossenen Behälter
Offene Systeme:	*Pumpen eines inkompressiblen Mediums (Benzin, Wasser)*

In einem geschlossenen System, wie der Ottomotor im Beispiel 8.2 a), ist die Verbrennungsgeschwindigkeit viel höher als die Kolbengeschwindigkeit:

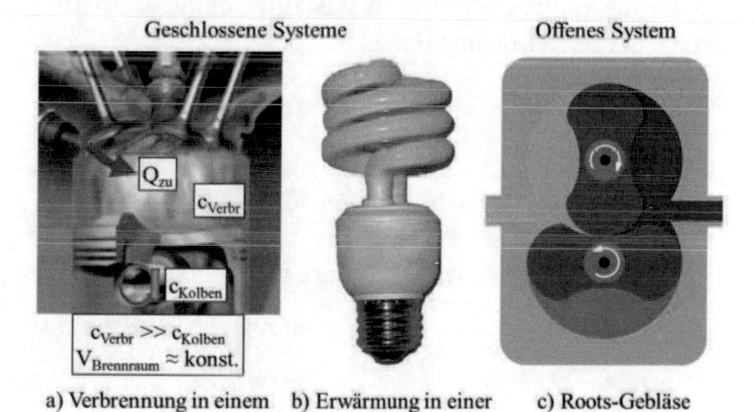

Bild 8.2 Beispiele für Zustandsänderungen bei konstantem Volumen des Arbeitsmediums als Gas (a, b) und als Flüssigkeit (c).

Man kann demzufolge annehmen, dass sich der Kolben während der Verbrennung gar nicht bewegt. Das heißt, die Zustandsänderung findet bei konstantem Volumen statt. Die Druckerhöhung ist in diesem Fall direkt proportional der Temperaturerhöhung infolge der Verbrennung.

Die zugeführte Wärme während dieser Zustandsänderung ergibt sich aus der Multiplikation der Wärmekapazität des Gases bei konstantem Volumen mit der Temperaturdifferenz infolge der Verbrennung.

Eine Arbeit erscheint während dieses Prozesses, wegen des konstanten Volumens, nicht.

Zustandsänderungen bei konstantem Druck

Ein Energieaustausch zwischen einem technischen System oder Modul und seiner Umgebung bei konstantem Druck kann ebenfalls in geschlossenen und offenen Systemen vorkommen.

Beispiele

(Bild 8.3):

Geschlossene Systeme:	*Wärmezufuhr durch Verbrennung in einem Dieselmotor (als ideale Zustandsänderung)*
Offene Systeme:	*Wärmezufuhr durch Verbrennung im Brennraum einer Gasturbine (als ideale Zustandsänderung)*

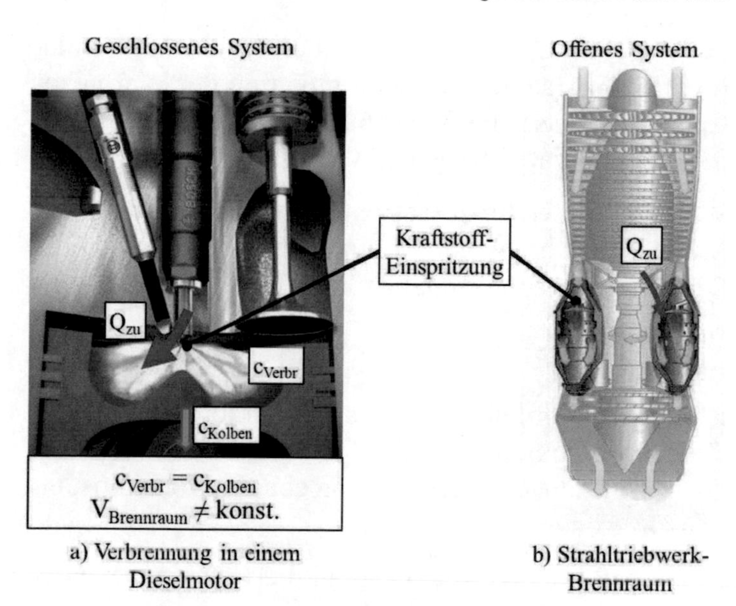

Bild 8.3 Beispiele für Zustandsänderungen bei konstantem Druck des Arbeitsmediums als Gas

Während einer solchen Zustandsänderung in einem geschlossenen System, wie in einem Dieselmotor im Beispiel 8.3 a), ist die Verbrennungsgeschwindigkeit aufgrund der Selbstzündung langsamer als jene in einem Ottomotor. Dadurch ist sie fast gleich der Kolbengeschwindigkeit. Der Druck würde mit der Temperatur, wegen der Verbrennung steigen, aber die Vergrößerung des Volumens wirkt als Kompensation entgegen. Das heißt, die Zustandsänderung findet weitgehend bei konstantem Druck statt. Die Temperaturerhöhung ist in diesem Fall direkt proportional der Volumenänderung.

Die zugeführte Wärme während dieser Zustandsänderung ergibt sich aus der Multiplikation der Wärmekapazität des Gases bei konstantem Druck mit der Temperaturdifferenz infolge der Verbrennung.

Während dieses Prozesses erscheint aber auch Arbeit: Sie ergibt sich aus der Multiplikation des konstanten Druckes mit der Volumenänderung [1].

Während einer solchen Zustandsänderung in offenen Systemen, wie in einem Strahltriebwerk (Bild 8.3 b), ist die Luftströmung durch den Brennraum, so auch die Treibstoffströmung durch die Düse, kontinuierlich. Dadurch findet die Verbrennung ebenfalls bei konstantem Druck statt.

Die zugeführte Wärme während dieser Zustandsänderung ergibt sich, wie beim Dieselmotor, auch aus der Multiplikation der Wärmekapazität des Gases bei konstantem Druck mit der Temperaturdifferenz infolge der Verbrennung.

In dem Brennraum erscheint keine Arbeit. Sie würde in einem offenen System nur durch eine Druckänderung vorkommen [1].

Zustandsänderungen bei konstanter Temperatur

Ein Energieaustausch als Wärme und Arbeit ist in einem System oder Modul auch bei konstanter Temperatur möglich, auch wenn der Begriff „Temperatur" immer mit Wärme assoziiert wird: keine Temperaturänderung, kein Wärmeaustausch während einer Zustandsänderung des Arbeitsmediums. Das ist weit verfehlt!

Bei einer Verdichtung in einem Kolbenmotor, genau wie in einer Luftpumpe, würde sich die Luft mehr oder weniger aufheizen. Durch eine entsprechend starke Kühlung könnte der gewünschte Druck erreicht werden, auch wenn die Temperatur nicht steigt!

Beispiele

(Bild 8.4):

Geschlossene Systeme:	*Wärmeabfuhr durch starke Kühlung während der Verdichtung des Arbeitsmediums in einem Kolbenmotor*
Offene Systeme:	*Wärmezufuhr durch Heizen während der Entlastung der Gasströmung in einer Düse*

Geschlossenes System

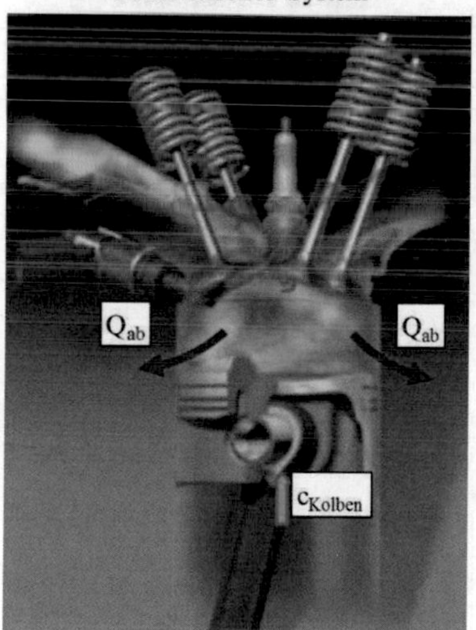

a) Kühlung während der Verdichtung in einem Kolbenmotor

Offenes System

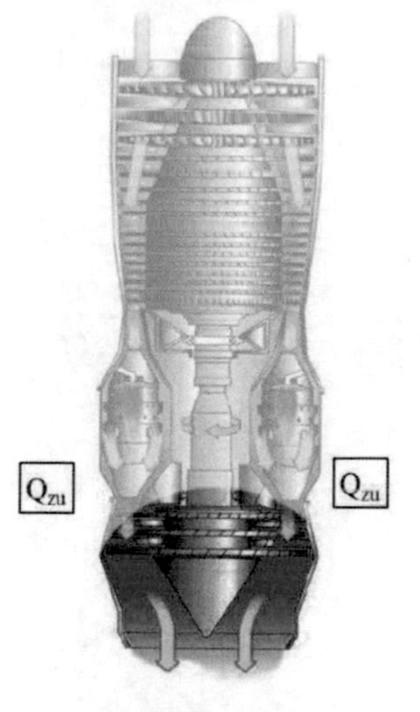

b) Strahltriebwerkdüse mit Nachbrenner

Bild 8.4 Beispiele für Zustandsänderungen bei konstanter Temperatur des Arbeitsmediums als Gas

Die abgeführte oder zugeführte Wärme während einer solchen Zustandsänderung entspricht genau der geleisteten oder der entstandenen Arbeit, wie in den Konfigurationen 8.4a) und 8.4b). Diese Arbeit wird mit relativ einfachen Formeln [1] in Abhängigkeit der Druck- und Volumenänderung berechnet.

Zustandsänderungen ohne Wärmeaustausch

Ein Energieaustausch in wärmedichten Systemen ist in Form von Arbeit möglich.

Beispiele

(Bild 8.5):

Geschlossene Systeme:	*Verdichtung oder Entlastung in einem wärmedichten Kolbenmotor*
Offene Systeme:	*Verdichtung in* einem *axialen oder radialen, wärmeisolierten Verdichter; Entlastung in einer radialen oder axialen wärmedichten Turbine*

Geschlossenes System

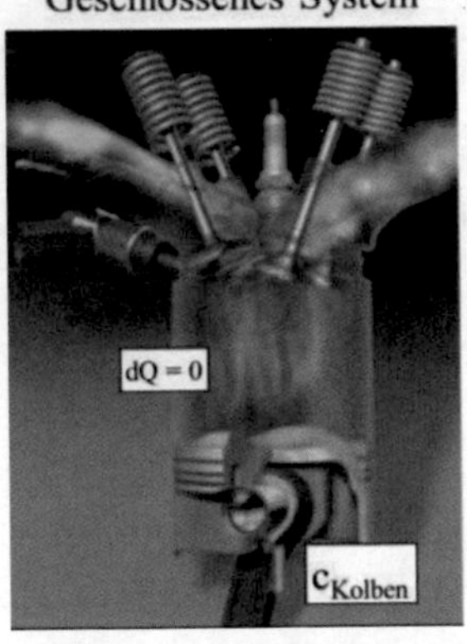

Offenes System

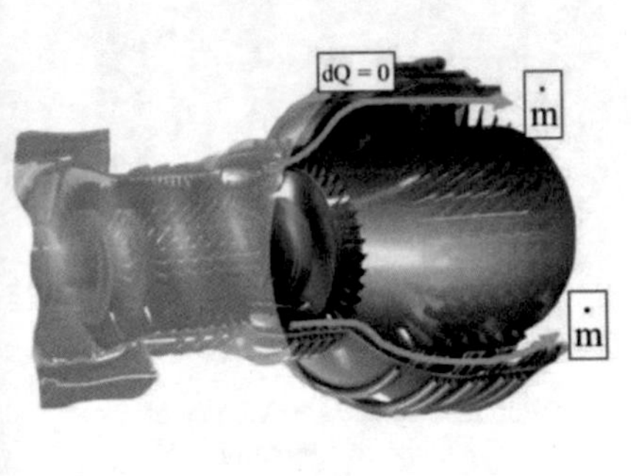

Bild 8.5 Beispiele für Zustandsänderungen ohne Wärmeaustausch des Arbeitsmediums als Gas

In solchen Prozessen gibt es keine abgeführte und keine zugeführte Wärme. Die Arbeit in wärmeisolierten geschlossenen oder offenen Systemen infolge von Verdichtungs- oder Entlastungsvorgängen wird mit relativ einfachen Formeln [1] in Abhängigkeit der Druck-, Volumen- und/oder Temperaturänderung berechnet.

Polytrope Zustandsänderungen

Der Begriff „polytrop" kommt aus dem Altgriechischen „vielgestaltig" oder „anpassungsfähig". Eine polytrope Zustandsänderung stellt eine Verallgemeinerung aller vorhin beschriebenen elementaren Zustandsänderungen dar.

Beispiele

(Bild 8.6):

Geschlossene Systeme:	*Verdichtung oder Entlastung in einem beliebig gekühlten Kolbenmotor*
Offene Systeme:	*Verdichtung in einem axialen oder radialen Verdichter mit beliebiger Kühlung; Entlastung in einer radialen oder axialen Turbine mit beliebiger Kühlung*

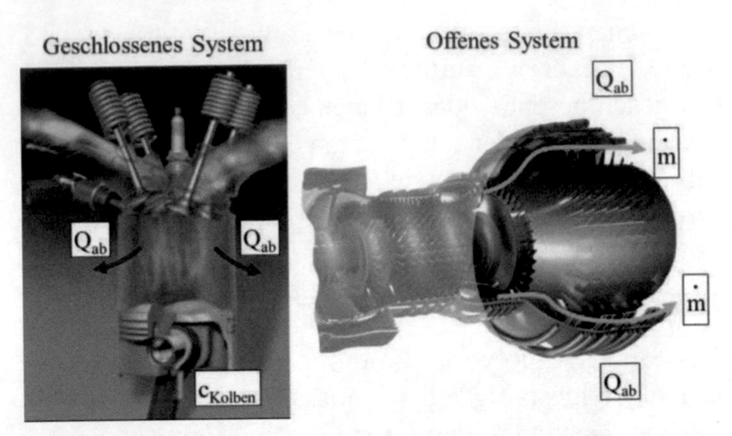

Bild 8.6 Beispiele für polytrope Zustandsänderungen des Arbeitsmediums als Gas

Während einer polytropen Zustandsänderung wird sowohl Wärme als auch Arbeit ausgetauscht. Eine solche Zustandsänderung bedingt auch eine neue Art von Wärmekapazität, als Erweiterung jener bei konstantem Druck und bei konstantem Volumen.

Die ausgetauschte Wärme und die ausgetauschte Arbeit werden mit Formeln in Abhängigkeit von diesen Wärmekapazitäten sowie der Druck-, Volumen-, und Temperaturänderung berechnet [1].

Zusammenfügen elementarer Prozessabschnitte in Kreisprozessen

Ein zukunftsträchtiger Antrieb für Automobile, ein energieeffizientes Kraftwerk oder eine klimaneutrale Wärmepumpe haben eine gemeinsame Basis: das Feuer. Ihre Erschaffung beginnt niemals mit dem Bau einer mechanisch und technisch revolutionierenden Anlage in der Hoffnung, dass dann das jeweilige Arbeitsmittel Wunder schaffen wird.

Die Erschaffung beginnt, umgekehrt, beim Arbeitsmittel selbst. Die elementaren Zustandsänderungen, beim konstanten Druck, Volumen oder Temperatur, oder ohne Wärmeaustausch sind lebendige Zellen:.Aus deren intelligenten Kombination können neue, oft auch revolutionierende Gesamtfunktionen entstehen. Die Berechnung der minimalen und der maximalen Werte für *Druck, Volumen und Temperatur* in den Eckpunkten eines solchen Prozesses hilft bei der Wahl der Werkstoffe, bei der festigkeitsgerechten Konstruktion und bei der Abwägung der Dimensionen.

Genauso wichtig ist, die ausgetauschte Wärme und die ausgetauschte Arbeit in dem gesamten Prozess zu bilanzieren: Wieviel Arbeit schafft die Maschine überhaupt, wieviel Wärme muss man ihr insgesamt zuführen? Das Verhältnis der gesamt zu erwartenden Arbeit auf die gesamt zu investierender Wärme ist, schlicht formuliert, das Verhältnis zwischen Nutzen und Aufwand. Das heißt in der Thermodynamik thermischer Wirkungsgrad.

Und wenn der Druck zu hoch für die Schrauben, die Temperatur zu heiß für die Kessel-, oder Kolbenwerkstoffe wird, die Dimensionen gigantisch oder der Wirkungsgrad zu gering, so muss man die elementaren Zustandsänderungen anders zusammenfügen.

Ausgerüstet mit solchen Daten kann man dann die Maschine oder das Funktionsmodul um den Prozess, welches das Arbeitsmedium durchzuführen hat, herum bauen.

Und eins ist dabei ganz wichtig: Wenn man dauernd Arbeit oder Wärme von der Maschine verlangt, so sollen die Zustandsänderungen in den Prozessabschnitten dauernd ablaufen. Das gelingt nur dann, wenn der Gesamtprozess immer wieder von dem gleichen Punkt beginnen kann. Dafür muss man die Zustandsänderungen als geschlossene Kette zusammenfügen: Das heißt Kreisprozess!

Es wäre unvorstellbar, nach Verdichtung und Verbrennung, den Kolben eines Dieselmotors dauernd zu entlasten, um dauernd Arbeit zu schaffen. Sein Entlastungshub würde sich dann von Berlin nach München strecken, wo das Auto selbst hin will!

Es ist ratsamer, die Entlastung durch einen Kurbelmechanismus zu unterbrechen und den Kolben wieder auf Verdichtungshub zu schicken, sooft Arbeit verlangt wird. So wird ein Kreisprozess umgesetzt!

9

Die Unumkehrbarkeit natürlicher Prozesse

9.1 Verbrennung ist irreversibel

Feuer! Der Kraftstoff zischt aus der Düse über mehrere Löcher. Er wird fein zerstäubt, verdampft und verwirbelt sich kräftig mit dem Luftsauerstoff im Brennraum. Das Gemisch zündet von selbst, es entstehen rote und hellgelbe Flammen, die vereinigten Pärchen von Kohlenwasserstoff und Sauerstoff tanzen feurige Walzer, wie beim Wiener Opernball. Sie brennen zunehmend füreinander, sie werden ein Herz (aus Kohlenstoff) und eine Seele (aus Sauerstoff). Der Wasserstoff aus dem Kraftstoff und der Stickstoff aus der Luft sollen um die Pärchen herum machen, was sie wollen. Was oder wer könnte, wie aus dem heiteren Himmel, alles rückwärts laufen lassen? Die Musik rückwärts, das geht, rückwärts tanzen auch, manche Paare auseinander, das hat man immer wieder gesehen. Das wären umkehrbare, reversible Prozesse. Aber Herz und Seele auseinanderreißen? Aus dem Feuerwalzer in einem Brennraum die Kraftstofftropfen zurückbilden und die Sauerstoffteil-

C. Stan, *Das Feuer ist kein Ungeheuer*,
https://doi.org/10.1007/978-3-662-64987-9_9

chen in die Luft zurückschießen und homogen verteilen, das geht nicht auf natürlichem Wege (Bild 9.1). Das ist ein unumkehrbarer, ein irreversibler Prozess.

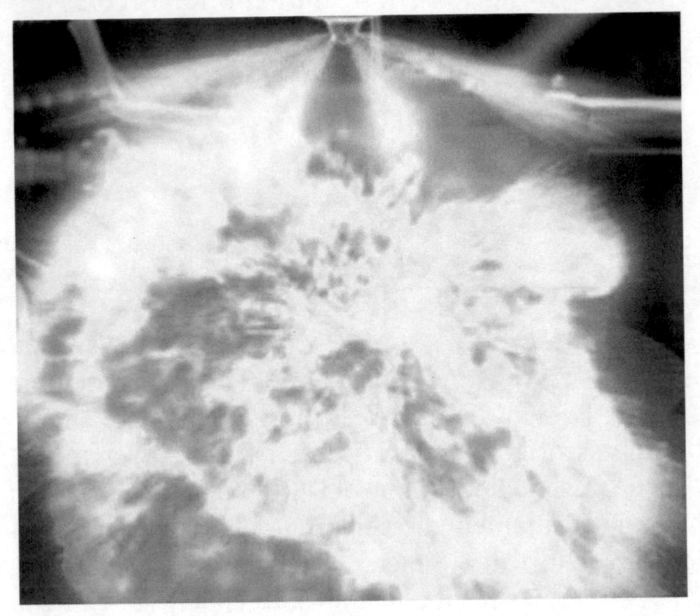

Bild 9.1 Verbrennung eines eingespritzten Kraftstoffs mit Luftsauerstoff in einem Brennraum

Einige Tendenzen zur Reversibilität sind zwar erkennbar, weil die meisten Prozesse in der Natur eine gewisse Elastizität haben: Im Falle des Feuers laufen bei Verbrennungstemperaturen über 2000°C einige Verbrennungsreaktionen umgekehrt. Durch Spaltung von neugebildeten Kohlendioxid- und Wasserteilchen entstehen, unter anderem, einige Kohlenstoff- und Wasserstoffatome, die gelegentlich zueinander finden. In einem Benzin gibt es allerdings meistens acht Kohlenstoff- und achtzehn Wasserstoffatome, die als Kette verbunden sind. Anfangsspuren von Reversibilität bestimmen keineswegs die Laufrichtung eines Prozesses.

Ist jeder Prozess in der Natur irreversibel?

- Wasser strömt ganz natürlich von einem vollen Gefäß in ein leeres Gefäß über, wenn das letztere ein Meter tiefer liegt. Ist dieser neue Zustand irreversibel, oder kann der ursprüngliche Zustand doch wiederhergestellt werden? Die Umkehrung ist doch ganz einfach, mittels einer Wasserpumpe möglich. Die Pumpe braucht allerdings Arbeit, beispielsweise als elektrische Energie von der Steckdose.
- Luft unter einem Druck von 6 bar kann von einer Kammer ganz natürlich in eine andere Kammer überströmen, in welcher die Luft nur unter einem bar stand, wenn zwischen den Kammern ein Ventil geöffnet wird. Der ursprüngliche Zustand ist gewiss wieder erreichbar, dafür ist aber ein Luftkompressor mit Energie aus der Umgebung erforderlich.

Auch wenn nach einer Zustandsänderung ein ursprünglicher Zustand wieder herstellbar ist, muss dieser Prozess nicht immer reversibel sein. Die Reversibilität würde keine Energie von der Umgebung kosten!

Jede Form von Irreversibilität kostet Energie aus der Umgebung des jeweiligen Prozesses.

Die Energiebilanz während eines Prozesses muss stets unter Beachtung seiner Irreversibilität erfolgen.

Das Energieerhaltungsgesetzt (Erster Hauptsatz der Thermodynamik, Kap. 7) besagt, an und für sich, dass beim Ablauf einer beliebigen Zustandsänderung innerhalb eines energetisch dichten Systems dessen gesamte

Energie trotz möglicher Umwandlungen in verschiedene Formen unverändert bleibt (Bild 7.1).

Alle physikalischen Gesetze sind an Erhaltungsgesetze gebunden, nicht nur in der Thermodynamik, sondern auch in der Mechanik und in der Relativitätstheorie.

Das Energieerhaltungsgesetz gibt jedoch keine Auskunft darüber, ob eine zugeführte Energie in einem Prozess vollständig in eine andere Form umgewandelt werden kann (*zum Beispiel Wärme in Arbeit*). In diesem Zusammenhang ist vom Energieerhaltungsgesetz im Kap. 7 gar nicht ableitbar, in welche Richtung ein natürlicher Prozess verläuft.

Das ist wie mit der Verbrennung in dem vorherigen Beispiel: Sie kann nur vom frischen Gemisch aus *Kraftstoff und Sauerstoff* zum *Kohlendioxid, Wasserdampf und Stickstoff* laufen, aber nicht umgekehrt, ungeachtet schwacher Ansätze zur Reversibilität.

Mit allen Ausgleichsprozesse in der Natur ist es ähnlich:

Beispiele:

- Druckausgleich	*eine Strömung verläuft immer vom höheren zum niedrigeren Druck.*
- Temperaturausgleich	*eine Wärmeübertragung erfolgt immer von der höheren zur niedrigeren Temperatur.*
- Konzentrationsausgleich	*Moleküle bewegen sich immer von der höheren zur niedrigeren Konzentration.*

Ein natürlicher Vorgang verläuft immer in Richtung eines Gleichgewichtes.

Ein Vorgang in umgekehrter Richtung kann nur bei Anwendung einer äußeren Energie erfolgen, was wiederum eine Änderung des Umgebungszustandes verursacht.

9.2 Richtung und Grenzen der Energieumwandlungen

Die Energieerhaltung in einem ganzen System ist im ersten Hauptsatz der Thermodynamik dargestellt. Die Energiebilanz zwischen Wärme und Arbeit, nach einer Zustandsänderung, ist mittels Innerer Energie und Enthalpie ebenfalls ableitbar.

Ob die ganze zugeführte Wärme in Arbeit umgewandelt werden kann, das ist daraus jedoch nicht ableitbar. Dafür müsste noch etwas über den natürlichen Ablauf von Prozessen präzisiert werden. Aus dieser Notwendigkeit entstand der „Zweite Hauptsatz der Thermodynamik".

Über zahlreiche Formen von natürlichen Prozessen wurden im Laufe von Jahrhunderten umfangreiche Erkenntnisse gesammelt:

- Im Verlauf eines natürlichen Prozesses wird stets Energie in unumkehrbarer Form verwertet.
- Ein solcher Prozess hat nur eine natürliche Ablaufrichtung.

- Ein entgegengesetzter Ablauf bedingt einen Energieeinsatz von der Umgebung ins System.

Der Zweite Hauptsatz der Thermodynamik wurde, genau wie der Erste, phänomenologisch abgeleitet. Davon gibt es mehrere Formulierungen, die jedoch miteinander kompatibel sind.

Formulierungen des Zweiten Hauptsatzes der Thermodynamik:

Wärme kann nie von selbst von einem System niederer Temperatur auf ein System höherer Temperatur übergehen. (Clausius, 1822-1888)

Ein Prozess, in dem die Umwandlung der Wärme einer einzigen Quelle mit konstanter Temperatur in Arbeit angestrebt wird, ist nicht möglich. (Thompson, 1753-1814)

In der Nähe des Gleichgewichtszustandes eines homogenen Systems gibt es Zustände, die ohne Wärmeaustausch niemals erreicht werden können. (Caratherdory, 1873-1950)

Alle Prozesse, bei denen Reibung auftritt, sind irreversibel. (Planck, 1858-1947)

Alle natürlichen Prozesse sind irreversibel. (Baehr, 1928-2014)

Kommentar: Ein Antrieb kann demzufolge keine Arbeit leisten, wenn die Energie (als Wärme) von einer einzigen Wärmequelle stammt (Thompson, Caratherodory). Das ist weder in einer Folge von Kreisprozessen noch in einem einzigen Kreisprozess möglich. Das ist auch nicht der Fall, wenn die Energiebilanz selbst, laut dem ersten Hauptsatz, eingehalten wird (Vermeidung des Perpetuum Mobile 1.Ordnung). Ein Antrieb, in dem die ganze zugeführte Wärme in Arbeit umzusetzen wäre, ist als Perpetuum Mobile 2. Ordnung definiert.

Wenn nicht die ganze Wärme, wieviel davon ist dann in Arbeit in einer Maschine oder Anlage umsetzbar?

Der französische Physiker Sadi Carnot (1796-1832), Sohn von Lazare Carnot, (*eine Hauptfigur der Französischen Revolution, und sogar Kriegsminister unter Napoleon Bonaparte*), erstellte im Alter von nur 23 Jahren (1819) die mathematische und physikalische Begründung des Zweiten Hauptsatzes der Thermodynamik.

Carnots Plan: Wenn eine die Wärme einer einzigen (heißen) Quelle in Arbeit nicht vollständig umsetzen kann, so muss sie doch einer zweiten (kälteren) Quelle etwas davon abgeben, aber bitte so wenig wie möglich. So wäre doch der Prozess zum ursprünglichen Zustand, als Startpunkt eines neuen Kreisprozesses, wiederzubringen.

Sadi Carnot wollte tatsächlich das Beste daraus machen: Die Wärme von der heißen Quelle erstmal auf maximal möglicher und durchgehend konstanter Temperatur ins Arbeitsmedium aufsaugen. Dann einen sehr geringen Wärmeanteil zur kalten Quelle bei minimal möglicher und durchgehend konstanter Temperatur vom Arbeitsmedium abstoßen. Zwischen den beiden Quellen sollte das Arbeitsmedium gar keine Wärme austauschen: Auf der Entlastung von der heißen zur kalten Quelle wäre die Wärme sonst verschenkt, auf die Verdichtung von der kalten zur heißen Quelle gäbe es sowieso keine Wärme von der Umgebung (Bild 9.2).

Während der Entlastung entsteht die eigentliche nutzbare Arbeit, für die Verdichtung muss jedoch ein Teil davon investiert werden. Die Differenz der beiden ist gleich der Differenz zwischen der zugeführten und der abgeführten Wärme, entsprechend der Energiebilanz nach dem ersten Hauptsatz. Es erscheint daraus als offensichtlich, dass die nutzbare Arbeit niemals so groß wie die zugeführte Wärme sein kann.

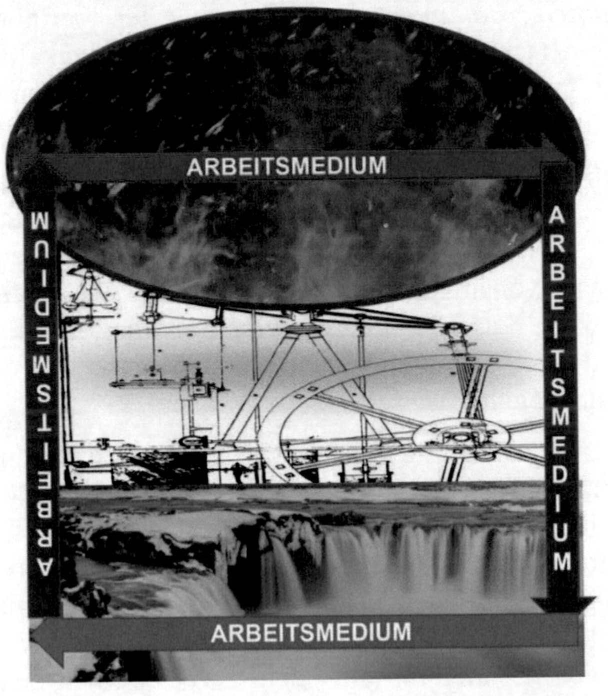

Bild 9.2 Grenzen eines idealen Carnot-Kreisprozesses: Wärmezufuhr bei maximaler Temperatur, Wärmeabfuhr bei minimaler Temperatur, Entlastung und Verdichtung ohne Wärmeaustausch

Das Verhältnis vom Nutzen zum Aufwand, bereits als „Thermischer Wirkungsgrad" definiert, ist in diesem Fall wieder gefragt:

- Der Nutzen ist die Arbeit im Kreisprozess, als Differenz zwischen Entlastungs- und Verdichtungsarbeit. Diese entspricht genau der Differenz zwischen zugeführter und abgeführter Wärme (Erster Hauptsatz).
- Der Aufwand ist die zugeführte Wärme.

Damit ist der thermische Wirkungsgrad nur von Wärmezufuhr und Wärmeabfuhr abhängig.

Der Carnot-Kreisprozess besteht aus vier elementaren Zustandsänderungen, zwei bei konstanter Temperatur und zwei ohne Wärmeaustausch (Kap. 8.2). Die Ermittlung der ausgetauschten Wärme auf den zwei Zustandsänderungen mit jeweils konstanter Temperatur ist mittels Wärmekapizität und Temperaturdifferenzen problemlos möglich (Kap. 8.2). Am Ende bleibt davon – aber nur im Falle eines solchen idealen Carnot-Kreiprozesses – nur ein Verhältnis der maximalen und der minimalen Temperatur.

Der thermische Wirkungsgrad eines idealen, mit Luft durchgeführten Carnot-Kreisprozesses hängt nur von den Extremtemperaturen beim Wärmeaustausch ab.

Die konkrete Formel lautet:

$$\textbf{Nutzen : Aufwand} = 1 - T_{min} : T_{max}$$

Die Temperaturen sind in diesem Fall in Kelvin ausgedruckt. Es gilt:

1°Celsius = (273,15 + **1**) Kelvin, oder
10°Celsius = (273,15 + **10**) Kelvin,

Jeder Entwickler einer zukunftsträchtigen Wärmekraftmaschine

- ohne Reibung und Verluste,
- mit einem nahezu idealen Arbeitsmedium,
- mit einem Kreisprozess gebildet aus einer Verkettung von nahezu reversiblen elementaren Zustandsänderungen,

sollte unbedingt die zur Verfügung stehenden Wärmequellen (die heiße wie die kalte!) beachten.

Beispiel:

- *Temperatur der heißen Quelle: 2200°C (entsprechend einer sehr effizienten Verbrennung)*
- *Temperatur der kalten Quelle: minus 20°C (entsprechend einer winterlichen sibirischen Umgebungsluft)*
- *Der mögliche Wirkungsgrad eines idealen Carnot-Kreisprozesses zwischen diesen Wärmequellen: 90%. Zehn Prozent gehen also einfach nur dadurch verloren, dass das Arbeitsmittel zwecks Beginns eines neuen Kreisprozesses wieder in den ursprünglichen Zustand zurückkehren muss!*
- *Wenn die heiße Wärmequelle nicht so intensiv sein kann, weil der entsprechende Treibstoff das nicht schafft, könnten es nur 800°C vorhanden sein. Und wenn dazu die Luft eine Temperatur von 40 °C (entsprechend einer sommerlichen Umgebung in Dubai) aufweist, so bleiben nur rund 70% Wirkungsgrad.*

Wenn beide Quellen die gleiche Temperatur hätten (also, praktisch, nur eine Quelle, sei diese auch bei 2200°C) wäre der Wirkungsgrad Null, weil es keine Arbeit gäbe (siehe Thompson).

Ein Wirkungsgrad von 100% setzt voraus, dass die Wärmeabfuhr bei minus 273,15 °C zu erfolgen hätte, wo sich keine Materie mehr bewegt!

Eine „perfekte Maschine" ist und bleibt eine Illusion, weil der unvermeidbare Wirkungsgradverlust ausschließlich von „außen" provoziert wird: vom Treibstoff und von der Umgebung!

Kein Erfinder sollte davon träumen, dass er über die Grenzen eines Carnot-Kreisprozesses springen kann. Dieser verläuft tatsächlich entlang der Grenzen mit der Umgebung. Kein anderer Kreisprozess, kombiniert aus elementaren, idealen Zustandsänderungen, kann all diese Grenzen erreichen [1].

Kann man aber einen Carnot-Kreisprozess überhaupt realisieren, auch wenn nicht alle Zustandsänderungen ideal sind?

Das ist im Grunde genommen möglich, sowohl mit Kolbenmaschinen als auch mit Strömungsmaschinen. Maßgebend ist dabei die Steuerung des Wärmeaustausches entlang jeder Zustandsänderung. Das Problem besteht nur in den Extremwerten für Druck und Volumina, bei gegebenen Temperaturgrenzen [1].

Wie würde die Umsetzung eines Carnot-Kreisprozesses auf Basis eines Diesel-Hubkolbenmotors, selbst mit Inkaufnahme von irreversiblen Vorgängen, aussehen? Dafür sollte lediglich das Arbeitsmedium eingeschlossen sein und der Wärmeaustausch um den Zylinder herum, entlang der Kolbenbahn, wie folgt gesteuert werden:

- zu Beginn der Verdichtung: Wärmeabfuhr bei minimaler, konstanter Temperatur über Wärmetauscher zu einem kalten Medium,
- dann weitere Verdichtung: ohne Wärmeaustausch bis zur maximalen Temperatur,
- weiter Entlastung des Kolbens mit Beibehaltung der maximalen Temperatur durch massive Wärmezufuhr von außen,
- anschließend weitere Entlastung: ohne Wärmeaustausch, bis die minimale Temperatur wieder erreicht ist.

Beispiel:

Der Basis-Dieselmotor für diese Umstellung auf einen Carnot-Kreisprozess hat einen Hubraum von 1,8 Litern. Der Beginn der Verdichtung im Carnot-Kreisprozess liegt bei 1 bar und 10°C. Am Ende der gesamten Verdichtung (mit Wärmeabfuhr, dann ohne Wärmeaustausch) würde der Druck bei 5323 bar liegen und das Verdichtungsverhältnis 693 (vgl. Diesel-Verdichtungsverhältnis 18-22) betragen! Das hält kein Material durch, weder für den Motor noch für einen Wärmetauscher!

Beim gleichen Maximaldruck wie im Basis-Dieselkolbenmotor (75,7 bar) betrüge die Maximaltemperatur in dem Carnot-Kreisprozess anstatt 2200°C nur 372°C, die gewonnene Arbeit im Kreisprozess wäre sehr gering und der Wirkungsgrad läge weit unter dem des Dieselmotors!

Mit einer Strömungsmaschine könnte man auch annähernd einen Carnot-Kreisprozess mit Verbrennung und Kühlung direkt im Arbeitsmedium realisieren. Das Problem bliebe auch bei einer solchen Ausführung der unvertretbare Spitzendruck, aber auch die Ausführung einer Entlastungsturbine, die durchgehend 2200°C auszuhalten hätte!

9.3 Entropie als Maß der Irreversibilität von Prozessen

Ein sensationelles Ergebnis resultiert aus dem Vergleich der Ausdrücke des thermischen Wirkungsgrades eines idealen Carnot-Kreisprozesses mittels Wärmeverhältnisse bzw. mittels Temperaturverhältnisse [1]: Die zugeführte Wärme kann durch die Temperatur bei ihrer Zufuhr dividiert werden und, in ähnlicher Weise, die Wärmeabfuhr auf die Temperatur bei der Abfuhr.

Diese zwei Werte sind gleich! Dabei muss nochmal unterstrichen werden, dass die zugeführte Wärme einen viel höheren Betrag als die abgeführte Wärme hat, und dass die maximale Temperatur viel höher als die minimale Temperatur ist.

Anders formuliert: Wenn man in einem idealen Carnot-Kreisprozess die niedrigtemperaturbezogene Wärmeabfuhr aus der hochtemperaturbezogenen Wärmezufuhr subtrahiert, ist das Ergebnis Null!

Dieser Bezug von Wärme auf die Austauschtemperatur ist ein bemerkenswerter Term: Wenn man alle

Terme dieser Art in einem idealen, als reversibel betrachteten Kreisprozess, wie in jedem von Carnot, zusammennimmt, zeigt der Zeiger am Ende Null.

Der deutsche Professor Rudolf Clausius führte diesen von ihm erfundenen Begriff im Jahre 1865 zur Beschreibung von Prozessen unter dem Namen Entropie ein. Das ist ein Kunstwort auf Basis der altgriechischen Worte en (an) und trope (Wendung). Der ideale, reversible Carnot-Kreisprozess war nur die Basis für die Einführung der Entropie, die sehr schnell in vielen Wissenschaftsbereichen eingedrungen ist, wenn auch weit von ihrer ursprünglichen Bedeutung.

Nur weil die Summe der Entropien in einem reversiblen Kreisprozess Null ist, hätte Clausius diesen Begriff bestimmt niemals eingeführt. Die Entropie wird bemerkenswert erst dann, wenn ein Prozess irreversibel ist.

Die Entropie eines Systems wird während einer irreversiblen Zustandsänderung größer als die Entropie, die dabei durch eine nutzbare Energieumwandlung entsteht.
Begründung: Das Streben nach einem Gleichgewichtszustand, welches jeden natürlichen Prozess charakterisiert, ist an eine Energiedissipation gebunden.

(Formulierung des Verfassers, siehe [1])

Die Entropie ist in diesem Kontext ein Maß für die Qualität eines Energieaustausches bezüglich seiner nutzbaren Umwandlung.

Das gilt auch für irreversible Zustandsänderungen, bei denen keine nutzbare Energieumwandlung vorkommt. Dazu gehören die irreversiblen Zustandsänderungen ohne Wärmeaustausch, bei denen die Entropie dennoch zunimmt.

Der Unterschied zwischen der Entropieänderung beim Ablauf eines gleichen Prozesses in idealer und in realer Form ist ein quantitativer Ausdruck dessen Irreversibilität.

Beispiel:

Während der reibungsbehafteten Strömung eines Fluids durch ein wärmeisoliertes Rohr nimmt seine Entropie zu. Das äußert sich in einer Temperaturzunahme des Fluids bzw. in der Senkung seiner Strömungsgeschwindigkeit bei gleicher Druckdifferenz im Vergleich mit der reibungsfreien (reversiblen) Strömung.

Der Zuwachs an innerer Energie des Mediums infolge der Temperaturerhöhung durch Reibung wird dann im natürlichen Temperaturausgleich zwischen Medium und Umgebung – nach dem Auslauf aus dem Rohr – verbraucht. Und diese Wärme nutzt niemandem, sie macht nur die Umgebung heiß!

Die Entropie wurde ursprünglich als einfacher Zeiger der Irreversibilität einer Zustandsänderung eingeführt. Das sollte ein einfacher Operator ohne eigene physikalische Bedeutung sein. Man kann sie auch unproblematisch, auf Basis der Wärmekapazität und von zwei der drei üblichen Zustandsgrößen (Druck, Temperatur, Volumen) berechnen [1].

Dafür müssen diese Zustandsgrößen am Beginn und Ende der jeweiligen Zustandsänderung bekannt sein, was durch experimentelle Ermittlung (Messung) erfolgen kann. Der Unterschied zwischen der Entropiedifferenz beim angenommenen idealen (reversiblen) Verlauf der jeweiligen Zustandsänderung und der Entropiedifferenz, die auf Grund von Zustandsmessungen am Beginn und Ende der realen Zustandsänderung berechnet wird, ist ein quantitativer Ausdruck der Irreversibilität.

Grundsätzlich ist die Irreversibilität durch Dissipations- und Reibungsvorgänge hervorgerufen. Die Wirkung ihrer Senkung durch entsprechende Maßnahmen im Verlauf des Prozesses in einer Maschine wird durch die Entropie quantitativ ausgedrückt. Das bietet für die Entwicklung von Funktionsmodulen in einem Fahrzeug ein quantitatives Kriterium für die Optimierung zwischen Energieeinsatz und Realisierungsaufwand.

Die Irreversibilität von Prozessen in der Natur und in der Technik doch bewerten zu können, gab der Entropie ein eigenes Leben und eine Eigendynamik in der Wissenschaftswelt!

Die Gesamtheit System - Umgebung, die keine endlichen Grenzen hat, ist doch als energiedichtes System zu sehen! In diesem Fall ist jeder natürliche Prozess, wobei Reibungs- oder Ausgleichsvorgänge entstehen, von einem Entropiezuwachs gekennzeichnet.

Soweit so gut. Aber die Schlussfolgerung zahlreicher Entropie-Philosophen ist gewaltig, wenn nicht gar gefährlich:

„Die Entropie der Gesamtheit System - Umgebung nimmt infolge natürlicher Prozesse ständig zu“.

"Die Energie der Welt ist konstant, die Entropie der Welt strebt einem Maximum zu".

Daraus leiteten im Laufe der Epochen Gelehrte unterschiedlicher Wissenschaftsgebiete Theorien über "den Wärmetod des Universums“, aber auch über den „Kältetod des Weltalls", je nach dem, von welcher Seite die Entropie und die Energie betrachtet wurde, ab.

Man sollte aber doch nicht vergessen:

In unserer Welt gibt es unendlich viele Ausgleichspotentiale, die durch gegebene Bedingungen oder Umstände nicht umgewandelt werden können oder dürfen.
Der Geist steckt in der Schaltung der Potentiale, beziehungsweise in der ursprünglichen Spaltung von Ursache und Wirkung.

10

Wege der Wärme zur Arbeit

10.1 Umsetzbarkeit und Grenzen der Prozesse in thermischen Maschinen

Die Umsetzung der Wärme in Arbeit in einer thermischen Maschine ist hinsichtlich Quantität (gewonnene Arbeit) und Qualität (Wirkungsgrad) grundsätzlich von den Extremwerten der Temperatur bei der Wärmezufuhr und -abfuhr innerhalb des jeweiligen Prozesses abhängig (Kap. 9.2).

Für Wärmekraftmaschinen mit innerer Verbrennung (*Ottomotoren, Dieselmotoren, Gasturbinen*) und für thermische Anlagen mit äußerer Verbrennung (*Kraftwerke, Blockheizkraftwerke, Dampfmaschinen*) sind folgende Wärmequellen üblich:

- Obere Wärmequelle: Das Feuer, welches aus dem brennenden Gemisch von Kraftstoff mit Luftsauerstoff entsteht. Es ist ratsam, die Verbrennungstemperatur nicht unbedingt über 2000°C steigen zu lassen, weil ab dieser

C. Stan, *Das Feuer ist kein Ungeheuer*,
https://doi.org/10.1007/978-3-662-64987-9_10

Grenze Stickoxide und freie Atome von Wasserstoff oder Sauerstoff entstehen und Schadstoffe bilden können. Darüber hinaus sollten bei zu hohen Temperaturen die Beschaffenheit und die thermische und mechanische Festigkeit der Bauteile berücksichtigt werden.

- Untere Wärmequelle: Die atmosphärische Luft oder eine Wasserströmung in der Umgebung. Das Arbeitsmedium der Wärmekraftmaschine könnte gewiss auch zu einer ganz kalten Quelle durch eine Kältemaschine geführt werden. Die Kältemaschine selbst braucht jedoch auch Arbeit für ihren Kreisprozess, was wiederum Energie kostet!

Für einen effizienten Wärmeaustausch zwischen Maschine und Umgebung ist die Wärmekapazität des eingesetzten Arbeitsmediums (*Luft, Wasser, sonstige Fluide*) maßgebend.

Für die produzierte Wärme an der oberen Quelle ist der Heizwert des Brennstoffs/Kraftstoffs entscheidend.

Beispiel:

Der Heizwert des Wasserstoffs beträgt 120 Megajoule je Kilogramm Wasserstoff,

der Heizwert von Benzin beträgt „nur“ 44 Megajoule je Kilogramm Benzin.

Wird demzufolge mit Wasserstoff eine höhere Temperatur oder mehr Wärme an der „oberen Quelle“ geschaffen? Weder, noch: Dieser Heizwert besagt nur, dass für die gleiche Wärme 2,7-mal weniger Kilogramm Wasserstoff als Benzin benötigt wird.

Um diese Wärme zu erzeugen ist aber eine Verbrennung des jeweiligen Brennstoffs mit Luft erforderlich. Der Wasserstoff braucht aber 2,3-mal mehr Luft als das Benzin für eine vollständige Verbrennung. Das „verdünnt" entsprechend den Heizwert des Wasserstoffs zu einem „Gemischheizwert" von 3,0 Megajoule pro Kubikmeter Gemisch im Vergleich zu 3,9 Megajoule pro Kubikmeter Gemisch, wenn Benzin angewendet wird. Der Gemischheizwert bei der Nutzung von Wasserstoff ist deswegen geringer, weil in einem gegebenen Brennraumvolumen der Wasserstoff, mit seiner sehr geringen Dichte viel „Platz" braucht, welcher der Luft abgerungen wird. Dadurch ist insgesamt weniger Gemischmasse (Kilogramm Gemisch) im Brennraum vorhanden.

Andere Kraftstoffe wie *Dieselkraftstoff, Erdgas, Ethanol, Methanol, Rapsöl oder Palmöl* ergeben Gemischheizwerte im Bereich 3,3 bis 4 Megajoule pro Kubikmeter Brennstoff/Luft Gemisch.

Die Wärme, die von der Verbrennung eines üblichen Kraftstoffes mit Luft zu erwarten ist bleibt bei gleicher Gemischmenge nahezu gleich, unabhängig von der Art des Kraftstoffstoffs.

Die maximal erreichbare Temperatur für eine „warme Quelle" bleibt also fast gleich, ob Benzin, Wasserstoff oder ein Alkohol verbrannt wird. Andererseits hängt die erreichbare Minimaltemperatur an der „kalten Quelle" hängt nur von dem Wetter in der Umgebung ab.

Die Effizienz der Energieumwandlung von Wärme in Arbeit in einer Maschine oder Anlage wird demzufolge, innerhalb von annähernd gleichen Temperaturgrenzen T_{max} -T_{min}, von der Art der Durchführung des Kreisprozesses bestimmt.

Diese Umwandlungseffizienz wird von zwei Kriterien ausgedrückt:

- Maximale spezifische Arbeit im Kreisprozess (Kilojoule je Kilogramm Gemisch)
- Maximaler thermischer Wirkungsgrad (dimensionslos) als Ausdruck des spezifischen Kraftstoffverbrauches (Kilogramm je Kilowatt-Stunde) aber auch der spezifischen Emissionen an Verbrennungsprodukten (Kilogramm oder Gramm je Kilowatt-Stunde).

Ein Vergleich der möglichen Kreisprozesse innerhalb der gegebenen Temperaturgrenzen sollte zunächst unabhängig von der Art der Maschine erfolgen in der sie umsetzbar wären.

Beim Vergleich der möglichen Kreisprozesse erscheint oft ein Zielkonflikt zwischen den vorhin genannten Kriterien: spezifische Arbeit im Kreisprozess und thermischer Wirkungsgrad. Das Verhältnis zwischen der spezifischen Arbeit und dem Wirkungsgrad ändert sich zusätzlich, wenn die von der Maschine angeforderte Last verändert wird (*zwischen Volllast und Teillast*).

10.2 Vergleich idealer Prozesse für thermische Maschinen

Die Umsetzbarkeit und Grenzen thermodynamischer Kreisprozesse zur Umwandlung von Wärme in Arbeit wird anhand folgender repräsentativer Prozessführungen bewertet:

Carnot, Stirling, Otto, Diesel, Seiliger, Joule, Ackeret-Keller [3].

Für die Übersichtlichkeit werden alle verglichenen Kreisprozesse als ideal betrachtet: Die Zustandsänderungen sind dabei reversibel, das Arbeitsmedium ist ein ideales Gas, dessen Masse und chemische Struktur zunächst im gesamten Kreisprozess unverändert bleiben.

Jeder der erwähnten Kreisprozesse wird für diesen Vergleich als Verkettung elementarer Zustandsänderungen (*bei konstantem Druck, Temperatur oder Volumen, bzw. ohne Wärmeaustausch*) betrachtet, wobei – unabhängig von ihrer elementaren Form – vier Grundarten von Vorgängen vorkommen:

- Verdichtung (Kompression),
- Wärmezufuhr,
- Entlastung (Expansion),
- Wärmeabfuhr.

Für den Vergleich wird als Anfangszustand der atmosphärische Zustand (1 bar, 10°C) angenommen.

Folgende Maximaltemperaturen infolge der Verbrennung eines der erwähnten Kraftstoffe werden zugrunde gelegt:

- für den Volllastbereich: 1900°C
- für den Teillastbereich: 1100°C

Um den Vergleich auf die üblichen Otto- und Dieselmotoren zu beziehen, wird die Masse des Arbeitsmediums auf Basis des gleichen Hubvolumens eines Kolbenmotors von 1,8 Litern abgeleitet (Bild 10.1).

Bild 10.1 Kolbenmotor als Basis für den Vergleich von Kreisprozessen

Aus der exakten Berechnung der Zustandsgrößen für alle Zustände sowie des Wärme- und Arbeitsaustausches entlang jeder einzelnen Zustandsänderung in den jeweiligen Prozessen [3] werden in diesem Rahmen lediglich die repräsentativen Ergebnisse aufgeführt.

CARNOT–Kreisprozess

Der ideale Carnot-Kreisprozess hat den Vorteil des höchsten thermischen Wirkungsgrades aller Kreisprozesse innerhalb der gleichen Temperaturgrenzen, was idealerweise bei einer möglichen Umsetzung zum niedrigsten Kraftstoffverbrauch führen würde. Der Carnot-Kreisprozess besteht aus:

- Wärmezufuhr bei konstanter, maximaler Temperatur,
- Entlastung ohne Wärmeaustausch,
- Wärmeabfuhr bei konstanter, minimaler Temperatur,
- Verdichtung ohne Wärmeaustausch.

Wenn der Prozess in einer Kolbenmaschine umgesetzt werden sollte, so wäre die Wärmezufuhr bei konstanter Temperatur auch mit einer gleichzeitigen Entlastung verbunden. Analog erfolgt während der Wärmeabfuhr auch eine Entlastung.

Die wichtigsten Ergebnisse der Berechnung werden wie folgt zusammengefasst:

	Volllast	Teillast
Maximaltemperatur	1900°C	1100°C
Maximaldruck	5322 bar	607 bar
Prozessarbeit	783 kJ/kg	276 kJ/kg
Wirkungsgrad	87%	79%

Die Kommentare werden im Vergleich mit den folgend beschriebenen Prozessen erfolgen.

STIRLING–Kreisprozess

Das Stirling-Verfahren ist durch äußere Verbrennung (wie unter einem Heizkessel) und nicht durch innere Verbrennung (wie bei Otto- und Dieselmotoren) gekennzeichnet.

Das Arbeitsmedium bleibt im Arbeitszylinder eingeschlossen, chemisch unverändert, ohne in jedem Zyklus ausgetauscht zu werden, wie in Otto- und Dieselmotoren. Die stationäre, äußere Verbrennung hat Vorteile bezüglich Brennraumgestaltung, Prozesseffizienz und einsetzbare Kraftstoffarten (Bild 10.2).

Zwischen 1960 und 1970 wurden Stirling- Motoren für Direktantrieb von Bussen bei General Motors entwickelt, einige Prototypen mit Stirling-Motor-Antrieb mit einer Leistung von 125 kW wurden später von Ford für Automobile entwickelt [3]. Als Arbeitsmedium diente Wasserstoff.

Philips und DAF entwickelten gemeinsam zwischen 1971 und 1976 den Prototyp eines DAF Omnibusses (SB 200), angetrieben von einem Philips 4-235 Stirlingmotor im Zusammenwirken mit einem automatischen Getriebe. Der gleiche Stirling-Motortyp Philips 4-235 wurde auch für den Antrieb eines MAN-MWM 4-658 Busses angepasst.

Diese Programme wurden in Bezug auf einen Direktantrieb nicht weiterverfolgt. Ein prinzipieller Nachteil der äußeren Wärmezufuhr durch Wärmeaustausch gegenüber einer inneren Verbrennung ist die relativ große Fläche des Wärmetauschers und die verhältnismäßig lange Dauer dieses Austausches, wodurch hohe Drehzahlen oder Drehzahländerungen kaum realisierbar sind.

Beim Antrieb mit konstanter Last und Drehzahl, als Stromgenerator, wirken solche Nachteile weitaus weniger. Bei General Motors wurde im Jahre 1967 ein Opel Kadett mit einem GM Stirlingmotor GPU3 als Stromgenerator mit einer Leistung von 7 kW für den elektrischen Wagenantrieb ausgerüstet.

Bild 10.2 Stirling Motor – Prinzipdarstellung

Der ideale Stirling Kreisprozess besteht aus zwei Zustandsänderungen bei konstanter Temperatur und aus zwei Zustandsänderungen bei konstantem Volumen. Auf all diesen Zustandsänderungen wird auch Wärme ausgetauscht (zu- oder abgeführt), wie folgt:

- Wärmezufuhr bei konstanter, maximaler Temperatur und gleichzeitige Entlastung,
- Entlastung bei konstantem Volumen mit Wärmeabfuhr, die dann rekuperiert wird,
- Wärmeabfuhr bei konstanter, minimaler Temperatur und gleichzeitige Verdichtung,
- Verdichtung bei konstantem Volumen mit Zufuhr der rekuperierten Wärme.

Unter den angegebenen Voraussetzungen bezüglich Temperaturgrenzen und Hubvolumen wurden folgende repräsentative Ergebnisse abgeleitet:

	Volllast	Teillast
Maximaltemperatur	1900°C	1100°C
Maximaldruck	84 bar	53 bar
Prozessarbeit	1301 kJ/kg	750 kJ/kg
Wirkungsgrad	87% (*wie Carnot*)	79% (*wie Carnot*)

Ein Potential von 70-80 °C zwischen der warmen und der kalten Quelle würde bereits für eine brauchbare Leistung einer Maschine im Stirling Verfahren genügen. Dieses Potential entspricht der üblichen Differenz zwischen der Temperatur des Kühlwassers eines Kolbenmotors und der Umgebungstemperatur vor dessen Kühler. Ein kompakter, stationär arbeitender Stirling-Motor könnte den Leistungsverlust von rund 40 kW durch Kühlwasser [3] beispielsweise zur Stromerzeugung an Bord nutzen. Die Kühlwirkung des Wassers wird durch die Wärmezufuhr in den Stirling-Prozess effizienter als über den Kühler.

OTTO–Kreisprozess

Otto-Kreisprozesse werden in Kolbenmotoren mit innerer Verbrennung eines jeweiligen Kraftstoff-Luft-Gemisches infolge Fremdzündung (mittels Zündkerze) realisiert.

Der Kolbenhub im Zylinder wird über einen Kurbeltrieb (Pleuel und Kurbelwellenzapfen) realisiert. Dadurch ist der Verdichtungshub bis zum minimalen Volumen gleich dem Entlastungshub bis zum maximalen Volumen. Das Verhältnis des maximalen zum minimalen Volumen wird als Verdichtungsverhältnis bezeichnet. Diese Mechanik ist auch für Dieselmotoren üblich (Bild 10.3).

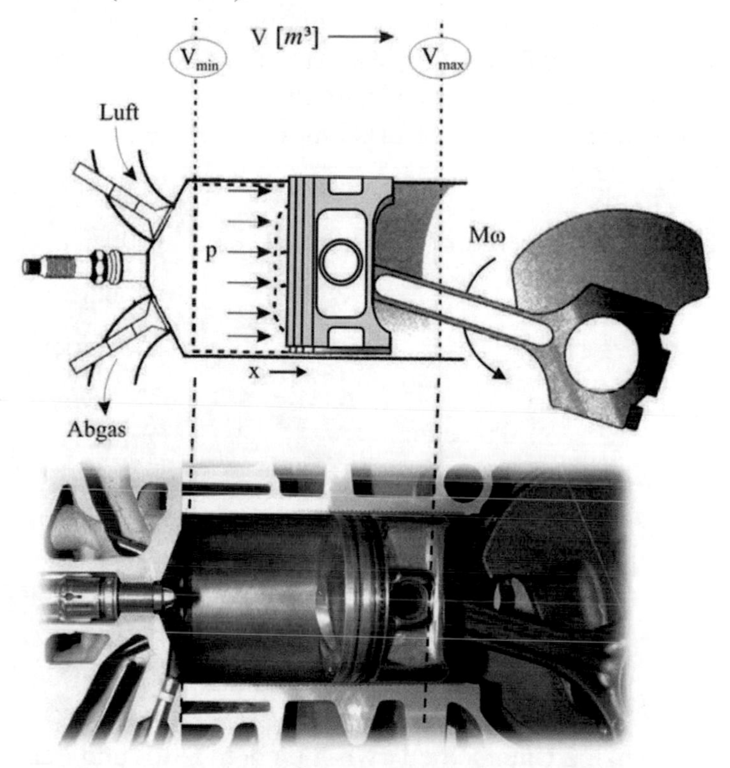

Bild 10.3 Kolbenmotor-Mechanik: Kolben im Zylinder, Pleuel und Kurbelzapfen. Maximales Volumen, minimales Volumen (Brennraum)

Der ideale Otto-Kreisprozess besteht aus zwei Zustandsänderungen bei konstantem Volumen und aus zwei Zustandsänderungen ohne Wärmeaustausch:

- Wärmezufuhr bei konstantem Volumen,
- Entlastung ohne Wärmeaustausch,

- Wärmeabfuhr bei konstantem Volumen,
- Verdichtung ohne Wärmeaustausch.

Unter den angegebenen Voraussetzungen bezüglich Temperaturgrenzen und Hubvolumen, bei einem Verdichtungsverhältnis von 12, entsprechend moderner Ottomotoren mit Benzin-Direkteinspritzung, wurden folgende repräsentative Ergebnisse abgeleitet:

	Volllast	Teillast
Maximaltemperatur	1900°C	1100°C
Maximaldruck	92 bar	58 bar
Prozessarbeit	638 kJ/kg	275 kJ/kg
Wirkungsgrad	63%	63% (*wie Volllast*)

Der Wirkungsgrad eines idealem Otto-Kreisprozesses ist von dem rein geometrischen Verdichtungsverhältnis abhängig [1].

DIESEL–Kreisprozess

Der einzige Unterschied zwischen dem Otto- und dem Diesel-Kreisprozess (ungeachtet des fast immer höheren Verdichtungsverhältnisses beim Diesel) besteht in der Art der Wärmezufuhr:

- im Ottoverfahren bei gleichem Volumen des Brennraums,
- im Dieselverfahren bei gleichem Druck im Brennraum, das heißt, während der Kolbenbewegung gen Volumenvergrößerung (Bild 10.4).

Alle anderen Zustandsänderungen bei Otto- und Dieselmotoren sind des gleichen Typs:

- Entlastung ohne Wärmeaustausch,
- Wärmeabfuhr bei konstantem Volumen,
- Verdichtung ohne Wärmeaustausch.

Bei gleichen Anfangsbedingungen (atmosphärischer Zustand), gleichem Hubvolumen und gleichem Verdichtungsverhältnis ist die Wärmezufuhr bei konstantem Brennraumvolumen (*wie im theoretischen Ottoprozess*) vorteilhafter aus der Sicht des thermischen Wirkungsgrades gegenüber der Wärmezufuhr bei konstantem Druck (*wie im theoretischen Dieselprozess*). Das heißt, im realen Dieselprozess sollte der Verbrennungsablauf (soweit die erreichte Maximaltemperatur und die NO_X Emission es zulassen) möglichst beschleunigt werden, was durch den Einspritzverlauf und durch neue Selbstzündverfahren durchaus realisierbar ist [3].

Im einem Dieselprozess innerhalb vergleichbarer Temperaturgrenzen wurden bei einem angenommen Verdichtungsverhältnis $V_{max} / V_{min} = 22$ folgende repräsentative Werte erreicht:

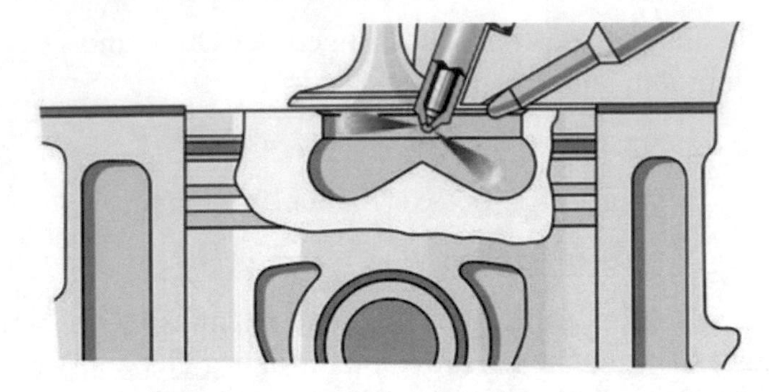

Bild 10.4 Kraftstoff-Direkteinspritzung und Verbrennung im Brennraum eines Dieselmotors. Der Kolben bewegt sich währenddessen in Richtung einer Volumenvergrößerung (nach unten)

	Volllast	Teillast
Maximaltemperatur	1900°C	1100°C
Maximaldruck	76 bar	76 bar
Prozessarbeit	783 kJ/kg	276 kJ/kg
Wirkungsgrad	65%	69% (*besser als Volllast*)

Kommentar: Innerhalb realer Prozesse in Motoren ist die maximale Temperatur im Dieselverfahren praktisch höher als im Ottoverfahren, wodurch sowohl der Wirkungsgrad als auch die spezifische Arbeit zunehmen.

Dennoch wird für den Vergleich unterschiedlicher Prozessführungen eine warme Quelle mit gleicher konstanter, maximaler Temperatur als insgesamt aufschlussreicher betrachtet.

SEILIGER–Kreisprozess

Im Jahre 1910 führte der russische Physiker Miron Seiliger einen Vergleichs-Kreisprozess zwischen der Otto- und der Diesel-Prozessführung ein. Der Zweck war, mit einer kombinierten Wärmeführung die realen Prozesse in der idealen Darstellung besser nachahmen zu können. Bei sonst ähnlichen Verläufen der Verdichtung, Entlastung und Wärmeabfuhr wie beim Otto- oder Dieselprozess, verläuft nach Seiliger die Wärmezufuhr zunächst bei gleichem Volumen, dann bei gleichem Druck. Das Verhältnis der beiden Anteile kann theoretisch beliebig gewählt werden. Praktisch wird eine Annäherung an den jeweiligen realen Prozess gesucht.

Für die Prozessberechnung an dieser Stelle wird eine kombinierte Wärmezufuhr mit 30% bei gleichem Volumen und mit 70% bei gleichem Druck zugrunde gelegt. Das Verdichtungsverhältnis von 12 entspricht jenem der vorhin für den Ottoprozess gewählt wurde.

Es wurden folgende Werte errechnet:

	Volllast	Teillast
Maximaltemperatur	1900°C	1100°C
Maximaldruck	55 bar	41 bar
Prozessarbeit	756 kJ/kg	334 kJ/kg
Wirkungsgrad	61%	61% (*wie Volllast*)

Kommentare:

Die spezifische Arbeit liegt im Bereich zwischen dem Otto- und dem Diesel-Kreisprozess.

Es ist aber bemerkenswert, dass innerhalb der betrachteten Temperaturgrenzen der Seiliger-Kreisprozess einen niedrigen thermischen Wirkungsgrad sowohl als der Ottoprozess als auch als der Dieselprozess hat.

Diese Tatsache ist durchaus erklärbar:

- Im Vergleich zu dem Ottoprozess gibt es bei dem gleichen Verdichtungsverhältnis einen isobaren Anteil der Wärmezufuhr, wodurch der thermische Wirkungsgrad beeinträchtigt wird.
- Im Vergleich zu dem Dieselprozess ist das Verdichtungsverhältnis eindeutig niedriger, was den thermischen Wirkungsgrad wiederum negativ beeinflusst.

Ein Kolbenmotor sollte zwecks eines hohen thermischen Wirkungsgrades eine Verdichtung wie ein Diesel und eine Verbrennung wie ein Ottomotor erreichen.

JOULE–Kreisprozess

Joule-Kreisprozesse werden üblicherweise in Gasturbinen (Strömungsmaschinen) realisiert. Diese werden bislang meist in Flugzeugen eingesetzt, zeigen jedoch viel Potential für die Nutzung als Stromgeneratoren in Automobilen mit elektrischem Antrieb und auf großen Schiffen.

Der Unterschied zwischen Gasturbine und Kolbenmotor ist erheblich: Jeder Kolbenmotor, ob Otto oder Diesel, saugt zuerst Luft aus der Umgebung an und komprimiert sie im Zylinder, anhand der Kolbenbewegung, bis dieser sehr nahe an den Zylinderkopf kommt. An der Stelle, an der der Kolben und der Kopf sich am nächsten stehen, bilden sie zusammen einen Brennraum, der ziemlich ungünstig für eine Feuerung ist: Viel zu wenig Höhe, viel zu viel Breite, Ecken und Kanten für Ventiltaschen, zu geringe Spalten für eine Flammendurchdringung am äußersten Rande. Und in so einen Raum muss der Kraftstoff mit hohem Druck in äußerst kurzer Zeit eingespritzt, zerstäubt, verdampft, mit Luft vermischt und anschließend verbrannt werden. Der Kolben wird dann von dem Feuerdruck in Richtung des Punktes geschoben, in dem die Luftansaugung angefangen hatte. Das verbrannte Gas hätte noch genug Druck um den Kolben noch weiter zu schieben, was er aber nicht kann, infolge seiner Verbindung mit Pleuel und Kurbel: Der Weg während der Kompression ist dadurch gleich dem Weg während der Expansion. Der Kolben bildet also durch seine Bewegung, hintereinander weg, erstmal einen Verdichter, dann einen Brennraum, und dann eine Expansionsmaschine. In solch einfachem Verdichter, mit sehr ungünstig geformten Brennraum und mit einer Expansionsmaschine die keine ausreichende Expansion zulässt, kann man nicht alle Prozessabschnitte in einem Motorzyklus effizient realisieren.

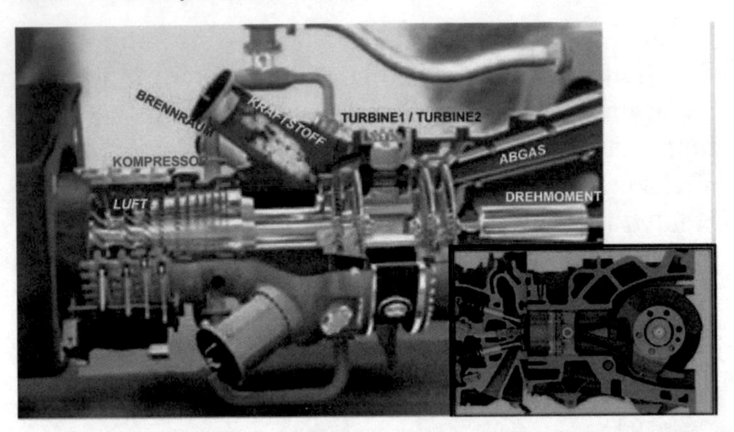

Bild 10.5 Module für Verdichtung, Verbrennung und Entlastung in einer Gasturbine im Vergleich zu dem einzigen Raum in einem Kolbenmotor für all diese Prozessabschnitte

In einer Gasturbine hat dagegen jeder dieser Prozessabschnitte einen eigenen Raum (Bild 10.5). Die Verdichtung erfolgt in einem genau dafür gestalteten Kompressor, die Verbrennung in einem eigens für eine gute Feuerung gestalteten Brennraum, die Expansion in einem Modul, in dem der Druck des verbrannten Gases bis zum Atmosphärendruck entspannt werden kann. Das setzt aber voraus, dass all die Prozesse gleichzeitig stattfinden, nicht hintereinander weg, wie bei Kolbenmaschinen. Dafür kann nicht mehr eine Luftmasse durch die eine, dann durch die andere Abteilung hindurchgeführt werden. In der Gasturbine wird ein Massenstrom erforderlich. Das ist ein ständiger Fluss von Luft durch die Maschine, der in der Brennkammer ständig auch Kraftstoff bekommt, um sich in ein verbranntes Gas zu verwandeln, das ständig eine Turbine dreht. Für einen derartigen ständigen Fluss durch einen Kompressor und durch eine Turbine sind rotierende Maschinen so gut wie die einzig realistische und effiziente Lösung. Der Verdichter dreht sich und erhöht den Luftdruck stufenweise, beispielsweise in Rotor-Stator-Paaren eines Axialverdichters. Für mehr Luftdruck wird die Anzahl der Rotor-Stator-Paare erhöht.

Der wesentliche Vorteil einer Gasturbine im Vergleich zu einer Kolbenmaschine ist der Brennraum. Der durchgehend eingespritzte Einspritzstrahl kann nicht auf irgendeine Brennraumwand gelangen: Wenn der Strahl zu lang ist, kann die Kammer auch lang werden. Die Zeit für Zerstäubung und Verdampfung des Strahls stellt kein Problem dar, weil der Strahl selbst kontinuierlich ist.

Es ähnelt dem Strahl und des Weiteren der Flamme aus einem Schweißbrenner. Und weiterhin: Die Entlastung kann in so vielen Turbinenstufen erfolgen, bis das Gas den Umgebungsdruck erreicht, dadurch wird seine Energie viel weiter als in einem Kolbenmotor genutzt.

Der ideale Joule-Kreisprozess besteht, entsprechend dieser Ausführungen, aus zwei Zustandsänderungen mit Wärmeaustausch bei konstantem Druck aus zwei Zustandsänderungen ohne Wärmeaustausch, wie folgt:

- Wärmezufuhr bei konstantem Druck,
- Entlastung ohne Wärmeaustausch,
- Wärmeabfuhr bei konstantem Druck,
- Verdichtung ohne Wärmeaustausch.

Die Energie der verbrannten Gase während der Entlastung im Turbinensystem wird in zweierlei Form genutzt: Ein Teil davon wird über eine Verbindungswelle dem Kompressor geschickt, der Verdichtungsarbeit benötigt. Was übrig bleibt ist das, was eigentlich von der Maschine erwartet wird: Arbeit, die Drehmoment generiert. Dieses Drehmoment kann einem Propeller oder einem Fan übertragen werden, welcher ein Flugzeug durch die Luft antreibt, oder um einen Stromgenerator anzutreiben, wie in den Antriebssystemen eines modernen Schiffes. In einem Automobil kann dieses Moment schlicht den Rädern zugeleitet werden. Der letztere Ansatz hat die Automobilingenieure immer fasziniert!

Rover hat Gasturbinen für den direkten Antrieb von Automobilen in dem Jahr 1950 mit dem Automodell J1 eingeführt. Der Antrieb hatte 74 kW (100 PS) mit einer Turbine, die mit 26 Tausend Umdrehungen pro Minute lief. Das mit diesem Antrieb versehene Auto erreichte eine Geschwindigkeit von 136 km/h. Das folgende Modell, zwei Jahre später, erreichte 169 kW (230 PS) und 243,5 km/h. Es folgten die Modelle T3 (1956) mit Allradantrieb und T4 (1961) mit Vorderradantrieb, gefolgt von dem BRM Type 00 (1963) [3].

FIAT führte im Jahre 1954 das Modell Turbina ein, welches eine Gasturbine mit 221 kW (300 PS) hatte und mit Kerosin betrieben war. Das Fahrzeug erreichte eine Maximalgeschwindigkeit von 250 km/h!

Chrysler präsentierte im Jahre 1954 das Modell Plymouth Sport Coupé, angetrieben von einer Gasturbine und von dem 75 Fahrzeuge gebaut wurden. Es folgte im Jahre1963 das Modell Chrysler Turbine Car, mit einer in der vierten Generation entwickelten Gasturbine, die 96 kW (130 PS) erreichte.

Der Kraftstoffverbrauch war aber doch beachtlich: 16 bis 17 Liter Benzin pro hundert Kilometer. Wo ist der Haken, wenn alle Prozesse doch optimal verlaufen? Die Erklärung ist einfach. Einer Gasturbine für Direktantrieb der Autoräder bekommt eine rasche Laständerung nicht und eine gewaltige Drehzahländerung zwischen 1000 und 8000 U/Min, wie in einem Kolbenmotor, schon gar nicht. Der Grund ist, dass die Schaufeln der Kompressoren und Turbinen ein definiertes Profil und eine vorgelegte Orientierung (Winkel) haben, die bei einer Last- und Drehzahländerung in allen Stufen angepasst werden sollten, was aber kaum umsetzbar wäre [3].

Weitaus interessanter für zukünftige Antriebssysteme ist die Nutzung von Strömungsmaschinen als Stromgeneratoren an Bord des Automobils, das heißt, als Energiequelle für den Antrieb mittels Elektromotor. Solche Hybridantriebe werden bereits mit Erfolg getestet.

Die Gasturbine soll dabei ungestört das machen, was sie am besten kann: Bei konstanter Last und Drehzahl arbeiten. Keine Verbindung mit den Antriebsrädern, sondern nur mit dem Stromgenerator, der die elektrische Energie einem oder mehreren Elektromotoren liefert, welche die Räder antreiben.

Eine ausgezeichnete Ausführung davon ist der Jaguar C-X 75, welcher im Jahre 2010 präsentiert (Bild 10.6): Vier Antriebs-Elektromotoren mit einer Gesamtleistung von 580 kW (789 PS), Beschleunigung in 3,4 Sekunden von 0 auf 100 km/h. Und das nicht mit 16 bis 17 Liter Benzin je 100 Kilometern, sondern mit nur 4,3 Litern [3].

Bild 10.6 Jaguar C-X 75 mit zwei Gasturbinen für Stromerzeugung an Bord und vier Elektromotoren (einen pro Rad) für den Antrieb

Für den Vergleich mit den Prozessen in Otto- und Diesel-Kolbenmotoren wurde ein idealer Joule-Kreisprozess bei gleichen Extremtemperaturen gestaltet [3]. Als Basis wird der Umgebungszustand wie bei den vorherigen Kreisprozessen betrachtet sowie ein Massenstrom des Arbeitsmediums, welcher der Masse in dem Dieselmotor mit dem Hubvolumen von 1,8 Litern bei einer Drehzahl von 3000 Umdrehungen pro Minute entspricht.

Wie im Dieselverfahren wird im Joule-Kreisprozess die Teillast durch die Senkung der Wärmezufuhr bei gleichem Druck realisiert.

Ein wesentlicher Unterschied zu dem Diesel-Kreisprozess – abgesehen davon, dass Verdichtung, Entlastung und Wärmezufuhr nach ähnlichen elementaren Zustandsänderungen ablaufen – besteht in der Wärmeabfuhr bei gleichem, in der Regel atmosphärischem Druck. Das führt zu dem wesentlichen Vorteil einer

Entlastung des Arbeitsmediums bis zum Umgebungsdruck. Bei Diesel- wie bei Ottomotoren erfolgt die Wärmeabfuhr, bedingt durch den Kurbeltrieb mit unveränderter Geometrie, bei gleichem Volumen.

Der Joule-Kreisprozess hat demzufolge gegenüber dem Dieselverfahren den grundsätzlichen Vorteil einer vollständigen Entlastung, und dadurch einer erhöhten spezifischen Arbeit, soweit die Verdichtungsverhältnisse vergleichbar wären. In üblichen Gasturbinen ist dies allerdings nicht der Fall. Für den Vergleich wurde ein Verhältnis mit dem Wert 7 zwischen dem maximalen und dem minimalen Prozessdruck gewählt, entsprechend der Verdichtung bei einem eher geringen geometrischen Verdichtungsverhältnis in einem Kolbenmotor (welches wegen des Massenstroms in einer Gasturbine nicht explizit ausgedrückt werden kann).

Bemerkung: Das Druckverhältnis in dem vorhin erwähnten Dieselprozess lag nicht bei 7, sondern bei 76!

In dem als Vergleich berechneten idealen Joule-Kreisprozess wurden folgende Werte erreicht.

	Volllast	Teillast
Maximaltemperatur	1900°C	1100°C
Maximaldruck	7 bar	7 bar
Prozessarbeit	720 kJ/kg	275 kJ/kg
Wirkungsgrad	43%	43% (*wie Volllast*)

Kommentare:

Trotz der erheblich niedrigeren Verdichtung als im Diesel-Kreisprozess ist die Kreisprozessarbeit in der

Strömungsmaschine vollkommen vergleichbar mit jener in einem Dieselmotor bei Volllast (vgl. 720 kJ/kg mit 783 kJ/kg), was durch die Entlastung des Arbeitsmediums bis zum Umgebungsdruck erklärbar ist.

Allgemein ist jedoch der Massenstrom durch eine Gasturbine höher als bei dem Vergleichswert, der aus der Arbeitsmasse im Dieselmotor mit einem Hubvolumen von 1,8 Litern abgeleitet wurde. Das wird auf Grund der allgemein höher realisierbaren Drehzahlen in der Gasturbine möglich. Das führt zu beachtlichen Leistungswerten, wie bei dem vorhin zitierten Jaguar-Antrieb, bei sehr kompakten Abmessungen der Gasturbinen.

ACKERET–KELLER–Kreisprozess

Der Ackeret-Keller-Kreisprozess (bezeichnet auch als Ericsson-Kreisprozess) wird allgemein als idealer Vergleichsprozess für Kraftanlagen betrachtet. Sein Potential ist auf Basis des vorhin beschriebenen Joule-Kreisprozess vielversprechend.

Der wesentliche Unterschied zwischen einem Joule- und einem Ackeret-Keller (Ericsson)-Kreisprozess besteht lediglich in der Verdichtung und Entlastung, die nicht mehr ohne Wärmeaustausch, sondern mit einem besonders intensiven Wärmeaustausch (idealisiert als Extremfall, bei jeweils gleicher Temperatur) erfolgt:

- Wärmezufuhr bei konstantem Druck,
- Entlastung mit Wärmezufuhr (*aus Rekuperation von der Verdichtung mit Wärmeabfuhr*) bei konstanter maximaler Temperatur,

- Wärmeabfuhr bei konstantem Druck,
- Verdichtung mit Wärmeabfuhr (*die für die Entlastungsphase rekuperiert wird*) bei konstanter minimaler Temperatur.

Zwischen den Zustandsänderungen bei gleichen Extremtemperaturen T_{max} und T_{min} und denen bei minimalem und maximalem Druck entsteht ein Kreisprozess, der *(genau wie der Carnot-Kreisprozess und der Stirling-Kreisprozess)* die „warme Quelle" und die „kalte Quelle" durchgehend bei jeweils konstanter Temperatur nutzt. Der Unterschied zu den anderen zwei Kreisprozessen besteht lediglich in den übrigen zwei Zustandsänderungen: Stirling bei gleichem Volumen, Carnot ohne Wärmeaustausch (Ackerett-Keller bei gleichem Druck).

Sobald die Wärmeabfuhr während der Verdichtung für die Entlastung rekuperiert wird ist der thermische Wirkungsgrad aller 3 Kreisprozesse gleich!

In dem als Vergleich berechneten idealen Ackerett-Keller-Kreisprozess wurden folgende Werte ermittelt:

	Volllast	Teillast
Maximaltemperatur	1900°C	1100°C
Maximaldruck	7 bar	7 bar
Prozessarbeit	1056 kJ/kg	609 kJ/kg
Wirkungsgrad	87% (*wie Carnot* 79% *und Stirling*)	

Wie erwartet, erscheinen bei der spezifischen Arbeit auf Grund einer etwa ähnlichen Wärmebilanz mit dem Stirling-Prozess auch vergleichbare Werte. Beide übertreffen damit die Werte der spezifischen Arbeit im Joule-Kreisprozess.

Dadurch erweist der Ackeret-Keller (Ericsson)-Kreisprozess eindeutige Vorteile gegenüber dem Joule-Kreisprozess in einer Strömungsmaschine, sowohl in Bezug auf die erreichbare spezifische Arbeit, als auch bezüglich des thermischen Wirkungsgrades.

Die praktische Umsetzung eines solchen Kreisprozesses ist allerdings wegen des erforderlichen enormen Wärmeaustausches sowohl während der Entlastung als auch während der Verdichtung nicht möglich: Die Wärmetauscher wären in beiden Fällen einfach riesig.

In großen Kraftwerken wird es daher eine stufenweise Annäherung an den idealen Ackerett-Keller-Kreisprozess (allerdings nicht mit idealer Luft sondern mit Wasser als Arbeitsmedium) durch gestufte Kühlung während der angestrebten Verdichtung bei konstant bleibender minimaler Temperatur bzw. durch gestufte Wärmezufuhr während der angestrebten Entlastung bei konstant bleibender maximalen Temperatur umgesetzt.

Bei Strömungsmaschinen in der Luftfahrttechnik werden gelegentlich auch solche Techniken, wenn auch nur in jeweils einer Stufe, umgesetzt:

- Bei Verdichtung: Zwischenkühlung bei gleichbleibendem Druck im Verdichter, durch direkte Wassereinspritzung in die Luftströmung,
- Bei Entlastung: Nachverbrennung von Treibstoff während der Entlastung zwischen den Turbinen oder zwischen Turbine und Düse.

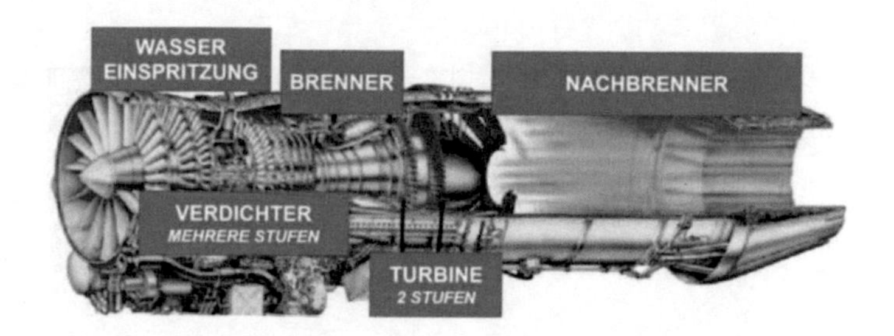

Bild 10.7 Strömungsmaschine mit Zwischenkühlung im Verdichter und Nachverbrennung zwischen Turbine und Düse (Hintergrund-Vorlage: GKN Aerospace Systems)

…und wenn sowohl in die Brennkammer als auch in die Nachbrennerrampe (Bild 10.7) Wasser anstatt Feuer gespuckt wird, so dreht sich der Kreisprozess komplett auf den Kopf: Wärmeabführen nach Verdichtung, dann Entlastung mit Zwischenkühlung führt zu einer Temperatur hinter der Düse, die weit unter der Umgebungstemperatur liegt. Die Luft beim Ansaugen ist wärmer, das heißt, der Kreisprozess schließt sich symbolisch über eine Wärmezufuhr. Die Arbeitsdifferenz zwischen Verdichter und Turbine müsste in diesem Fall durch einen Elektromotor abgesichert werden.

Das Ganze ergibt eine gewaltige Klimaanlage: Die Maschine saugt Luft bei 40°C und stößt Luft mit Wasserdampf bei 10 bis 18°C aus!

Halten wir alle Militärjets der Welt am Boden und tauschen wir das Feuer mit Wasser, dort wo man tatsächlich kühle Köpfe braucht!

11

Wärmeübertragung

11.1 Die drei Wege der Wärmeübertragung

Feuer und Flamme!

Die Flamme ist die brennende und leuchtende Seele des glühenden Feuer-Körpers. (Bild 11.1).

Ingenieurmäßig ist die Definition der Flamme jedoch eher ernüchternd (siehe auch Kap.1.2, 1.3):

Eine Flamme ist ein Gasgemisch während eines Verbrennungsprozesses.

Bild 11.1 Feuer und Flamme

C. Stan, *Das Feuer ist kein Ungeheuer*,
https://doi.org/10.1007/978-3-662-64987-9_11

Die Flammen werden in „leuchtend“ und „nicht leuchtend“ eingeteilt:

Nicht leuchtende Flammen, die beispielsweise bei der Verbrennung von Wasserstoff und Kohlenmonoxid und CO entstehen, haben eine vernachlässigbare Strahlungsintensität (Watt pro Kubikmeter).

Leuchtende Flammen. Obwohl die Emission einzelner glühender Teilchen (*beispielsweise aus Kohlenstoff*) niedrig ist, wird durch die Vielzahl dieser extrem kleinen Teilchen, mit Durchmessern von rund 0,003 Millimetern, eine sehr hohe Strahlungsintensität erreicht. Daher bestimmt die Flammenstrahlung entscheidend die Wärmeübertragungen in Brennkammern aller Art.

Die Strahlung ist allerdings nicht der einzige Weg einer Wärmeübertragung.

Eine Wärmeübertragung erfolgt grundsätzlich, wenn ein Temperaturunterschied vorhanden ist, und zwar von höherer zu niedrigerer Temperatur, entsprechend jedem natürlichen Ausgleichsprozess (Zweiter Hauptsatz der Thermodynamik).

Die drei Grundarten der Wärmeübertragung sind die Folgenden [1]:

- Wärmeleitung,
- Konvektion (bezeichnet auch als Wärmeübergang),
- Wärmestrahlung.

Diese Formen erscheinen bei einer Wärmeübertragung meist gemeinsam.

Eine Wärmeleitung erfolgt bei einem Massekontakt zwischen zwei Körpern, die im direkten Kontakt stehen und zueinander keine Bewegung aufweisen. Die Wärmeleitung in Flüssigkeiten und Gasen setzt deswegen auch dünne Schichten voraus, die nicht zirkulieren können. Eine makroskopisch gemessene Temperatur entspricht der mittleren kinetischen Energie der Teilchen im mikroskopischen Maßstab. Teilchen in zwei Körpern in direktem Kontakt, die unterschiedliche Temperaturen aufweisen, haben auch unterschiedliche kinetische Energien. Durch Stöße zwischen den Teilchen wird die Energie zwischen den zwei Körpern und dadurch, im makroskopischen Maßstab, die Temperatur ausgeglichen. Äußerlich wird kein Massentransport wahrgenommen. Der Temperaturausgleich zählt als Wärmeübertragung (Bild 11.2).

Bild 11.2 Wärmeleitung durch die Materialschichten eines Automobildachs zwischen dem warme Interieur und der kalten Umgebung

In flüssigen und gasförmigen Stoffen, die nicht in dünnen Schichten vorhanden sind, entsteht infolge der Wärmeübertragung meist eine *Strömung*, die durch den Massentransport dem Modell der Wärmeleitung nicht mehr entspricht.

Eine Konvektion (ein Wärmeübergang) erfolgt als Energietransport mit einer makroskopischen Bewegung von Masseteilchen zwischen den Stoffen, die daran beteiligt sind. Diese Art von Wärmeübertragung setzt also außer dem *Massekontakt* eine *relative Geschwindigkeit* zwischen den beteiligten Körpern voraus.

Dieses Modell entspricht der Wärmeübertragung zwischen *festen/flüssigen* oder *flüssigen/gasförmigen* oder *festen/gasförmigen* Medien, wenn mindestens eins der beteiligten Medien als *Strömung* wirkt. An der Grenze zwischen den zwei Medien nehmen (*im Falle einer niedrigeren Temperatur des strömenden Fluides*) die vorbeiströmenden Teilchen Energie auf, die dann in die gesamte Masse des strömenden Mediums übertragen wird (Bild 11.3).

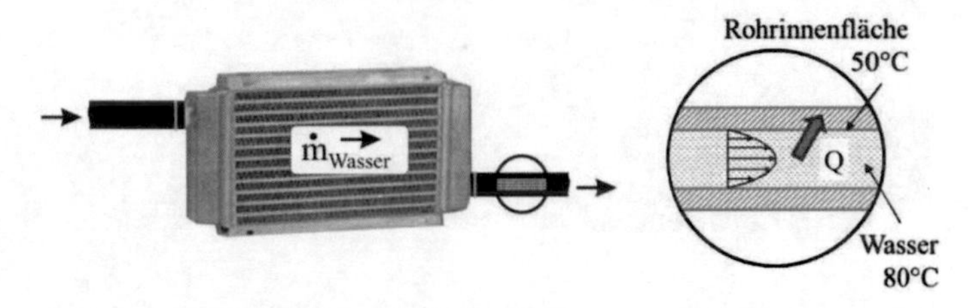

Bild 11.3 Konvektion zwischen strömendem Kühlwasser und Innenfläche der Rohrleitung in einem Kühlkreislauf

Eine Wärmestrahlung ist durch die Wärmeübertragung *ohne Massenkontakt* zwischen den beteiligten Systemen charakterisiert. Der Wärmetransport erfolgt durch *Photonen*, in Form von *elektromagnetischen Wellen*. Das klassische Beispiel einer Wärmestrahlung ist die Übertragung der Wärme von der Sonne auf die Erde. Prinzipiell sendet jeder Körper aufgrund seiner Temperatur elektromagnetische Wellen aus, die beim Empfang durch einen Körper niedrigerer Temperatur in innere Energie umgesetzt werden.

Beispiel:

Die Wärmestrahlung zwischen einer Fahrzeugkarosserie und ihrer Umgebung (Bild 11.4):

Die Sonne strahlt durch das Vakuum im All, dann weiter durch die Luft in der Atmosphäre Wärme aus, die auch aufs Dach einer Automobilkarosserie trifft. Andererseits ist aber die Luft in der Atmosphäre an dem Tag gerade kalt (zum Beispiel minus 5°C). Im Auto ist die Luft, dank der Innenraumheizung, warm (zum Beispiel plus 23°C). Diese Wärme wird über das Material der Karosserie zunächst ins Innere des Fahrzeugs durchgeleitet, dann zu einem geringeren Teil über die Karosserie-Außenfläche in die Umgebung, in alle Richtungen abgestrahlt.

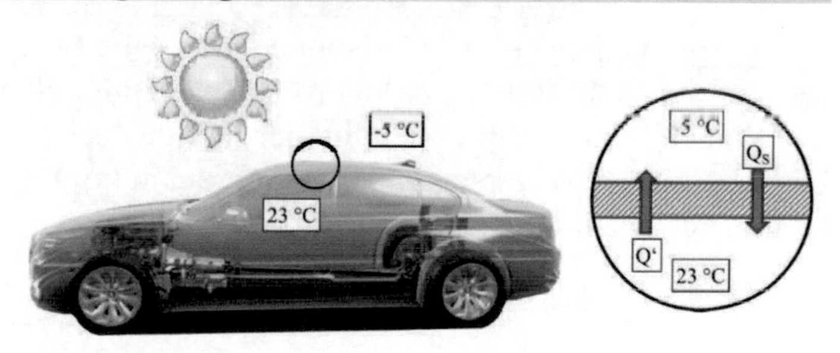

Bild 11.4 Wärmestrahlung von der Sonne auf eine Karosserie und von der Karosserie in eine kühlere Umgebung

Für die Bemessung und Bewertung der Wärmeleitung, der Konvektion und der Wärmestrahlung wurden zahlreiche Kriterien und Formeln entwickelt. Oft differieren in den Fachbüchern die Kriterien und Definitionen für die Wärmeleitung von denen für die Konvektion, und diese von denen für die Strahlung. Das hat mit den jeweiligen, in der einen oder anderen Richtung im Laufe des letzten Jahrhunderts spezialisierten Fachleute zu tun. Eins ist jedoch Fakt: Alle drei Formen treten bei den meisten Wärmeübertragungen gemeinsam auf. Deswegen können sie auch auf gemeinsame Nenner gesetzt werden, was durch entsprechende Ableitungen auch möglich ist [1].

Für Wärmeleitung, Konvektion und Wärmestrahlung sind drei gemeinsame Bewertungskriterien ableitbar:

Der Wärmestrom, als Wärme, die pro Zeiteinheit übertragen wird. Entsprechend den Maßeinheiten (Joule pro Sekunde) entspricht der Wärmestrom einer Leistung (Watt).

Die Wärmestromdichte ist als Wärmestrom pro Durchgangsfläche definiert (Watt je Quadratmeter).

Der Wärmewiderstand ist als Temperaturgefälle bezogen auf den Wärmestrom definiert. Das ist analog den Vorgängen und Definitionen in der Elektrotechnik: Der elektrische Widerstand ergibt sich aus dem Verhältnis der Spannung zur Stromstärke.

11.2 Die Wärmeleitung

Joseph Fourier (1768–1830) wird häufig als einer der Treiber der Französischen Revolution, dann als einer der Begleiter von Napoleon Bonaparte zitiert. Als Mathematiker war er darüber hinaus für seine Fourier-Reihen, als Physiker für die Frequenzanalyse und als

Thermodynamiker für die Wärmeausbreitung in festen Körpern bekannt. In der „Analytischen Theorie der Wärme" (1822) stellte er einen Zusammenhang zwischen dem Wärmestrom durch eine feste, gerade, einschichtige Wand, der Temperaturdifferenz zwischen Außen- und Innenseite und der Dicke und Fläche der Wand her.

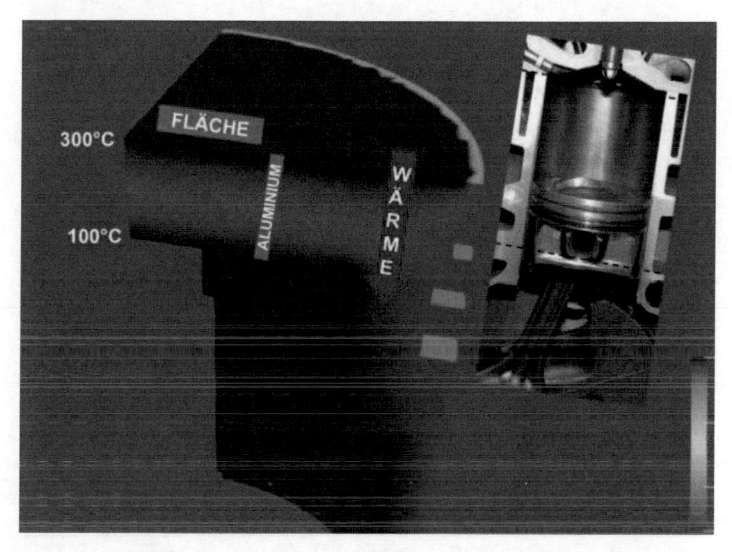

Bild 11.5 Wärmeleitung durch den geraden, einschichtigen Boden eines Kolbens in einem befeuerten Motor

Diese Zusammenhänge waren soweit klar, jedoch änderte sich das Ergebnis, soweit die Wand nicht aus Holz, sondern aus Beton oder aus Stahl bestand. Aber so kommen die besten phänomenologischen Gesetze zustande. Fourier führte noch einen materialspezifischen Faktor ein, wodurch die von ihm erstellte Gleichung ihre Richtigkeit für alle Kombinationen erreichte: Die Wand konnte dann aus Holz oder Ziegel sein, drei Zentimeter oder einen Meter dick, zwei

Quadratzentimeter oder fünf Quadratmeter einnehmen, die Temperaturdifferenz zwischen Innen und Außen 1°C oder 100°C betragen (Bild 11.5).

Der materialspezifische Faktor wurde als „Wärmeleitfähigkeit" bezeichnet.

Beispiele zu der Wärmeleitfähigkeit unterschiedlicher Stoffe (in Watt je Meter und Kelvin):

Gase	→	*0,02...0,1*
Holz	→	*0,13*
Wasser	→	*0,6*
Stahl	→	*33...52 (als Funktion der Temperatur)*
Kupfer	→	*370*
Silber	→	*418*

Wärmeisolierungen sind am besten mit Gasen realisierbar. Eine zu dick dimensionierte Gasschicht erfüllt jedoch diesen Zweck kaum: Über eine bestimmte Dicke der Schicht hinaus entsteht meistens eine Konvektionsströmung, welche die Wärme zwischen der warmen und der kalten Wand intensiv transportiert.

Deswegen eignen sich zur thermischen Isolierungen poröse Stoffe (mit schwamm-, schaum-, oder watteartiger Struktur), die einerseits Luft in den Poren enthalten, andererseits eine Luftbewegung verhindern.

Auf Basis der Fourier-Gleichung kann der Wärmestrom, die Wärmestromdichte und der Wärmewiderstand infolge einer Wärmeleitung durch einschichtige und mehrschichtige Wände aus unterschiedlichen

Materialien und mit beliebigen Formen berechnet werden [1] (Bild 11.6).

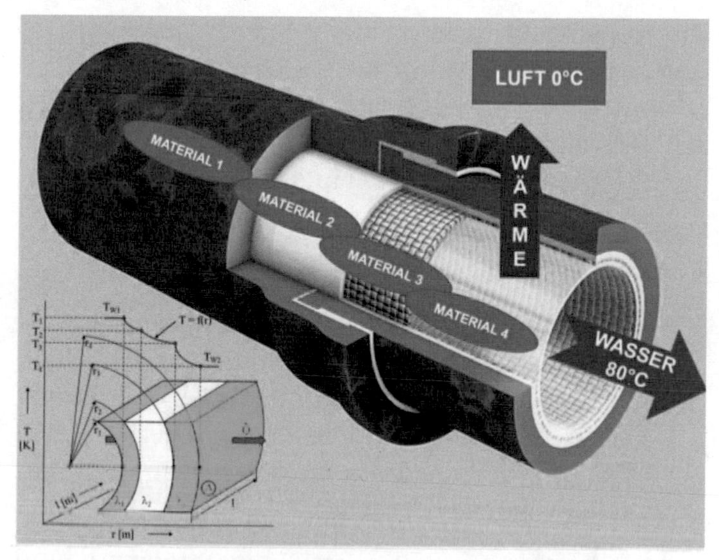

Bild 11.6 Wärmeleitung durch eine mehrschichtige Rohrwand

Beispiel zu Wärmeleitung [1]:

Durch eine 3 mm dicke Blechwand mit einer Fläche von 0,7 m² strömt Wärme von einem Raum mit einer Lufttemperatur von 9°C in die Umgebung mit einer Lufttemperatur von minus 7°C.

Falls die Blechwand aus Stahl ist, beträgt der Wärmestrom 220 kW. Wenn sie aber aus Aluminium besteht vervierfacht sich der durchgehende Wärmestrom.

Wenn eine Blechwand mit gleichen Abmessungen aus Stahl, mit Glaswolle (20 mm dick) isoliert und mit einem Aluminium-Außenmantel versehen wird, so sinkt der Wärmestrom zwischen den gleichen Temperaturen auf nur 0,02 kW.

11.3 Der Wärmeübergang (die Konvektion)

Die Konvektion ist von einer relativen Geschwindigkeit zwischen den wärmeaustauschenden Medien gekennzeichnet. Der häufigste Anwendungsfall betrifft den Wärmeaustausch zwischen einem strömenden Fluid (*Flüssigkeit oder Gas*) und einer festen Wand.

Nach der Strömungsentstehung werden zwei Arten der Konvektion definiert:

- *freie Konvektion* - die Strömung entsteht als Ausgleich unterschiedlicher Fluiddichten. Die Ursache der Dichtedifferenz ist dabei der Wärmeaustausch selbst, wie zwischen zwei Fensterscheiben, die in mehreren Millimeter Abstand voneinander stehen.
- *erzwungene Konvektion* - die Strömung wird mittels einer Pumpe oder eines Lüfters gezielt erzeugt. In diesem Fall ist die Strömung selbst Ursache eines bestimmten Wärmeaustauschvorgangs.

Die Bewertungskenngrößen der Konvektion sind, wie bei der Wärmeleitung, der Wärmestrom, die Wärmestromdichte und der Wärmewiderstand.

Die Berechnung der Kenngrößen scheint im Falle der Konvektion zuerst einfacher zu sein als im Falle der Wärmeleitung: Man multipliziere die wärmedurchströmte Fläche mit der Temperaturdifferenz zwischen der Innen- und der Außenseite und mit einem Faktor (Wärmeübergangskoeffizient) und gleich ist der Wärmestrom abgeleitet. Das Problem ist der Wärmeübergangskoeffizient, der bei weitem nicht nur eine Materialeigenschaft ist, wie bei der Wärmeleitung (Wärmeleitfähigkeit). Damit befasste sich zunächst einmal Sir Isaac Newton (1642-1726), ein englischer Mathematiker, Physiker, Astronom und Philosoph, der um das Jahr 1700 eine erste Form dieses komplexen Faktors einführte.

Der Wärmeübergangskoeffizient hängt von der Geschwindigkeit, der Strömungsart (turbulent oder laminar) und von den Stoffeigenschaften des fließenden Mediums ab. Zusätzlich sind Größe, Form und Rauigkeit der feststehenden Kontaktfläche (Wand) wichtig.

Der Wert des Wärmeübergangskoeffizienten außerhalb einer Grenzschicht in Wandnähe entspricht allgemein einem bestimmten konkreten Fall des Wärmeübergangs. Eine Übertragung auf andere praktische Fälle ist nur dann zulässig, wenn eine Ähnlichkeit der thermodynamischen und der strömungsmechanischen Vorgänge gegeben ist.

Nichtsdestotrotz, ist es im Falle einer bereits gebauten Anlage besonders wichtig zu erfahren, wie sich der Wärmeübergang ändert, wenn ein Durchmesser, eine Rohrlänge, eine Eintrittstemperatur oder die Strömungsgeschwindigkeit aus irgendeinem Grund geändert wird. Und das kann man aus Zeit- und Personalgründen nicht jedes Mal messen.

Deswegen ist es erforderlich, die Bedingungen für die Extrapolation experimentell gewonnener Kenntnisse von einem Modell aus zu präzisieren.

Die Methode, die eine Modellbildung auf Basis experimentell gewonnener Daten für die Anwendung bei anderen als den gemessenen Vorgängen gewährt, wird als Ähnlichkeitstheorie bezeichnet [1]).

Die geometrische Ähnlichkeit ist das erste und einfachste Ähnlichkeitskriterium für zwei Anlagen, bei denen bestimmte Vorgänge verglichen werden sollen. So wird beispielsweise die Umströmung einer Karosserie oft aus Experimenten mittels eines ähnlichen Modells in kleinerem Maßstab abgeleitet.

Die Ähnlichkeitstheorie in Bezug auf Konvektion wurde im Wesentlichen vom deutschen Professor Wilhelm Nusselt (1882-1957) entwickelt und wird im Falle der Konvektion mittels einer „Nusselt-Zahl" ausgedrückt. Die Formeln für den Wärmeübergang wurden dabei derart umgestellt, dass die Kenngrößen dimensionslos auftreten. Bei Vorgängen, die thermodynamisch und strömungstechnisch ähnlich sind, bleiben diese Kenngrößen unverändert als Ähnlichkeitskriterien. Die Nusselt-Zahl ist ihrerseits von anderen dimensionslosen Ähnlichkeitszahlen abhängig, die auf Experimenten mit einer Vielzahl von Kombinationen (*Dimensionen, Geschwindigkeiten, Art der Strömung, Art des Fluids und weitere* [1]) beruhen: Das sind die Ähnlichkeitszahlen von Reynolds, Péclet, Prandtl, Grashof und Rayleigh.

Die Kenntnis über die Konvektionsprozesse dient insbesondere aber nicht ausschließlich für die Auslegung von Wärmetauschern.

Wärmetauscher werden von zwei oder mehreren Fluiden durchströmt zwischen denen der Wärmeaustausch stattfindet. Die Wärmetauscher werden allgemein nach dem Fluid klassifiziert, dessen Wärmeaufnahme oder -abgabe von Interesse ist. Wärmetauscher mit zwei strömenden Medien, die durch die Wände des Wärmetauschers getrennt sind, kommen besonders häufig vor.

Es gibt Wärmetauscher mit Gleichströmung (*beide Fluide strömen in gleicher Richtung*), mit Gegenströmung (*die Strömungsrichtungen sind entgegengesetzt*) und mit Querströmung.

Entlang eines Wärmetauschers mit *Gleichströmung* ist die Temperaturverteilung sehr ungleichmäßig. Durch die *Gegenströmung* kann praktisch eine konstante Temperaturdifferenz entlang des Wärmetauschers erreicht werden.

Die Kenngrößen des Wärmetauschers mit *Querströmung* (Bild 11.7) liegen zwischen den Werten der ersten zwei Modelle.

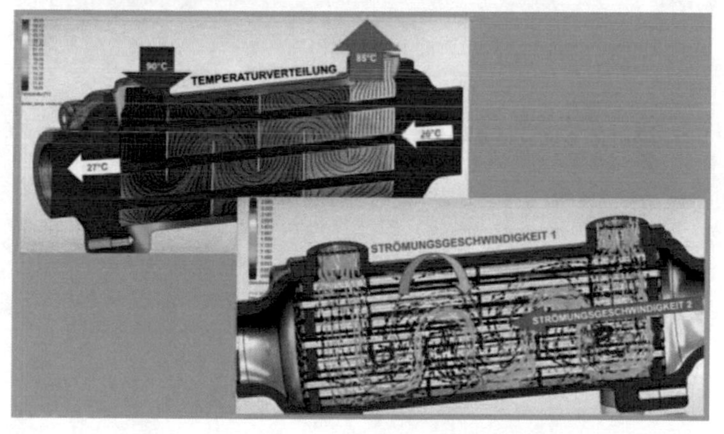

Bild 11.7 Wärmetauscher mit Querströmung: Temperatur- und Geschwindigkeitsverteilung der Strömungen im Primär- und Sekundärkreislauf

Beispiel zur Berechnung der Konvektion in einem einfachen Fall [1]:

In einer Heizungsleitung mit der Länge von 4 Metern und mit dem Innendurchmesser von 12,7 Millimeter strömt Wasser mit einer mittleren Temperatur von 80 °C. Die Strömungs-geschwindigkeit beträgt 1 Meter pro Sekunde. Die mittlere Wandtemperatur des Rohres liegt bei 50 °C. Zur Berechnung des Wärmestromes vom Wasser zur Rohrwand für jeweils 1 Meter Rohrlänge wird wie folgt verfahren:

Bestimmung des Wärmeübergangskoeffizienten: zuerst die Reynolds-Zahl, dann die Prandtl-Zahl. Für den gegebenen Fall einer Flüssigkeitsströmung durch ein Rohr gibt es in ergänglichen physikalischen Tabellen eine Formel, in der die Nusselt-Zahl mit Hilfe der Reynolds und Prandtl-Zahl ausgedrückt wird. Mit der Nusselt-Zahl und anhand zwei weiterer Eigenschaften (Rohrdurchmesser und Wärmeleitfähigkeit des Wassers) wird nun der Wärmeübergangskoeffizient berechnet. Der wird in die eingangs erwähnter Gleichung von Newton eingesetzt. Das Ergebnis: Der Wärmestrom beträgt in diesem Fall 8,72 kW. Wenn die Strömungsgeschwindigkeit allerdings viel geringer wird (0,05 anstatt 1 Meter pro Sekunde), muss man alles nochmal nach dem gleichen Schema abwickeln. Man kann nicht einfach sagen, der Wärmestrom ist dann proportional geringer, in diesem Fall nur 5% vom ersten Wert! Die Strömung ist in diesem Fall nicht mehr turbulent, sondern laminar. Es gelten dann andere Formeln, mit anderen Gleichungsbereichen. Das Ergebnis mag erstaunlich sein: Der Wärmestrom beträgt nur noch 0,28 kW anstatt 8,72 kW!

11.4 Die Wärmestrahlung

Die Wärmestrahlung ist eine Form der Energieübertragung, die keinen direkten Kontakt der austauschenden Systeme erfordert. Ihre Intensität hängt jedoch sowohl vom Stoff beider Systeme, als auch vom Stoff des Zwischenmediums ab. Hauptsächlich ist aber eine Strahlung von den Temperaturen der strahlenden Körper abhängig.

Eine Strahlung ist ein Energietransport, der mittels elektromagnetischer Wellen realisiert wird. Diese Wellen entstehen aus den Bewegungen im molekularen Bereich auf Grund der inneren Energie des Systems und werden vom System nach außen emittiert (ausgesandt). Je höher die innere Energie des Systems, desto größer ist die Intensität (Amplitude und Frequenz) der in die Umgebung emittierten elektromagnetischen Wellen. Werden diese Wellen von einem anderen System absorbiert, so ändert sich die kinetische Energie seiner Moleküle, was als Temperaturänderung registriert wird [1].

Eine Welle selbst ist also nicht „warm“, sondern ihre Wirkung ist eine Erwärmung. Daraus wird abgeleitet, dass die Wärmeübertragung zwischen zwei Systemen, die nicht im direkten Kontakt stehen, durch Umwandlung in und von elektromagnetischer Energie möglich ist. Wie jede Schwingung, ist eine elektromagnetische Schwingung durch ihre Frequenz, beziehungsweise durch ihre Wellenlänge – als Kehrwert der Frequenz bei konstanter Übertragungsgeschwindigkeit (Lichtgeschwindigkeit, 300.000 Kilometer pro Sekunde) – gekennzeichnet (Bild 11.8).

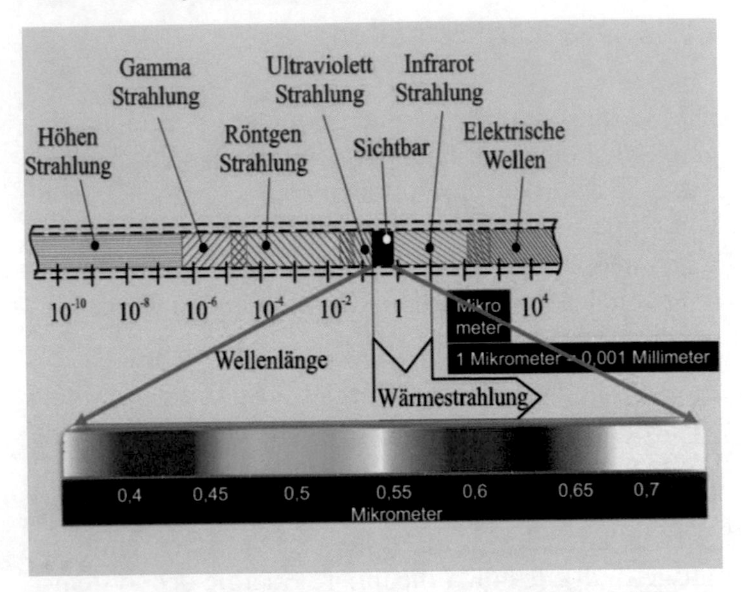

Bild 11.8 Emissionsspektrum der Strahlung mittels elektromagnetischer Wellen

Jede Strahlung – also auch die Wärmestrahlung – wird grundsätzlich auf allen Wellenlängen emittiert, demzufolge gleichzeitig als Gamma-, Röntgen- und Infrarotstrahlung.

Die durch die Wärmestrahlung emittierte Energie entfällt allerdings zum größten Teil auf den Wellenlängenbereich zwischen 0,00035-0.01 Millimeter. Das ist eine „selektive Verteilung".

Innerhalb dieses Bereiches liegt die Lichtstrahlung zwischen 0,00035 und 0,00075 Millimeter.

Beispiele:
Selektive Verteilung der Energiestrahlung nach Wellenlängenbereichen [1]:

- *Von der gesamten Energie einer Glühlampe (Fadentemperatur: 2700 °C bis 3000 °C) werden rund 88% als Lichtenergie und 12% im unsichtbaren Infrarotbereich der Wärmestrahlung emittiert. Im Falle der zur Erde gesandten Sonnenenergie beträgt das Verhältnis zwischen sichtbarer und unsichtbarer Wärmestrahlung 70% zu 30%.*

- *Glas ist für elektromagnetische Wellen im sichtbaren Wellenlängenbereich durchlässig, für Infrarotwellenlängen jedoch nicht. Die Sonnenstrahlen, die durch ein Fensterglas in einen Raum gelangen, übertragen einen Teil ihrer Energie an jene Gegenstände in dem Raum, die eine niedrigere Temperatur haben. Diese Energieabgabe bewirkt eine proportionale Senkung der Wellenenergie und demzufolge die Verschiebung der Wellenlängen der elektromagnetischen Wellen zum Infrarotbereich hin. Die auf solchen Wellenlängen reflektierten Wellen können aber die Glasscheiben nicht mehr durchqueren und werden zurück in den Raum gestoßen. Das erklärt die Temperaturerhöhung eines Raumes infolge Sonneneinstrahlung durch geschlossene Fenster. In ähnlicher Weise kann der Treibhauseffekt in der Atmosphäre erklärt werden.*

- *Die Temperaturerhöhung eines Körpers hat umgekehrt eine Senkung der Wellenlängen zur Folge (die Erhöhung der inneren Energie bewirkt die Frequenzerhöhung der elektromagnetischen Wellen). Diese Veränderung verläuft von Infrarot zum sichtbaren Bereich hin. So kann beispielsweise auch das „Glühen" eines Metalls erklärt werden.*

Jedes materielle System ist, je nach seiner Temperatur, eine Quelle von Wärmestrahlung. Es emittiert auch dann Wärme in die Umgebung oder zu einem benachbarten System, wenn seine Temperatur niedriger als jene der Umgebung beziehungsweise des benachbarten Systems ist. Diese Tatsache widerspricht nicht dem Zweiten Hauptsatz der Thermodynamik, wonach die Wärme von selbst nur vom System höherer zum System niedrigerer Temperatur übergehen kann: Das System mit niedrigerer Temperatur sendet auch Energie, und zwar in alle Richtungen, so auch in Richtung des Systems mit höherer Temperatur. Die Richtung und der Betrag des globalen Wärmeübergangs resultiert als Bilanz in diesem Austauschprozess (Bild 11.9).

Bild 11.9 Wärmestrahlung eines Hauses und eines Menschen in die Umgebung. Die Farbänderung von Blau zu Rot und Violett deutet auf höhere Temperaturen in bestimmten Zonen hin

Ein festes, flüssiges oder gasförmiges System kann eine Wärmestrahlung *absorbieren, reflektieren oder durchlassen*, ähnlich wie eine Lichtstrahlung.

Die jeweiligen Anteile hängen unter anderem von der Stoffart, von der Oberfläche und von der Dichte des angestrahlten beziehungsweise des strahlenden Systems ab.

Allgemein ist das Verhalten der Körper bei Licht- und Wärmestrahlung ähnlich.

Beispiele zum Anteil der absorbierten Strahlung für diverse Stoffe:

Ruß	*a = 0,95*
weiße Emaille	*a = 0,91*
schwarzer Samt	*a = 0,99*
polierte Goldoberfläche	*a = 0,02*
polierte Kupferoberfläche	*a = 0,02*

Ein Sonderfall der Wärmestrahlung ist die Flammenstrahlung: Im Gegensatz zur Strahlung fester Körper erfolgt die Wärmestrahlung der Gase selektiv nur auf bestimmten Wellenlängen. Die Wärmeabsorption erfolgt analog auf den gleichen Wellenlängen. Ein- und zweiatomige Gase können eine Wärmestrahlung weder absorbieren noch emittieren.

Die Farbe einer Flamme gibt Auskunft über ihre Temperatur und somit über die Qualität der Wärmeentwicklung infolge der Verbrennung. So ist eine Farbänderung von Rot über Gelb zu Blau die Folge der Verkürzung der emittierten Wellenlänge, was auf die Temperaturerhöhung hindeutet.

Die Temperaturverteilung während der Verbrennung kann in einem Brennraum auf Basis der Wellenlänge der jeweiligen Strahlung optisch, also „von außen", ohne Störung des Vorgangablaufs gemessen werden [4].

Der in einen Raum von der Fläche eines Körpers ausgestrahlte Wärmestrom wird in Abhängigkeit seiner Temperatur zum Exponenten vier ermittelt. Die jeweilige Gleichung enthält auch eine physikalische Konstante, deren Wert von den österreichischen Wissenschaftlern Ludwig Boltzmann (1844-1906) und Josef Stefan (1835-1893), wie immer, auf phänomenologischen Wegen, ermittelt wurde.

Eine Wärmestrahlung tritt meist im Zusammenhang mit einem Wärmeübergang (Konvektion) und einer Wärmeleitung auf, wie am Anfang dieses Kapitels erwähnt. Zur Vereinfachung der Berechnungen wird ein "Wärmeübergangskoeffizient durch Wärmestrahlung" und ein „Wärmeübergangskoeffizient durch Wärmeleitung" gebildet. Die drei Koeffizienten können dann einfach in einem Gesamtkoeffizienten addiert werden.

Damit kann ein Wärmestrom als Produkt dieses Gesamtkoeffizienten, der Fläche und der Temperaturdifferenz errechnet werden.

Beispiel einer Wärmestrahlung aufgrund des Feuers in einem Ofen:

Ein Zimmer mit 16 m^2 Fläche hat als „Zentralheizung", also mittendrin einen Kanonenofen, in dem gerade ein Feuer kräftig brennt. Die Fläche des Ofens, die eine Temperatur von 200°C ausstrahlt, beträgt 6 Quadratmeter. Das Modell entspricht einer angestrahlten Fläche, welche die strahlende Fläche vollkommen umgibt [1].

Der Wärmestrom beträgt in diesem Fall rund 14 kW.

Literatur zu Teil II

[1] Stan C.: Thermodynamik für Maschinen- und Fahrzeugbau, Springer, 2020, ISBN 978-3-662-61789-2

[2] Stan, C.: Energie versus Kohlendioxid, Springer, 2021, ISBN 978-3-662-62705-1

[3] Stan, C.: Alternative Antriebe für Automobile, Springer, 2020, ISBN 978-3-662-61757-1

[4] van Basshuysen, R.: Handbuch Verbrennungsmotor 25. Verbrennungsdiagnostik – Indizieren und Visualisieren in der Verbrennungsentwicklung Autoren: Dr. Ernst Winklhofer, Dr. Walter F. Piock, Dr. Rüdiger Teichmann

Teil III

Die Zähmung des Feuers

12

Öl ins Feuer gießen

12.1 Klimaneutralität: Europa und die Welt

Manche wollen das Feuer weltweit und in jeder Hinsicht, so schnell wie möglich ganz verschwinden lassen, der Klimaneutralität zuliebe. Andere gießen kräftig Öl ins Feuer, weil sie entweder einen gewaltigen Energiehunger haben oder profitable Energieträger verkaufen wollen.

Eine realistische Perspektive besteht darin, das Feuer zu zähmen: mittels regenerativer und somit klimaneutraler Kraftstoffe, durch Rekuperation bereits verbrauchter Energie und durch hocheffiziente thermische Maschinen.

Die Feuerung von Kohlenwasserstoffen wie Erdölderivate, Erdgas und Kohle führt zur Emission von Kohlendioxid. Und dieser führt wiederum zur Erderwärmung infolge des Treibhauseffektes (Kap. 5.1).

Die Rechnung ist klar (Kap. 5.1): Aus der Verbrennung eines Kilogramms Benzin resultieren 3,1 Kilogramm Kohlendioxid. Aus der Kohle, für die gleiche

C. Stan, *Das Feuer ist kein Ungeheuer*,
https://doi.org/10.1007/978-3-662-64987-9_12

Wärme, entstehen rund 7,7 Kilogramm Kohlendioxid. Das Erdgas ist zunächst die bessere Wahl: Durch den höheren Gehalt an Wasserstoff im Verhältnis zum Kohlenstoff ergibt die Verbrennung eines Kilogramms „nur" 2,7 Kilogramm Kohlendioxid und etwas mehr Wasser als bei der Benzin- oder Kohleverbrennung.

Die Europäische Union hat sich entsprechend der Pläne der Europäischen Kommission sehr ambitionierte Ziele gesetzt: *„Die EU will bis 2050 klimaneutral werden, mit einer Null-Treibhausemission-Wirtschaft...Alle Teile der Gesellschaft und Wirtschaft werden darin ihre Rolle spielen, von dem Energiesektor und der Industrie bis hin zur Mobilität, zum Bausektor, zur Land- und Forstwirtschaft"* (Zitat, übersetzt aus der englischen Originalfassung) [4].

Bis 2050 bleiben weniger als 30 Jahre. Die Verbrennungsmotoren sollen in den nächsten 10 bis 15 Jahren aus allen Automobilen verschwinden, die Antriebe sollen komplett elektrisch werden, so die Pläne vieler EU-Staaten. Wenn der meiste Strom für die Elektroautos nicht aus Öl, Gas und Kohle käme, wäre diese gewiss eine saubere Alternative.

Ob die Antriebe der Frachtschiffe, Tanker, Kreuzfahrtschiffe, Passagierflugzeuge, Bagger, Traktoren, Raupen, Landmaschinen, Straßenbaumaschinen und schweren Lastwagen auch ersetzt werden sollen, darüber herrscht noch ein absolutes Stillschweigen.

Über den Ersatz des Feuers bei der Stahlproduktion, beim Gießen und Formen von Maschinenteilen, bei der Herstellung von Zement, beim Bauen von Wolkenkratzern mit hohen und leistungsstarken Kränen ist in dem EU-Strategiepapier folgendes zu lesen: *„Die EU kann* *diesen Kurs leiten, durch Suchen von technischen Lösungen, durch Ermächtigung der Bürger....“* (Zitat, übersetzt aus der englischen Originalfassung) [4].

Nichtsdestotrotz gibt es auch einen sehr kurzen und direkten Weg zum Ziel:

Das Feuer bleibt für thermische Maschinen und Anlagen erhalten, verbannt sollen dagegen ab sofort ganz und gar alle fossilen Energieträger werden: *Kohle, Erdölderivate und Erdgas.*

Die großen Ziele der EU bezüglich klimaneutraler Energieanwendung sind zwar in vielen ihren Dokumenten ausführlich, allgemein *zu ausführlich* formuliert: Die Appelle mit sozialem, politischem, psychologischem oder substanzlosem aber visionärem Charakter berücksichtigen jedoch keineswegs die realen Verhältnisse zwischen den gegenwärtig verwendeten Energieträgern in Europa und in der Welt. Technische Lösungswege für den schnellen Ersatz der fossilen Energieträger *Kohle, Erdöl und Erdgas*, die zusammen derzeit nahezu Dreiviertel des Primärenergieverbrauchs Europas ausmachen, können aus solchen Appellen auch nicht abgeleitet werden.

Und, vielmehr: Eine europäische Lösung ist angesichts der Bedrohung einer globalen Klimakatastrophe keine Lösung.

In Europa wurden im Jahre 2020 nicht mehr und nicht weniger als 13,9% der gesamten Primärenergie der Welt verbraucht. Die Kohlendioxidemission betrug im gleichen Jahr auf dem alten Kontinent 11,1% aus der gesamten Emission auf dem Planeten [5].

Die Erdbewohner befinden sich aber zusammen auf einem Riesenschiff, das unterzugehen scheint. Wem nutzt es, wenn eifrige EU-Beamte ein kleines Loch in der Bug-Nähe, unter den Luxus-Kabinen, stopfen wollen? Zum Heck hin, unter den Kabinen der dritten Klasse, gibt es doch viel, viel größere Löcher.

Es sei denn, bevor die Kohlendioxidemission von Europa ganz verbannt wird, fange man an, eine immense, dünne und durchsichtige Glocke um sie herum zu errichten. Meint jemand im Ernst, dass die kräftigen Treibhaus-Strömungen von China, von Russland, von Amerika oder von Indien an den Luftgrenzen Europas bremsen werden? Im Gegenteil: Der Druck, die Temperatur und die Dichte eines Gases oder eines Gasgemisches gehen auf natürlichen Wegen immer vom hohen zum niedrigeren Wert hin, so der Zweite Hauptsatz der Thermodynamik (Kap. 9).

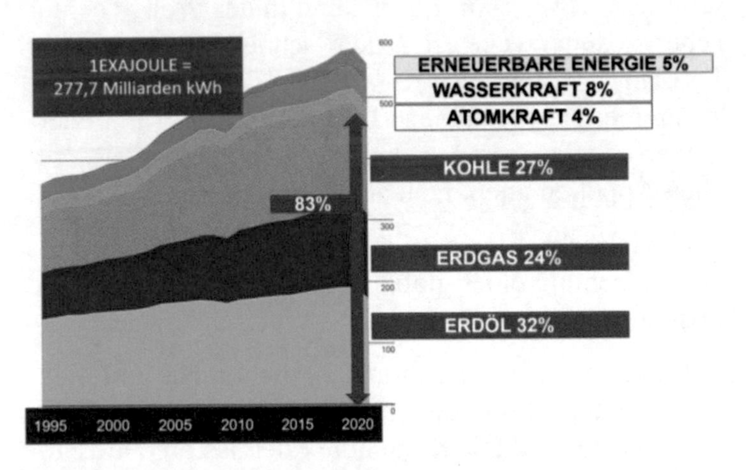

Bild 12.1 Weltweiter tatsächlicher Primärenergieverbrauch (in Exajoule) zwischen 1995 und 2020, mit den jeweiligen Anteilen der genutzten Energieträger (erarbeitet auf Basis der Angaben in [6])

Im Jahre 2020 ist der Primärenergieverbrauch in der Welt um insgesamt 4,5% gesunken, zum ersten Mal nach 2009 (Bild 12.1). Den größten Anteil daran hatte das Erdöl, mit 9,7%. Genau mit dem gleichen Prozentsatz hat die Nutzung regenerativer Energien zugenommen. Die wichtigsten Senkungen waren in Nordamerika und Europa (rund 8%). In China stieg dagegen der Primärenergieverbrauch um 2,1%.

Trotz dieser ermunternden Tendenz bleibt die Nutzung der fossilen Brennstoffe weltweit bei 83%: Kohle und Erdgas über die Hälfte, Erdöl ein Drittel! Die erneuerbaren Energien, einschließlich Wind und Photovoltaik bleiben noch bei bescheidenen 5%. Und wir wollen bis 2050 in Europa klimaneutral werden?

In **Europa** werden Kohle, Erdöl und Erdgas derzeit (2020) zu 71,2% als Primärenergieträger verwendet, die regenerativen Energien machen aber immerhin 11,5% aus. Europa verbraucht (2020) 13,9% der Primärenergie der Welt [6] .

Der Musterknabe **Deutschland** verbraucht, entgegen der Beteuerungen zur beispielhaften Nutzung regenerativer Energien mehr fossile Energieträger (75,7%) als der europäische Durchschnitt (71,2%). Zugegeben, der europäische Durchschnitt wird von den Atomkraftwerken in Frankreich und von den Wasserkraftwerken in Norwegen nach unten gedrückt. Polen nutzt dagegen 93,2% Kohle und Erdöl!

In Deutschland beteuern Politiker und vielerlei Interessengruppen samt „wissenschaftlichen Beratern“, dass über die Hälfte der in der Bundesrepublik verbrauchten Energie nunmehr „grün“ sei. Das sollte aber nicht „Energie“ sondern „Elektroenergie“ heißen, was aber sehr selten so gesagt wird. Im Bezug auf Elektroenergie nutzt Deutschland derzeit (2020) tatsächlich mehr als die Hälfte (51,9%) „grünen Strom". Ernüchternd ist allerdings die Tatsache, dass die Elektroenergie nur 17% am gesamten Energiebedarf der Bundesrepublik Deutschland ausmacht.

Die Beteiligung der fossilen Energieträger am tatsächlichen gesamten Primärenergieverbrauch in Deutschland ist und bleibt mit einer Beteiligung von derzeit (2020) 75,2% weitgehend überwiegend (Bild 12.2). Die regenerativen Energieträger (Wind, Photovoltaik, Biomasse) haben zur gesamt verbrauchten Energie nur einen Anteil von 18,2%.

Lediglich die Anteile an Braun- und Steinkohle sind seit 1990, und viel stärker seit 2018, etwas gesunken.

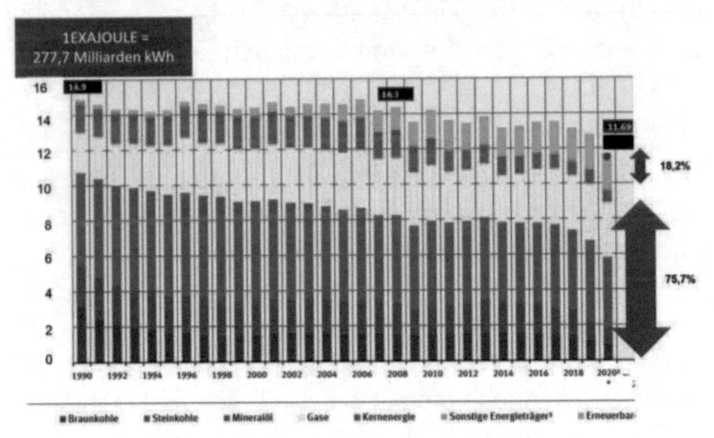

Bild 12.2 Primärenergieverbrauch in Deutschland zwischen 1990 und 2020, nach Energieträgern (auf Basis der Daten vom Umweltbundesamt, 2020)

In **Frankreich** liegt der Anteil der fossilen Energieträger an den gesamten Primärenergieverbrauch des Landes bei nur 50%! Aber zu welchem Preis? 19% der

Energie kommen aus den 56 französischen Atomkraftwerken (von 130 in ganz Europa). Andererseits ist der Anteil der regenerativen Energieträger in Frankreich mit 17% noch geringer als in Deutschland (18,2%).

Es gibt aber auch, aber nur auf dem ersten Blick, ein Musterbeispiel in Bezug auf den Einsatz „sauberer" Primärenergie: **Norwegen** nutzt nur 29% fossile Energieträger und hat auch gar keine Atomkraftwerke. Die Norweger sind tatsächlich glückliche Menschen! Die Natur gießt ihnen das Wasser, zwischen den zahlreichen Fjorden, direkt in die Turbinen. 64% der Energie Norwegens werden aus Wasserkraft produziert. Das deckt auch 93,5% des Strombedarfs, die restlichen Prozente machen der Wind und die Wärme aus [7]. Das erklärt die Ambitionen Norwegens hinsichtlich der komplett elektrischen Mobilität: elektrische Fähren, Automobile mit rein elektrischem Antrieb, Inlandsflüge mit Elektroflugzeugen, die Baustellen werden elektrifiziert!

Das ist Wasser auf den Mühlen der Verfechter eines klimaneutralen Europas, nicht nur in den Turbinen der Norweger. Die Rückseite der norwegischen Medaille sollte aber in diesem Zusammenhang auch gesehen werden.

Norwegen ist der zweitgrößte Erdöl-Exporteur Europas (72 Millionen Tonnen im Jahr 2019) nach Russland (266 Millionen Tonnen) und der neunt größte Erdöl-Exporteur weltweit! Beim Erdgas-Export belegt Norwegen ebenfalls den 2 Platz in Europa, (8,3 Milliarden Kubikmeter im Jahr 2019) nach Russland (19,1 Milliarden Kubikmeter) und belegt weltweit den vierten Platz [5]!

Die Moral von der Geschichte ist ernüchternd: Komplette Elektrifizierung des norwegischen Verkehrs auf der Erde, in der Luft und auf dem Wasser, dafür gibt es 100% „grünen“ Strom. Der Dreck wird den anderen Staaten verkauft! Als würde die Kohlendioxidemission des verkauften und verbrannten Erdöls und Erdgases nicht den Weg nach Norwegen über die Lüfte wiederfinden!

Für die Nutzer von Erdöl, Erdgas und Kohle in der Welt sind die Pläne Europas zur Klimaneutralität nicht unbedingt ein Thema.

Die **USA** nutzen zur Deckung ihres Primärenergiebedarfs 82,7% fossile Energieträger und nur 7,3% regenerative Quellen.

Russland verbrennt meist Erdgas, dazu aber auch Kohle und Erdöl, zu einem Gesamtanteil von 86,4%. Grüne Energie: 0,1%!

Polen, ein Mitglied der Europäischen Union, nutzt für die Deckung seines Energiebedarfs 93,2% fossile Energieträger, mehr als die Hälfte davon ist Kohle!

China ist der Weltmeister in puncto Primärenergieverbrauch: Mit 145,46 Exajoule (*1 Exajoule entspricht 277,7 Milliarden kWh*) pro Jahr verbraucht China 1,89-mal mehr Energie als ganz Europa und 1,66-mal mehr Energie als die USA. Die fossilen Energieträger haben dabei einen Anteil von 83,7%. Bemerkenswert ist dabei der Kohleanteil von 56,5%!

China hat derzeit 1,4 Milliarden Einwohner, Indien fast genauso viele (1,38 Milliarden Einwohner). China verbraucht derzeit aber 4,5-mal mehr Primärenergie als Indien.

Und **Indien** hat berechtigterweise auch einen mächtigen Hunger nach Mobilität, Industrie und Hauswärme. Die Inder nutzen derzeit für die Deckung ihres Energieverbrauchs zu 54,8% Kohle. Den Rest der zu 90% genutzten fossilen Energieträger bilden Erdgas und Erdöl.

Bangladesch, ein sehr armes Land, nutzt fast ausschließlich fossile Energieträger.

Afrika stellt aber das größere Problem in Bezug auf die Primärenergie dar: In Afrika leben derzeit 1,26 Milliarden Menschen, das sind nahezu so viele wie in China oder in Indien. Die Prognosen besagen jedoch eine Zunahme der Bevölkerung bis auf 4,28 Milliarden Einwohner bis zum Jahr 2100 [8].

Der Primärenergiebedarf wird derzeit auf dem afrikanischen Kontinent zu 93% von fossilen Energieträgern abgesichert. Verständlicherweise, in Anbetracht der großen Erdölexportstaaten, die zu Afrika gehören, sind es dabei 39% Erdölanteile.

Die bittere Wahrheit ist dabei, dass bisher mehr als 500 Millionen Afrikaner noch keinen Strom haben! In den kommenden Jahren werden in Afrika zahlreiche neue Kohlekraftwerke mit einer Leistung von mehr als 47 Millionen Kilowatt entstehen [8].

Die meisten davon werden von China gebaut, wo es derzeit (2020) mehr als 1000 Kohlekraftwerke gibt, Erfahrungen sind also reichlich vorhanden. Nach Meinung vieler Experten [8] ist jedoch "*ein zügiger globaler Ausstieg aus der Kohlekraft nötig, um die Klimaziele zu erreichen*".

Und ein weiteres Zitat: „*Es ist definitiv eine Gefahr für das Klima und für die betroffenen afrikanischen Länder, wenn sie nicht schon jetzt auf klimafreundliche Entwicklungspfade setzen. Dafür bräuchten arme Länder in Afrika umfangreiche finanzielle Unterstützung, um größere Investitionen in erneuerbare Energien zu ermöglichen*".

Und über die chinesischen Projekte in Afrika hinaus sind weltweit 1380 Kohlekraftwerke in Planung [9]!

Wo bleibt das klimaneutrale Europa? Bereits die jetzigen Kohlendioxid-Emissionen sprechen für sich: **Europa** ist mit 11,1% der weltweiten Emissionen beteiligt. **China** emittiert stolze 30,7%, die **USA** 13,8%, **Indien** 7,1%, **Russland** 4,9%. Allein diese Länder erbringen zusammen 56,5% der weltweiten Kohlendioxidemissionen [5]!

Und weiter? Afrika, Südamerika, Zentralamerika und Zentralasien sind in Bezug auf Energie zukünftige Schwarze Löcher in unserem Mutter-Erde-Universum!

12.2 Das profitable Geschäft mit Erdöl und Erdgas

Wer will in dieser Welt auf den Verkauf von Erdöl und Erdgas verzichten?

Es gibt auf dem Planeten hunderte internationale und nationale Klimaschutzorganisationen, welche die Senkung der anthropogenen Gasemissionen durch die Verbrennung von *Erdölprodukten, Erdgas und Kohle* zum

Ziel haben. Eine weitere Erwärmung des Erdklimas über 1,5°C soll dadurch verhindert werden.

Die mächtigsten dieser Organisationen sind die folgenden:

Das Rahmenübereinkommen der Vereinten Nationen über Klimaänderungen (engl. United Nations Framework Convention on Climate Change, **UNFCCC**) als internationales Umweltabkommen mit dem Ziel, eine gefährliche anthropogene Störung des Klimasystems zu verhindern und die globale Erwärmung zu verlangsamen sowie ihre Folgen zu mildern. Das UNFCCC Sekretariat in Bonn hat 450 Mitarbeiter [10].

Das Umweltprogramm der Vereinten Nationen (engl. *United Nations Environment Programme*) hat seinen Hauptsitz in Kenias Hauptstadt Nairobi (800 Mitarbeiter) [11].

Der **WWF (World Wide Fund For Nature**, bis 1986 *World Wildlife Fund*), eine Stiftung nach Schweizer Recht mit Sitz in Gland, Kanton Waadt. Sie wurde 1961 gegründet und ist eine der größten internationalen Natur- und Umweltschutzorganisationen. Sie hat 6.200 Beschäftigte und einen jährlichen Umsatz von fast 700 Millionen Euro [12].

Darüber hinaus gibt es auf der Weltebene, aber auch in fast jedem Staat hunderte, wenn nicht tausende Umweltorganisationen mit ähnlichen Zielen.

Auf der anderen Seite stehen aber die Exporteure von Erdöl, Erdgas und Kohle.

Meint jemand im Ernst, dass Russland auf die Hälfte des Staatshaushaltes, die durch den Export von Erdgas und Erdöl entsteht, verzichten wird?

Soll Saudi-Arabien auf 42% des Bruttoinlandproduktes, die durch Erdölverkauf generiert werden, tatsächlich verzichten?

Oder Kuweit auf 90% der Exporteinnahmen? [13], [14].

Ein Blick auf die Liste der weltweit größten Erdöl-Produzenten kann sehr aufschlussreich sein [15]:

Das Klassement führen die USA mit 19% an, gefolgt von Saudi-Arabien (12%) und Russland (11%), dann kommen Kanada, China, Irak, die Vereinigten Arabischen Emirate, Brasilien, Iran und Kuweit mit jeweils rund 5%. Die USA, Saudi-Arabien und Russland fördern also insgesamt fast die Hälfte (42%) des Erdöls der Erde. Und wie sie sich an den Klimakonventionen beteiligen, kann man aus der nationalen und internationalen Presse entnehmen.

Der größte Erdöl-Exporteur der Welt ist Saudi-Arabien mit einem Weltmarktanteil von 15,4%, gefolgt von Russland mit 11,4%, Irak (8,4%) und Kanada (7,8%) [16].

Der größte Erdöl-Importeur ist, wie erwartet, China, mit einem Anteil von 17,9%, gefolgt von den USA (16,8%) und Indien (9,3%).

Der größte Erdgas-Exporteur der Welt ist wiederum Russland mit einem Weltmarktanteil von 19,1% (2019), gefolgt von Katar und den USA mit jeweils rund 10% [17].

Bei dem größten Erdgas-Importeur der Erde müssen wir etwas staunen: *Das ist die Bundesrepublik Deutschland mit 10,8% (2019) aller Importe durch die Staaten der Welt!* [18].

China kommt mit 10,1% nur auf den zweiten Platz!

Über alle Medien in Deutschland ist ununterbrochen über die Klimawende und über die regenerativen Energien zu hören, die bald alle anderen Energieträger so gut wie ganz ersetzen werden. Man kann die Fakten, die Bewertungskriterien und die Zahlen drehen, wie es einem eben passt. Wenn aber der Gashahn zugedreht wird, ist das Frieren im Winter in unseren Heimen und der Stillstand eines großen Teils der Industrie garantiert!

Die Analyse der Verteilung der weltweiten Produktion und des Verbrauchs von *Erdöl, Erdgas und Kohle* zeigt bemerkenswerte Ergebnisse.

Die tägliche Erdölproduktion mag große Unterschiede zwischen verschiedenen Weltregionen zeigen (Bild 12.3):

Im Nahen Osten wird über die Hälfte (53%) des Erdöls der Welt gefördert (produziert), in Nordamerika sind es 25%, in den alten Sowjetrepubliken in Asien rund 14%.

Interessant ist es aber, in welchen Weltregionen dieses Erdöl verbraucht wird: Asien (diesmal eindeutig China, Japan, Korea) „schluckt" 63%, obwohl dort nur 14% produziert wurden. Der Nahe Osten wiederum verbraucht nur etwa 10% von den produzierten 53%. In Amerika herrscht eine klare Parität zwischen Produktion und Verbrauch, auch wenn das nur auf den ersten Blick ein Gleichgewicht zu sein scheint: Amerika exportiert sehr viel Öl, importiert aber auch viel, Hauptsache das Börsengeschäft ist profitabel.

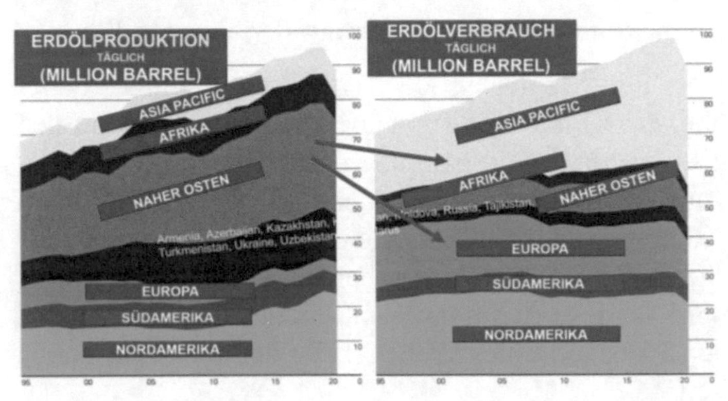

Bild 12.3 Erdölproduktion und Erdölverbrauch in verschiedenen Regionen der Welt (nach der Vorlage von [5])

Die größten Erdgasproduzenten der Welt sind Nordamerika, der Nahe Osten, die früheren Sowjetrepubliken, aber auch einige Staaten in Asien (Bild 12.4). Beim Verbrauch sieht es anders aus: Asien braucht mehr, als es produziert, es sind allerdings nicht die gleichen Staaten (eine tiefere Analyse würde allerdings den Rahmen dieser Betrachtung sprengen). Der Nahe Osten verkauft mehr als er produziert, die früheren Sowjetrepubliken auch. Europa ist in dieser Betrachtung der große Gasverbraucher, auch wenn es Unterschiede gibt: Norwegen exportiert sehr viel Erdgas (Platz 4 im Weltklassement), importiert und verbraucht aber gar kein Erdgas!

In Nordamerika und in Südamerika sind die Produktion und der Verbrauch weitgehend gleich.

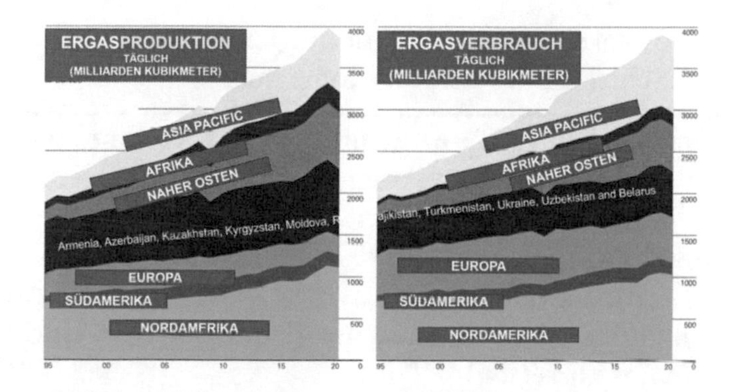

Bild 12.4 Erdgasproduktion und Erdgasverbrauch in verschiedenen Regionen der Welt (nach der Vorlage von [5])

Was die Förderung und den Verbrauch von Kohle anbetrifft, hat Asien und die Pazifikregion mit 78% einen überwältigenden Anteil in der weltweiten Verteilung (Bild 12.5).

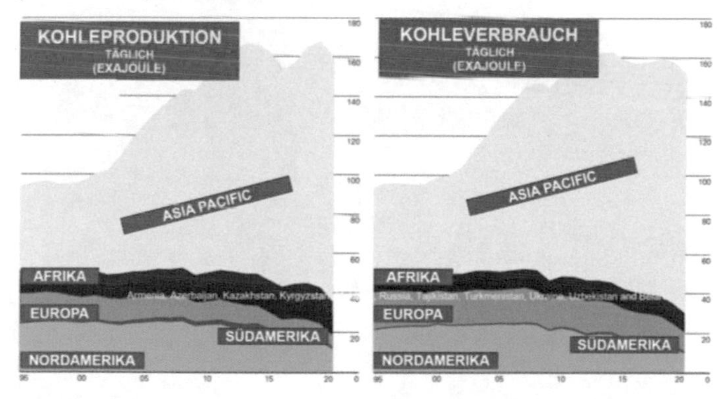

Bild 12.5 Kohleproduktion und Kohleverbrauch in verschiedenen Regionen der Welt (nach der Vorlage von [5])

Afrika hat bisher nur einen sehr moderaten Anteil an den Verbrauch von Kohle. Was wird aber passieren, wenn China so viele Kohlekraftwerke in Afrika bauen wird? Schicken sie auch die Kohle mit?

Es ist wirklich fünf vor zwölf, was die Rettung des Weltklimas anbetrifft: Aber anstatt eine Musterregion in dem wohlhabenden und technisch überlegenden Europa schaffen zu wollen, wäre es dringend erforderlich, so viele arme Länder in Afrika, Asien und Südamerika von der Erdöl-, Erdgas- und Kohlepest zu retten!

13

Feuernutzung mit bestmöglicher und klimafreundlicher Wirkung

13.1 Automobile mit Feuerherz und elektrischen Rädern

Die Neutralisierung der klimaschädlichen Effekte des Feuers kann durch den Ersatz fossiler Brennstoffe wie *Erdöl, Erdgas und Kohle* durch die klimaneutralen *Alkohole, Öle und eFuels* (Kap. 4), vorgenommen werden. Der Weg dahin ist aber mit Massenproduktions- und Infrastrukturproblemen, aber vor allem mit dem Widerstand der jetzigen Erdöl-, Erdgas und Kohleanbieter verbunden (Kap. 12).

Demzufolge sollten in einem ersten Schritt *Maschinenkonfigurationen* und *thermodynamische Prozesse* mit dem Ziel eines maximalen thermischen Wirkungsgrades und damit eines minimalen Treibstoffverbrauchs und Kohlendioxidemission umgestaltet werden. Diese Maschinenkonfigurationen und thermodynamische Prozesse (Kap. 10) müssen mit den im nächsten Schritt einzusetzenden, klimaneutralen Kraftstoffen (Kap. 4) kompatibel sein.

C. Stan, *Das Feuer ist kein Ungeheuer*,
https://doi.org/10.1007/978-3-662-64987-9_13

Bild 13.1 Die Verbrenner in Automobilen aus der Sicht ihrer Verbanner

Wenn man den Kampanien, Debatten und Plänen der Gegenwart Glauben schenkt, so werden die „Verbrenner“ aus den Fahrzeugen bald komplett und irreversibel verbannt werden. Es ist tatsächlich erstaunlich, wie sich jemand mit mehr oder weniger Bildung, aber ohne Physikkenntnisse, einen solchen „Verbrenner“ in seiner Gedankenwelt vorstellt (Bild 13.1).

Das Feuer in einem Brennraum kann aber sehr zahm sein, wenn man ihm die richtige Nahrung anbietet und viel Aufmerksamkeit schenkt. Das ist wie mit den Blumen, mit den Hunden und nicht nur…

Um Wunder zu schaffen, braucht das Feuer eine gute Nahrung und Ruhe in seinem Ablauf.

Das Feuer hat seinen eigenen Geschmack. Das ist wie beim Menschen: Die Nahrung muss ihm schmecken, die Portionen müssen ganz klein verteilt auf seine Zunge gelangen und, vor allem, es braucht auch etwas Zeit, um zwischen zwei Bissen ein bisschen Luft holen zu können.

Stellen wir uns vor: Nach zehn kleinen Häppchen muss es oder er zwei-drei große Brocken hintereinander weg schlucken, weil von ihm plötzlich mehr Leistung abverlangt wird. Genauso ist es mit dem Zeitabstand zwischen den Häppchen: ohne Luftschnappen dazwischen, gibt es sofort eine Magen-Rebellion.

Ein Kolbenmotor bei 600 Umdrehungen pro Minute hat 0,01 Sekunden Zeit für eine ganze Umdrehung. Nur 5% bis 10% davon stehen der Verbrennung zur Verfügung, das sind 0,005 bis 0,01 Sekunden. Bei 6000 Umdrehungen pro Minute bleibt für eine vollständige Verbrennung nur ein Zehntel dieser Zeit, das sind 0,0005 bis 0,001 Sekunden. Bei 18.000 Umdrehungen pro Minute, wie häufig in den Formel 1 Motoren, bleibt davon nur noch ein Drittel, und die Motoren laufen trotzdem mit satter Leistung.

Das Problem ist weder die Last an sich, noch die Drehzahl: für eine bestimmte Paarung von Last und Drehzahl kann man einen Motor immer gut tunen. Dem Feuer schmeckt aber gar nicht der ständige Wechsel der Nahrungsportionsgröße für die erwartete Last und der Drehzahl, für die zu erbringende Geschwindigkeit. Die Ingenieure tun das, was sie können, um den Motor in einem mehr oder weniger breiten Bereich von Last und Drehzahl bei Laune zu halten.

Wenn man aber einen Motor von 3 PS auf 1000 PS und von 600 auf 18.000 Umdrehungen in rabiater Weise hoch und runter jagt, so kann dann auch mal das Feuer in ihm schwarze Zungen zeigen.

Es ist also wirksamer, das Feuer in einem engen Fenster von Last und Drehzahl einer thermischen Maschine (Kap. 10.2) brennen und mit der gewonnenen Arbeit einen elektrischen Generator drehen zu lassen. Den erzeugten Strom kann man teils einem Antriebs-Elektromotor, teils einer Speicherbatterie schicken (Bild 3.9), (Bild 10.6).

Der Antrieb eines Fahrzeuges mittels Elektromotor(en) hat ohnehin einen grundsätzlichen Vorteil gegenüber jenem mit einer thermischen Maschine. In einem Elektromotor wird das maximale Drehmoment vom Stand, also von der Drehzahl Null generiert und bleibt auf diesem Wert bis etwa 2000-2300 Umdrehungen pro Minute. In Kolbenmotoren entfaltet sich das maximale Drehmoment erst im mittleren Drehzahlbereich (Diesel) oder bei höheren Drehzahlen (Otto), was durch die erforderliche Luftströmung fürs Feuer im Brennraum bedingt ist.

Der Antrieb mittels Elektromotor erscheint daher als besonders günstig für Stadtfahrten wegen des zügigen Anfahrens und des praktisch schaltungsfreien Betriebs.

Ein Fahrzeug kann durch einen einzelnen Elektromotor, durch zwei Elektromotoren (einen auf der Vorderachse, einen auf der Hinterachse) oder durch 4 Elektromotoren (je zwei auf Vorder- und Hinterachse, in

Rad-Nähe) angetrieben werden. Weitaus vorteilhafter für Fahrdynamik, Fahrstabilität und Freiheitsgrade der Radbewegung sind aber die Radnabenmotoren (Bild 13.2).

Bild 13.2 Radnabenmotoren für Fahrzeugantrieb: Mitsubishi (links), Michelin (Mitte), Honda (rechts) (Quellen: Mitsubishi, Michelin, Honda)

Ein Radnabenmotor dieser Ausführung erreicht in der Regel eine Leistung von 20 kW beziehungsweise ein Drehmoment von 200 Newton-Meter [3]. Soweit an Bord Elektroenergie vorhanden ist, kann jedes Rad mit einem solchen Motor versehen werden. Die klassischen Antriebsachsen sind in einem solchen Fall nicht mehr grundsätzlich erforderlich. Dadurch nehmen die Freiheitsgrade der Kinematik jedes Rades zu. Darüber hinaus sind diese Freiheitsgrade an jedem Rad prinzipiell <u>unabhängig</u> von jenen der anderen Räder.

Die Vorteile in Bezug auf Kinematik und Dynamik des Fahrzeugs sind bemerkenswert, was durch einige Beispiele belegt werden kann:

- Je nach Fahrsituation kann alleine durch Steuerung von Stromkreisen zwischen Allrad-, Vorderrad- oder Hinterradantrieb umgeschaltet werden. Funktionen wie ESP, ASR oder ABS sind durch diese Steuermöglichkeit besser und in einer neuen Qualität umsetzbar.

- Park- und Wendemanöver werden extrem erleichtert, und zwar vom seitlichen Einfahren in eine Parklücke bis zum Drehen um eine Achse bei engem Wendekreis. Gerade für den Stadtverkehr sind solche Funktionen bei der stark zunehmenden Verkehrsdichte unabdingbar.
- Die Fahrstabilität in Kurven kann durch die paarweise Lenkung der Vorder- und Hinterräder wesentlich erhöht werden.

In manchen aktuellen Entwicklungsprojekten wird das Rad als intelligentes Fahrerassistenzsystem betrachtet. [3]. Der mechatronische Ansatz und der Trend zum autonomen Fahren finden ihre Ursprünge in der Robotertechnik. Wie bei Robotern wird auch bei Automobilen eine Position über die 6 Freiheitsgrade eines Koordinatensystems definiert – das sind die Bewegungen in der Längs-, Quer- und Vertikalachse sowie die Rotation um jede dieser Achsen. Daten- und Informationsaustausch erfolgen beim Fahrerassistenzsystem wie beim Roboter über Bussysteme, vorzugsweise mit Echtzeitfähigkeit.

Und nun zurück zur thermischen Maschine, die als Stromgenerator an Bord eines Fahrzeugs arbeiten kann. Zur Wahl stehen mehrere Maschinenarten, mit unterschiedlichen Kreisprozessen. (Kap. 10.2):

- Kolbenmotor mit äußerer Verbrennung, nach dem Stirling Prozess.
- Kolbenmotor mit innerer Verbrennung nach dem Otto-, Diesel- oder Seiliger Prozess.
- Gasturbine mit innerer Verbrennung nach dem Joule-Prozess.

- Dampfturbine mit äußerer Verbrennung nach dem Ackeret-Keller Prozess.

Stirling Motoren (Kap. 10.2) wären verlockend für eine solche Aufgabe, wegen des theoretisch sehr hohen thermischen Wirkungsgrads. Sie können jedoch durch die äußere Verbrennung kaum die Maximaltemperatur in einem Otto- oder Dieselmotor mit innerer Verbrennung erreichen. Auf der andren Seite ist die Wärme-Rekuperation nur mit großen Wärmetauschen möglich, was ungünstig für den mobilen Einsatz ist.

Moderne Otto- oder Dieselmotoren (Kap. 3.3), (Bild 3.6), (Kap. 10.2) sind dafür geeignet, aber zum Teil mechanisch zu aufwendig für eine solche Aufgabe: vier Ventile pro Zylinder oder Turboladung sind dafür zu viel des Guten. Einfache, leichte, kleine und preiswerte Zweitaktmotoren, Wankelmotoren mit rotierendem Kolben und kompakte Gasturbinen können das auch tun.

Die Gasturbinen mit innerer Verbrennung nach dem Joule-Prozess (Kap. 3.3), (Bild 3.9), (Kap. 10.2), (Bild 10.6) haben im Vergleich mit anderen Ausführungen zwar einen geringeren thermischen Wirkungsgrad, sie können aber wegen der hohen Arbeitsdrehzahl viel Massenstrom von Luft und Kraftstoff durchlassen, wodurch sie extrem leicht und kompakt werden können. Ein weiterer großer Vorteil ist die offene Brennkammer, mit ständigem Luft- und Kraftstoff-Durchfluss. Das ermöglicht die Nutzung von Kerosin genauso gut wie von Dieselkraftstoff, von Kokosöl oder von Ethanol und Methanol.

Die Dampfturbinen mit äußerer Verbrennung und Wärmerekuperation sind für Kraftwerke sehr empfehlenswert, jedoch für mobile Anwendungen auf Grund des Preises, aber auch der Abmessungen, nicht geeignet.

13.2 Verbrenner auf Wasser, auf der Erde und in der Luft

Mag sein, dass man die „Verbrenner“ und, vor allem, die in Verruf geratenen Dieselmotoren aus dem Straßenverkehr ziehen will. Auf den Meeren und Ozeanen der Welt zwingen die realen Verhältnisse zu einer anderen Handlungsweise.

Was wäre ein leistungsfähiges Schiff ohne Dieselmotor? Schiffsdieselmotoren gibt es in fast allen Klassen. Die größten und leistungsstärksten Schiffsmotoren sind meistens langsam laufende Zweitaktmotoren [3]. Viertaktmotoren werden in großen und mittleren Leistungsklassen als Mittelschnellläufer gebaut, kleine Schiffsdieselmotoren sind oft Schnellläufer.

Schiffsdieselmotoren jeder Art können prinzipiell mit vielen unterschiedlichen Kraftstoffen betrieben werden.

In Tankern und Containerschiffen werden gigantische Dieselmotoren eingesetzt, die sehr langsam drehen (*60 bis 250 Umdrehungen pro Minute*). Sie treiben über eine starre Achse direkt den Propeller an. Und, wenn die Verbrennung so viel Zeit hat, so kann man auch über die Wirkung des Feuers staunen: Solche Motoren erreichen Wirkungsgrade über 50%, was in schnelllaufenden Automobilmotoren noch nicht der Fall ist.

Die größten Schiffsdieselmotoren werden fast ausschließlich als Zweitakter ausgeführt. *(auf den ersten Blick wie die Trabant- oder die Vespa-Motoren, die aber keine Diesel, sondern Benziner sind, und keine Direkteinspritzung von Kraftstoff, sondern Vergaser haben).*

Ein Blick in den Zylinder eines solchen Motors währe lohnenswert: ein Meter Durchmesser, 2,5 Meter Kolbenhub. Der Wärtsilä-Sulzer-Motor 14RTflex96-C [19] hat 14 Zylinder und leistet 109.000 PS (Bild 13.3). Ein Elektromotor oder Motor-Packet mit dieser Leistung wäre als Ersatz vielleicht denkbar, die Batterien-Volumina und Gewichte würden allerdings das Schiff ganz füllen (*statt Container*), wenn es nicht während des Batterien-Ladens untergehen würde!

Bild 13.3 Der Wärtsilä-Sulzer-Motor 14RTflex96-C mit 14 Zylindern und 109.000 PS (Quelle: Wärtsilä)

Schnell- und mittelschnelllaufende Motoren werden in Schiffen für eher moderate Leistungen eingesetzt. Erforderlich wird in einem solchen Fall die Reduktion der Motordrehzahl auf Propellerdrehzahl. Die verwendeten Getriebe sind zum Teil mit schaltbaren Kupplungen und Nebenantrieben ausgestattet.

Die meisten Schiffe fahren aber schon lange wie die eingangs beschriebenen Automobile der Zukunft: Der Antrieb erfolgt über Elektromotoren, die ihren Strom von Dieselmotor-angetriebenen Generatoren beziehen: 80% der Hochseeschiffe sind mit solchen „Dieselelektrischen" Antrieben versehen [20].

Die nächsten Schritte in Richtung klimaneutraler „Verbrenner" sind:

- die Anwendung regenerativer Brennstoffe (Kap. 4) und
- die Änderung des Brennverfahrens innerhalb des Dieselprozesses (Bild 4.3).

Groß-Dieselmotoren nach dem Viertaktverfahren, mit 100% Methanol-Direkteinspritzung, wurden für den Einsatz in Schiffen von Wärtsilä entwickelt und in Serie geführt. Für den Schiffseinsatz hat auch B&W/MAN Dieselmotoren mit Methanol-Direkteinspritzung gebaut. In diesem Fall handelt es sich aber um Zweitaktmotoren, welche bei der enormen abverlangten Leistung bezüglich Gewicht und Abmessungen Vorteile gegenüber Viertaktmotoren haben [3].

Sowohl bei den Viertaktmotoren von Wärtsilä, als auch bei den Zweitaktmotoren von B&W/MAN, wird ein grundsätzlich anderes Brennverfahren als die klassische Diesel-Selbstzündung angewendet: Mittels Pilot-Direkteinspritzung einer kleinen Menge von Dieselkraftstoff entstehen im Zylinder Brennpunkte, von denen die folgend eingespritzte Hauptmenge an Methanol rasch gezündet und verbrannt wird (Kap. 4), (Bild 4.2). Dadurch sinken deutlich sowohl der Kraftstoffverbrauch als auch die Stickoxidemission.

Die Wärtsilä Viertakt-Methanol-Dieselmotoren mit Piloteinspritzung sind auf dem Fährschiff Stena Germanica (2015) eingesetzt, während die B&W/MAN Zweitakt-Methanol-Dieselmotoren mit Piloteinspritzung auf dem Tanker Lindager ihre 10.320 kW entfalten. Das Methanol für die „Stena Germanica" wird auf Basis des Kohlendioxids hergestellt (Kap. 4.3), welches aus Hochofengasen aus der Stahlproduktion, ähnlich dem Verfahren im (Bild 4.2) von SSAB in Luleå abgefangen wurde [21].

Auch die dänische Containerreederei Möller-Maersk hat acht große Containerschiffe bestellt, die ab dem Jahre 2024 mit "grünem" Methanol fahren sollen. Sie haben ein Fassungsvermögen von jeweils rund 16.000 Standardcontainern (TEU) und sollen die Kohlendioxidemissionen der Reederei um jährlich eine Million Tonnen (von 33 Millionen Tonnen im Jahre 2020) reduzieren. Mit Methanol werden auch weniger Partikel und sonstige Schadstoffe als bei der Verbrennung von Dieselkraftstoff oder Schweröl freigesetzt. Gebaut werden die neuen Schiffe von Hyundai Heavy Industries in Zusammenarbeit mit dem Schiffsmotorhersteller MAN.

Baugleiche oder ähnliche Motoren werden auch für den Stationärbetrieb in Kraftwerken auf Inseln und in abgelegenen Orten auf dem Festland eingesetzt: Sie dienen darüber hinaus als Notstromaggregate in Krankenhäusern, sowie in Großbanken, Rechenzentren, aber auch in Kernkraftwerken (Bild 13.4).

Nicht nur das „grüne" Methanol, sondern auch der Wasserstoff findet derzeit Einzug als Kraftstoff in die Verbrenner für die Zukunft.

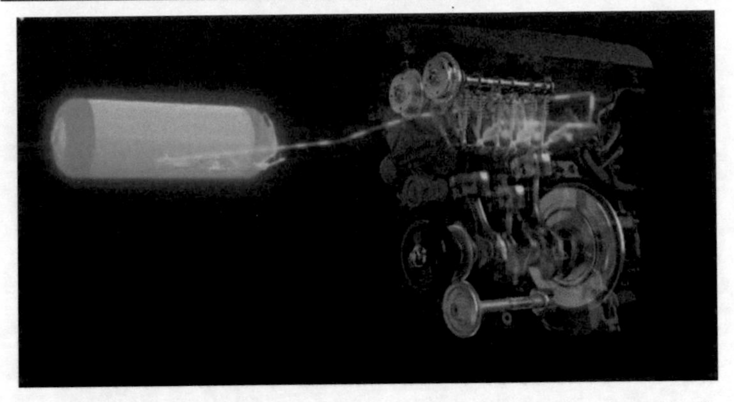

Bild 13.4 Diesel-ähnlicher Kolbenmotor mit Wasserstoff als Kraftstoff, der von einem Tank unter einem Druck von 700 bar direkt in den Brennraum, bei 20-25 bar, eingespritzt wird (Quelle: Automobilproduktion, 4. Juni 2021)

Das große deutsche Motorenunternehmen Deutz baut seit August 2021 einen Sechs-Zylinder-Motor (TCG 7.8 H2) [22] mit Wasserstoff-Direkteinspritzung, auf Basis eines bisher produzierten Dieselmotors. Der neue Wasserstoffmotor, der eine Leistung von 200 kW entfaltet, ist für den Einsatz in Landwirtschaftsmaschinen, in Offroad Fahrzeugen und in Baumaschinen konzipiert (Bild 13.5).

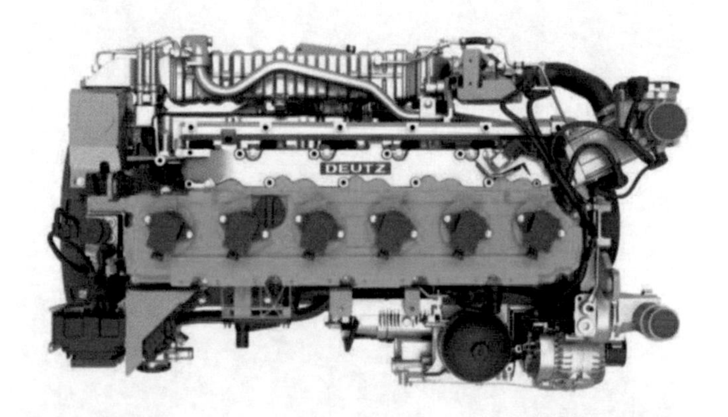

Bild 13.5 Der Deutz Sechs-Zylinder-Kolbenmotor mit Wasserstoff-Direkteinspritzung (Quelle: Deutz AG)

Für den Güterverkehr auf Straßen, mittels Lastkraftwagen, wurde in der gleichen Zeit ein Wasserstoff-Kolbenmotor des anderen deutschen Großmotorenunternehmen, MAN entwickelt [23]. Der basiert ebenfalls auf einem in Produktion befindlichen Sechs-Zylinder-Dieselmotor und hat eine Leistung von 368 kW, beziehungsweise ein maximales Drehmoment von 2300 Newtonmeter (Bild 13.6).

Bild 13.6 Lastkraftwagen mit Wasserstoff-Kolbenmotor (Quelle: FEV)

Das Verdichtungsverhältnis wurde angesichts des Verbrennungsablaufs des Wasserstoffs gegenüber der Dieselvariante gesenkt, und der Einspritzdruck wesentlich reduziert.

Die Wasserstoff-Behälter stehen unter einem Druck von 700 bar. Der Motor erreicht einen Wirkungsgrad von 43%. Infolge der Wasserstoffverbrennung mit angesaugter Luft entstehen weder Partikel noch Kohlendioxid. Das einzige Problem wäre theoretisch eine Stickoxidemission, aufgrund der Reaktion des Stickstoffs in der Verbrennungsluft mit dem noch vorhandenen Sauerstoff. Durch die Gestaltung des Verbrennungsablaufs und durch die katalytische Nachbehandlung werden aber solche Emissionen weit unter die zulässigen Grenzen gedrückt [24], [25].

Der Luftverkehr kann auch auf absehbarer Zeit, beim Antrieb mit „Verbrennern", klimaneutral werden: Airbus, Rolls-Royce, Neste und das Deutsche Zentrum für Luft- und Raumfahrt (DLR) untersuchen derzeit das Verhalten eines solchen Treibstoffs in einem Turbofanmotor für den Einsatz im Airbus A 350 (Bild 13.7) [26].

Bild 13.7 Turbo-Fan Motor Rolls-Royce Trent XWB mit klimaneutralem Kraftstoff für den Airbus A 350 (Quelle: Rolls-Royce)

Am weitesten entwickelt innerhalb der Gruppe der nachhaltigen Kraftstoffe SAF (Sustainable Aviation Fuels) ist HEFA (Hydroprocessed Esters and Fatty Acids), das unter anderem aus *Altfetten und Abfällen aus der Nahrungsmittelindustrie* besteht. Außerdem wird für den Einsatz in Flugzeugmotoren neuerdings auch Biokerosin aus festen Rohstoffen, beispielsweise *Getreide oder Algen* verwendet. Ebenfalls zu den SAF zählen sogenannte Power-to-Liquid-Treibstoffe (Synfuel), die durch die Synthese von Wasserstoff und Kohlendioxid (Kap. 4), (Bild 4.2) hergestellt werden. Der große Vorteil der SAF Treibstoffe ist, dass keine Änderungen an den bestehenden Flugzeugen oder an der Infrastruktur an Flughäfen nötig sind.

In einem weiteren aktuellen Projekt, namens ECLIF3 (Emission and Climate Impact of Alternative Fuels) wollen Airbus, Rolls-Royce, der SAF-Hersteller Neste und das DLR untersuchen, wie sich reiner HEFA-Kraftstoff bezüglich Leistung und Emissionen verhält. Derzeit ist SAF für Mischungen mit Kerosin von bis zu 50 Prozent zugelassen.

13.3 Feuer für Strom und Wärme

Elektroenergie und Nutzwärme werden gegenwärtig zusammen *(Kraft-Wärme-Kopplung)* in Heizkraftwerken, und zunehmend in kleineren, modular aufgebauten Blockheizkraftwerken generiert. Als Wärmekraftmaschinen zur Umwandlung der Kraftstoffenergie in mechanische Arbeit für Stromgeneratoren und in Wärme für die Heizung werden *Otto- und Dieselmotoren* (Bild 10.1), (Bild 10.4), *Gas- und Dampfturbinen* (Bild 3.3), (Bild 10.5) sowie *Stirling Motoren* (Bild 10.2), eingesetzt. Als Brennstoff wird sehr häufig ein Gemisch aus Erdgas und Biogas verwendet.

Der Vorteil der *Kraft-Wärme-Kopplung* gegenüber den getrennten Anlagen zur Erzeugung von Wärme und von Elektroenergie liegt in der effizienteren Nutzung der Kraftstoffenergie.

In Kraftwerken zur alleinigen Elektroenergie-Erzeugung mittels einer Wärmekraftmaschine, die häufig ein klassischer Kolbenmotor ist, werden generell etwa 30% der zugeführten Wärme für die Motorkühlung und weitere 30% durch die Abgaswärme ungenützt an die Umgebung abgegeben (Bild 13.8).

In Kraftwerken, die neben Strom auch Wärme erzeugen, werden diese beiden Anteile für Heizzwecke oder für andere Wärmeanwendungen genutzt, wodurch der gesamte thermische Wirkungsgrad eines solchen Verbrennungsmotors auf 80% bis 90% steigt. Damit wird der Verbrennungsmotor einem Elektromotor ebenbürtig in Bezug auf die Effizienz.

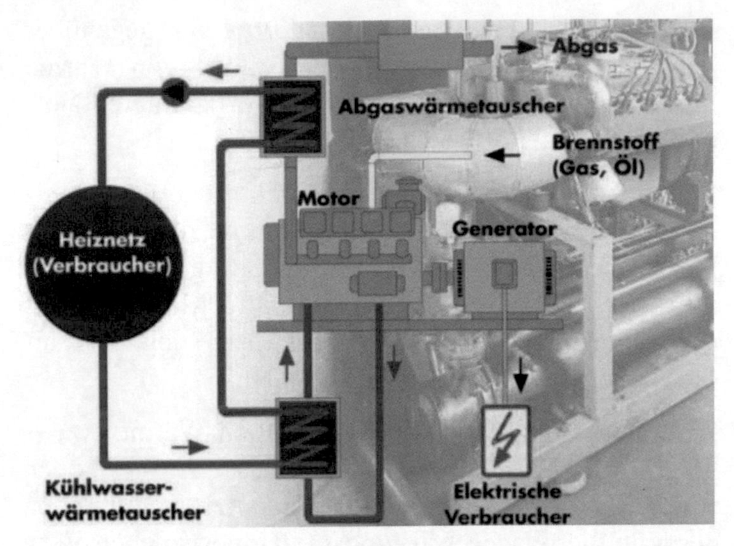

Bild 13.8 Schema eines Motor-Heizkraftwerkes mit Rückgewinnung der Motor-Kühlwasserwärme und der Motor-Abgaswärme

Beispiel

In zwei neuen Anlagen dieser Art, die im Jahre 2020 in einer deutschen Stadt mit rund 250.000 Einwohnern in Betrieb genommen wurden, sind fünf, beziehungsweise sieben große Gasmotoren eingesetzt, um 150 Megawatt elektrische und 130 Megawatt thermische Leistung zu generieren. Für die Wärmeversorgung der jeweiligen Stadt wurden zusätzlich drei neue Heizkessel eingesetzt, die ebenfalls mit Erdgas/Biogas befeuert werden und eine Leistung von insgesamt 100 Megawatt erbringen. Die Kombination von Motor-Kraftheizwerken und Heizkessel mit gleichem Treibstoff, Erdgas/Biogas, ist derzeit eine der modernsten Formen der Versorgung mit Elektroenergie und Wärme, dadurch wird eine Senkung der Kohlendioxidemission von bis zu 40% gegenüber traditionellen Kohle-Kraftwerken erreicht.

Eine weitere Variante der Erzeugung von *Elektroenergie* und *Wärme* durch die intelligente Kombination von thermodynamischen Kreisprozessen (Kap. 10), beziehungsweise von unterschiedlichen Maschinenarten (Kap. 3), Arbeitsstoffen (Kap. 8) und Brennstoffen (Kap. 4), bildet die Gruppe von **Gas-und-Dampfturbinen-Kraftwerken (GuD)**.

Bei der ersten Betrachtung erscheint eine solche Verknüpfung als eher unübersichtlich. Je nach Darstellungsart kann man sie aber auch sehr übersichtlich erscheinen lassen (Bild 13.9):

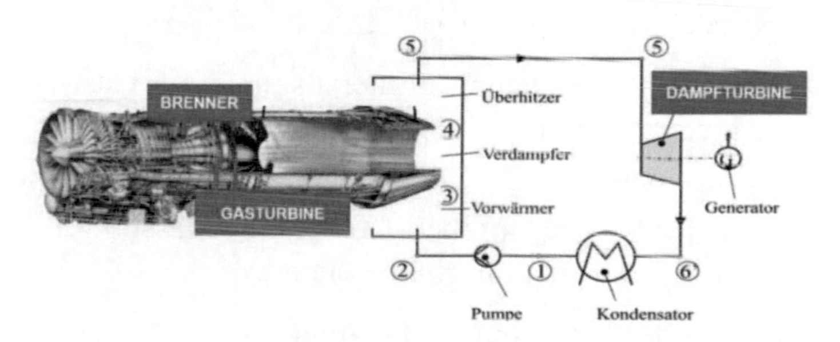

Bild 13.9 Schema eines Gas-und-Dampfturbinen-Kraftwerkes (GuD), entstanden aus der Integration einer Gasturbine (Bild 3.7), (Bild 10.7) in einem Kraftwerk mit Dampfturbine (Bild 3.3).

Man integriere einfach eine Gasturbine (Bild 3.7), (Bild 10.7) in einem Kraftwerk mit einer Dampfturbine (Bild 3.3).

Die Gasturbine arbeitet mit einer unmittelbaren Wirkung des Feuers (Kap. 3.3): Das verbrannte Luft-Kraftstoff-Gemisch wirkt in der Turbine als heißes Gas innerhalb eines Joule-Kreisprozesses (Kap. 10). Als Brennstoff kann, wie derzeit im Flugzeugebau, anstatt Kerosin, ein HEFA (Hydroprocessed Esters and Fatty Acids) aus *Altfetten und Abfällen aus der Nahrungsmittelindustrie* eingesetzt werden.

In einem klassischen Kraftwerk arbeitet bei einer mittelbaren Wirkung des Feuers (Kap. 3.2) eine Dampfturbine im geschlossenen Kreislauf des Arbeitsmediums Wasser innerhalb eines Kreisprozesses, der aus den gleichen elementaren Prozessabschnitten (Kap. 8.2) besteht, wie der Joule-Kreisprozess in einer Strömungsmaschine (Gasturbine).

Die Kombination dieser beiden Systeme hat folgende Merkmale:

- Sowohl die Dampfturbine, als auch die Gasturbine treiben jeweils einen Stromgenerator an.
- Der heiße Abgasstrom nach der Gasturbine wird in den Wärmetauscher (Kessel) des Wasserkreislaufes der Dampfturbine geleitet.

Genau an der Kopplungsstelle zeigt diese Konfiguration ihre Wirkung: unter Omas Warmwasserkessel im Bad gab es ein Holz- oder Kohlefeuer. Im Kohlekraftwerk wird der Kessel ähnlich beheizt, in Atomkraftwerken ist es ähnlich, das Heizen übernimmt in dem Fall ein getrennter Flüssigkeitskraftlauf, in dem die Kernspaltung zur Flüssigkeitserhitzung führt.

All diese drei Heizformen haben eines gemeinsam: die Wärmeübertragung von dem heißen Medium zum Dampfkreislauf besteht mehr aus Wärmeleitung (Kap. 11.2) als aus Konvektion (Kap. 11.3). Im Vergleich dazu hat der beschleunigte Wärmestrahl aus der

Gasturbine der Strömungsmaschine einen gewaltigen Konvektionsanteil. Dadurch wird die Wärmeübertragung vom heißen Abgas zum Wasserdampf sehr effizient.

Die Abgastemperatur nach der Brennkammer einer solchen Strömungsmaschine liegt allgemein bei 1600°C, die Temperatur des Abgasstrahls nach der Turbine beträgt 550°C bis 650°C. Durch mehrere Schaltungen des Dampfkreislaufes während der Verdichtung und vielmehr während der Entlastung (*Zwischenüberhitzung durch Rückführungen von Sekundärkreisläufen in den Kessel*), wird der gesamte Kreisprozess im Dampfkreislauf stufenweise in Richtung eines Ackeret-Kellers (Ericsson) Kreisprozesses (Kap. 10.2) „geschoben". Ein solcher Prozess hat theoretisch den gleichen, unübertroffenen thermischen Wirkungsgrad eines Carnot-Prozess oder eines Stirling Prozesses *(87% bei einer maximalen Temperatur von 1900°C)*.

Moderne GuD-Kraftwerke erreichen derzeit Wirkungsgrade um 63% [27], [28] bei Leistungen im Bereich von 1.700 Megawatt.

Als Vergleich:

- Ein mittleres Atomkraftwerk erreicht Leistungen im Bereich von 1.600 Megawatt, bei einem Wirkungsgrad (*bezogen auf den Energiegehalt in den Brennstäben*) von 35%.
- Ein Kohlekraftwerksblock erreicht Leistungen von 100 bis 1.000 Megawatt bei Wirkungsgraden von durchschnittlich 40%.

- eine Offshore Windkraftanlage erreicht eine Leistung von bis zu 5 Megawatt, eine Onshore-Anlage bis zu 4 Megawatt.

Gas-und-Dampfturbinen-Kraftwerke mit klimaneutralem Brennstoff könnten zwar durch eine Reihe von Windkraftanlagen ersetzt werden: Man bräuchte jedoch mehr als 400 davon, um ein einziges Kraftwerk zu ersetzen. Und sie liefern primär nur Strom, aber keine Wärme.

14

Second-hand Feuer

14.1 Strom und Wärme aus Müllfeuer

Die Verbrennungsmotoren und die Kraftwerke aller Art können auch mit second-hand Feuer ernährt werden. Durch die Verfeuerung von Restmüll entsteht gewiss auch Kohlendioxid. Allerdings belastet die Müllverbrennung in den meisten Fällen nutzlos die Atmosphäre mit Kohlendioxid, zusätzlich zu den Kraftwerken, in denen Strom und Wärme generiert werden (Bild 14.1).

Bild 14.1 Müllfeuer in einer Restabfallbehandlungsanlage

C. Stan, *Das Feuer ist kein Ungeheuer*,
https://doi.org/10.1007/978-3-662-64987-9_14

Weltweit gibt es derzeit über 2200 Müllverbrennungsanlagen, in denen rund 280 Millionen Tonnen Abfall verfeuert werden. Bis 2025 wird eine Zunahme auf 2750 Anlagen für 430 Millionen Tonnen Müll erwartet [29].

In Deutschland sind derzeit 66 Müllverbrennungsanlagen mit einer Kapazität von rund 21 Millionen Tonnen im Betrieb [30].

Mit Müll sind allgemein die Anteile von Abfall gemeint, die mit Sauersoff aus der Luft bei Umgebungsdruck brennen können. Darunter zählen der Hausmüll und der Siedlungsabfall, die größtenteils organische Kohlenwasserstoffe enthalten. Der Heizwert von solchem Müll beträgt ein Viertel der üblichen Werte für Benzin und Dieselkraftstoff [1]. Aus einem Kilogramm feuchtem Müll können 0,36 Kilowattstunden Elektroenergie gewonnen werden, wobei die Verfahrensstufen und die dazu gehörenden Wirkungsgrade zu berücksichtigen sind.

In einer Müllverbrennungsanlage wird nach der Mülltrocknung bei über 100 °C eine Entgasung bei 250-900 °C und anschließend eine Verbrennung unter Sauerstoffmangel bei 800-1150 °C vorgenommen, woraus Kohlenmonoxid und unverbrannte Kohlenwasserstoffe bei geringer Stickoxidemission entstehen [2]. In einer weiteren Stufe des Brennprozesses wird nochmal Luft zugeführt, wodurch die Zwischenprodukte vollständig zum Kohlendioxid und Wasser verbrannt werden. Dieses Zweistufen-Verbrennungsverfahren ist ähnlich jenem in früheren Dieselmotoren mit Vor- und Wirbelkammern [3] und dient letzten Endes einer vollständigen Verbrennung mit viel Kohlendioxid und möglichst wenig Kohlenmonoxid und Stickoxiden.

Das somit entstandene Rauchgas gibt die Wärme an die Heizflächen des Dampfkessels ab, der für Warmwasser sorgt.

Bei der Verbrennung des Mülls ist zunächst nicht bekannt, welche in ihm beinhaltete Stoffe in welchen Mengen zu einem bestimmten Zeitpunkt in die Reaktion eingehen. Kritisch sind beispielsweise *PVC, Batterien, elektronische Bauteile und Lacke*, wodurch auch *Chlorwasserstoffsäure (Salzsäure)*, Fluorwasserstoff (Flusssäure) sowie Quecksilber und schwermetallhaltige Stäube entstehen können. Aus diesem Grund ist die Abgasreinigung besonders wichtig. Das hilft wiederum der Gewinnung von sauberem Kohlendioxid, welches bei der Synthese mit Wasserstoff zu reinem Methanol führt (Kap. 1.3), (Bild 4.2).

475 Kilogramm Müll „produziert" jährlich, im Durchschnitt, jeder Europäer. Die Deutschen sind etwas sparsamer mit dem Müll, sie erzeugen „nur" 455 Kilogramm pro Jahr. Das sind aber immerhin 1,3 Kilogramm Müll Tag für Tag!

Der Restmüll gelangt normalerweise, nach der Trennung, in Müllverbrennungsanlagen.

In zwei Modulen des Heizkraftwerkes München Nord werden jährlich 650.000 Tonnen Restmüll verbrannt. Als Vergleich: In einem weiteren Modul desselben Heizkraftwerkes werden 800.000 Tonnen Steinkohle befeuert. Durch die Verbrennung dieser beiden Energieträger werden 900 Megawatt Wärme und 411 Megawatt Elektroenergie generiert [31].

Die jährliche Kohlendioxidemission der Gesamtanlage beträgt rund 3 Millionen Tonnen pro Jahr (2015). Als

Vergleich: im Stahlwerk Duisburg von Thyssen Krupp entstehen 8 Millionen Tonnen CO_2 jährlich.

Ein wahres Muster-Heizkraftwerk mit Müllverbrennung befindet sich im südtirolischen Bozen, Italien (Bild 14.2). Südtirol hat eins der strengsten ökologischen Umweltgesetze Europas, von der Sammlung bis zur Verwertung aller Arten von Abfällen: 52% der Abfälle der Region werden recycelt, 44% werden verbrannt, nur 4% werden gelagert. In der Müllverbrennungsanlage werden jährlich 130.000 Tonnen Müll verbrannt [32].

Damit werden 59 Megawatt Wärme und 15 Megawatt Elektroenergie produziert. Die Konzentrationen sämtlicher emittierten Schadstoffe bleiben weit unter den besonders strengen europäischen Normen: Der Dioxinausstoß beträgt nur 1% der Norm, der Stickoxidausstoß bleibt bei nur 15% der Norm, die Partikel 8% der Norm. Das durch die Esse dieser Anlage strömende Abgas besteht praktisch nur aus Kohlendioxid und Wasserdampf.

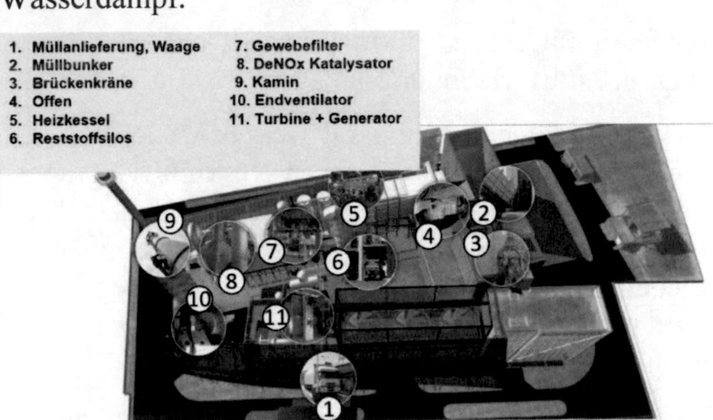

Bild 14.2 Heizkraftwerk mit Müllverbrennung in Bozen/ Italien – Funktionsschema (Quelle: ECO Center AG, Bozen)

Ein Second-hand Feuer aus Müll hilft nicht nur der Entlastung überfüllter Mülldeponien. Es schafft darüber hinaus Strom und Wärme, mit einem beachtlichen Anteil, neben den zentralen Versorgungsnetzen.

„Second-hand-Feuer-Blockheizkraftwerke" (BHKW) neben der Mülldeponie jedes Ortes wurden ein solides dezentrales Strom- und Wärmeversorgungssystem schaffen. Dadurch wären lange Transportwege für Strom und Wärme, die mit deutlichen Energieverlusten verbunden sind, vermeidbar. Statt gigantischen und kostenintensiven Heizkraftwerken, die selten in die Landschaft passen, erscheinen viele kleinere Müllverbrennungsanlagen mit Strom- und Wärmeproduktion in jeder Hinsicht als effizienter.

14.2 Gülle, Mist und Pflanzenresten als Basis für Second-hand Feuer

Durch Vergärung von Gülle, Mist, Speiseresten, Rasenschnitt und Pflanzenresten entsteht Biogas.

Das Biogas enthält 50% bis 75% Methan. Der Energieträger Methan hat etwa den gleichen Heizwert wie Benzin und Dieselkraftstoff [1]. Es wird daher auch als Brennstoff oder Treibstoff in Heizungsanlagen, Heizkraftwerken und Wärmekraftmaschinen aller Art verwendet.

Schweinemist hat beispielsweise einen Biogasertrag von 60 m^3/Tonne mit 60% Methangehalt, *Hühnermist*

80 m^3/Tonne mit 52% Methangehalt, *Bioabfall* 100 m^3/Tonne mit 61% Methangehalt [33].

Biogas ist ein explosionsfähiges Produkt der Zersetzung organischer Anteile in der Biomasse durch Mikroorganismen, unter Ausschluss von Sauerstoff. Während dieses Prozesses werden die enthaltenen *Kohlenhydrate, Eiweiße und Fette* hauptsächlich in *Methan und Kohlendioxid* umgewandelt.

Das Methan im Biogas kann aufgrund der gleichen Eigenschaften in beliebigen Anteilen mit fossilem *Erdgas* gemischt werden. Beide können separat oder in variablen Gemischen in Feuerungsanlagen und in Wärmekraftmaschinen für stationären oder für mobilen Einsatz als Brennstoff genutzt werden.

Die Nutzung von Biogas in Verbrennungsmotoren, die als Generatorantriebe zur Erzeugung elektrischer Energie innerhalb einer Biogasanlage wirken (Bild 14.3), ist besonders vorteilhaft. In Deutschland gibt es 9500 derartige, dezentral arbeitende Anlagen (2019) [34], in anderen Ländern nimmt diese Art der Verwendung von Biogas zu.

Beispiel:

In einer kleinen, ländlichen Biogasanlage in Osteuropa wird täglich von 55 Tonnen Kuhmist aus einer einzigen benachbarten Farm so viel Biogas gewonnen und in einem Motor verfeuert, dass der daran verbundene Generator 370 kWh Elektroenergie liefern kann. Diese Energie würde reichen, um die 32,3 kWh Batterien von 11 VW eUp vollständig zu laden [3]. Damit könnten aber auch Verbrennungsmotoren in Fahrzeugen angetrieben werden.

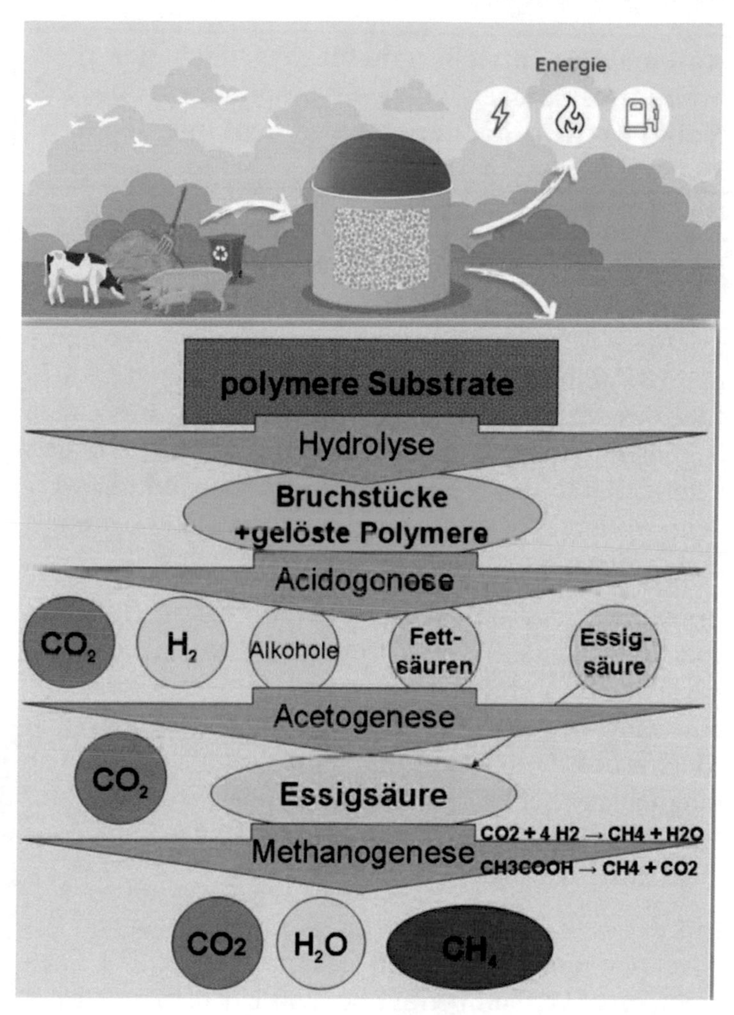

Bild 14.3 Biogasanlage mit angekoppelten Biogasheizkraftwerk zur Strom- und Wärmeerzeugung und Prozessabschnitte bei der Entstehung von Methan

Automobile Antriebe mit biogasbetriebenen Verbrennungsmotoren haben ein besonders großes Potential hinsichtlich der globalen Senkung der Kohlendioxidemission.

Aufgrund der ähnlichen Werte von Luftbedarf und Heizwert von Methan und Benzin ist eine Umstellung von Fahrzeugen mit Ottomotoren auf Biogasbetrieb (Methan) weitgehend unproblematisch [3]. Eine derartige Umstellung ist von der erheblich höheren Oktanzahl des Methans im Vergleich zu Benzin besonders begünstigt: In Motoren die nur mit Methan arbeiten kann dadurch das Verdichtungsverhältnis erhöht werden, wodurch der Wirkungsgrad merklich zunimmt und infolgedessen der Kraftstoffverbrauch sinkt.

In einem Automobil muss aber das Gas an Bord gespeichert werden. Bei der sehr geringen Biogas-/Erdgasdichte im Vergleich zu Benzin oder Dieselkraftstoff erscheint ein Konflikt zwischen Tankvolumen und Reichweite. Das Gas muss demzufolge so hoch wie möglich verdichtet werden. Für Biogas/Erdgas ist der übliche Druck in einem Tank am Bord eines Fahrzeugs 200 bar (Bild 14.4) [35] .

Ein derart komprimiertes Erdgas wird allgemein als CNG (Compressed Natural Gas) bezeichnet. Die Gasdichte von Methan beträgt bei 200 bar 0,131 kg/Liter (*Wasser hat, als Vergleich, bei Umgebungsbedingungen, eine Dichte von 1 kg pro Liter)*. Flüssiges Benzin hat mit 0,75 kg/Liter eine nahezu sechsfache Dichte im Vergleich zum komprimierten Methan (CNG), bei etwa gleichem Heizwert. Das beeinflusst erheblich die Reichweite des Fahrzeugs [35].

Bild 14.4 Automobil mit Ottomotor für bivalenten Betrieb mit Methangas (CNG bei 200 bar) und Benzin, mit separaten Tanks (Quelle: SEAT)

Eine Alternative zur Druckerhöhung zwecks höherer Methandichte ist die Temperatursenkung. Bei minus 161-164 °C und Umgebungsdruck ist das Methan flüssig. Das in diesem Zustand als LNG (Liquefied Natural Gas) bezeichnete Methan erreicht gegenüber CNG die dreifache Dichte. Die kryogene Speichertechnik ist aber technisch aufwändiger und kostspieliger. Deswegen wird diese Variante in erster Linie bei großen Schiffen, insbesondere bei LNG-transportierenden Tankern verwendet. Es gibt derzeit (2020) über 320 LNG-betriebene Schiffe und über 500 neue Bestellungen [2].

In Straßenfahrzeugen wird LNG aufgrund der kostenintensiven Speicherung nicht für Automobile, sondern nur für große Nutzfahrzeuge angewendet, beispielsweise bei Scania mit 302 kW Ottomotoren und bei IVECO mit 339 kW Ottomotoren. Volvo hat Dieselmotoren mit LNG Einspritzung entwickelt, bei denen die Zündung mittels einer Piloteinspritzung einer kleinen Menge Dieselkraftstoff erfolgt [3]. Die Bio-LNG-Nutzung in Automobilen mit Otto- und Dieselmotoren erscheint daher als vielversprechend.

Und wenn Bio-LNG, warum nicht auch Bio-Methanol?

Methanol so auch Bio-Methanol, hat den wesentlichen Vorteil bei Umgebungsdruck und Temperatur flüssig, bei gleicher Dichte wie das Benzin, zu sein. Bio-Methanol kann aus Biogas durch dessen Synthese mit Wasserstoff hergestellt werden. Die Energie für die elektrolytische Wasserstoffgewinnung kann vom biogasbetriebenen Blockheizkraftwerk an der Biogasanlage oder durch die dort installierten Wind-/ Solarkraftanlagen generiert werden.

An dieser Stelle muss abgewogen werden, was von dem technischen Aufwand und von den Kosten her mehr Vorteile erbringt: Die Produktion des tiefgekühlten LNG und seine Speicherung und Einspritzung über thermisch isolierte Anlagen, oder die Herstellung von Bio-Methanol aus Biogas und Wasserstoff, wobei flüssiges Methanol genauso unaufwändig wie Benzin gespeichert und eingespritzt werden kann. Das werden zukünftige Pilotprojekte zeigen.

14.3 Second-hand Wärme aus primärem Feuer

Ein primäres Feuer im Brennraum eines Verbrennungsmotors schafft Wärme, die in Arbeit umgesetzt werden soll. Entsprechend dem Ersten Hauptsatz der

Thermodynamik (Kap. 7.1) ist es nicht möglich, eine Arbeit zu generieren, die größer als die investierte Wärme sein könnte. Das wäre doch ein Perpetuum Mobile 1. Ordnung.

Könnte der Motor aber mehr Wärme generieren, als die Wärme die ihm zugeführt wurde? Das wäre doch eine besonders effiziente Lösung für alle Heizungs- und Warmwasseranlagen in Einfamilienhäusern, Fabrikhallen und Bürogebäuden, in denen oder für die jetzt Kohle und Gas verfeuert werden!

Ein solcher Motor hätte also eine einmalige Stellung unter allen Maschinen dieser Welt:

Ein idealer Verbrennungsmotor soll Biogas aus Gülle und Abfällen fressen um eine Wärme zu generieren, die in eine etwas geringere Arbeit umgewandelt wird, wodurch dann viermal mehr Wärme als die ursprüngliche entsteht!

Wäre das ein Perpetuum Mobile vierten Grades? Keineswegs!

Wir müssen nur eine Energieumwandlung (von Wärme in Arbeit) von einem Energietransport (Wärme mittels Arbeit) klar unterscheiden:

Energieumwandlung: Eine Wärmekraftmaschine, beispielsweise ein Dieselmotor, empfängt Wärme aus der Verbrennung eines Kraftstoffes mit Sauerstoff aus der Luft und wandelt sie zu 40-47% in Arbeit um. Der Rest der Wärme wird normalerweise durch Motorkühlung (25-28%) und über die verbrannten und ausgestoßenen Gase (25-30%) bei hohen Temperaturen von 500-

700°C an die Umgebung abgegeben. Ein geringer Prozentsatz der zugeführten Energie wird auch noch als Reibung in den bewegten Motorteilen verloren.

Energietransport: Wärme kann von einem System mit niedrigerer Temperatur aufgenommen und zu einem System mit höherer Temperatur transportiert und abgegeben werden, wenn dafür eine mechanische Arbeit geleistet wird. Die Arbeit entspricht der Differenz zwischen abgeführter und zugeführter Wärme [1].

Die Wärme von Abwasser aus Wohn- und Industriegebäuden oder von Kühlwasser aus Wärmekraftmaschinen und anderen Anlagen oder Prozessen kann bereits von einer Temperatur von 10°C-20 °C einem Arbeitsmedium im geschlossenen Kreislauf durch Wärmetauscher übertragen werden und durch dessen Verdichtung bei Temperaturen von 70°C-80 °C über entsprechende Wärmetauscher einem Heizsystem übertragen werden. Für die Verdichtung des Arbeitsmediums ist eine entsprechende Arbeit erforderlich (Bild 14.5).

Beispiel:

Wenn eine Abwasserströmung ein Rohr mit dem Durchmesser von einem Meter durchläuft, auf 70 Meter Länge von einem spiralen Wärmetauschrohr umwickelt ist und dadurch nur 4 °C abgibt, entsteht bereits ein Wärmestrom von 33 Kilowatt. Dieser Wärmestrom wird im Wärmetauschrohr dem Arbeitsmedium übergeben.

Das dampfförmige Arbeitsmedium kann anschließend mit einem Verdichter oder Kompressor auf einen höheren Druck gebracht werden. Dadurch steigt aber auch seine Temperatur, beispielsweise bis 70 °C.

In dem Zustand überträgt das Arbeitsmedium über einen Wärmetauscher (Heizkörper) einen entsprechenden Wärmestrom dem Wasser in einem Heizungskreislauf. Nach dem Wärmeaustausch wird das teilweise kondensierte Arbeitsmedium in einem Entlastungsmodul – allgemein ein Entlüftungsventil oder Drossel - auf den ursprünglichen Druck gebracht, wodurch seine Temperatur sinkt, und zwar weit unter jene der Abwasserströmung am Eingang in den spiralen Wärmetauscher, von wo aus der Zyklus wieder beginnt.

Das Arbeitsmedium wird so gewählt, dass es im Wärmetauscher auf der Abwasserseite kondensieren und in dem Wärmetauscher (Heizkörper) auf der Heizungskreislauf-Seite verdampfen kann. Dadurch wird in beiden Wärmetauschern ein jeweils intensiver Wärmeaustausch gewährt.

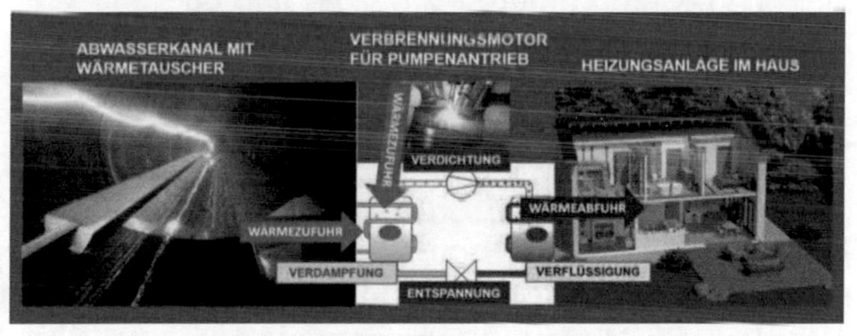

Bild 14.5 Funktionsschema einer Wärmepumpe mit Nutzung von Abwasser als Hauptwärmequelle sowie vom Kühlwasser und Abgaswärme der antreibenden Wärmekraftmaschine als Nebenwärmequellen

Der Transport und die Verdichtung des Arbeitsmediums werden, wie erwähnt, von einem Verdichter oder von einem Kompressor geleistet. Die Verdichtungsarbeit kann entweder von einem Elektromotor oder von einer Wärmekraftmaschine realisiert werden. Ein

Elektromotor hat einen Wirkungsgrad von 90 – 95%, die Elektroenergie wird ihm aber allgemein von einem Kraftwerk zugeleitet. Dieses hat, je nach verwendetem Energieträger – Kohle, Erdgas, Erdöl oder Kernenergie – einen Wirkungsgrad von 25% bis 50%. Dadurch bleibt der Gesamtwirkungsgrad bei der Nutzung eines Verdichters mit Elektromotor unter 47%.

Einen solchen Wirkungsgrad erreicht üblicherweise auch ein stationär arbeitender Dieselmotor neuerer Generation. Gewiss, es sollte auch in diesem Fall die gesamte Energiekette von der Erdölförderung und -raffinierung bis zum Transport an die Verwendungsstelle in Betracht gezogen werden.

Ab diesem Punkt zeigt aber der Dieselmotor als Modul einer Wärmepumpe all seine Valenzen: Die Wärme, die durch Motorkühlung (25-28%) und über die verbrannten und ausgestoßenen Gase (25-30%) bei hohen Temperaturen (500-700°C) sonst an die Umgebung abgegeben würde, bekommt der Wärmetauscher, zusätzlich zu dem Abwasser.

Ein Dieselmotor der eine Wärmepumpe antreibt hat einen Wirkungsgrad – als Summe der Arbeit und der abgeleiteten Wärmeanteile zur zugeführten Wärme durch Verbrennung – von mehr als 90%! Damit kann er jedem Elektromotor Konkurrenz machen!

Der Motor, der mit einem solchen Kraftstoff in stationärem Betrieb den Kompressor einer Wärmepumpe anzutreiben hat, muss auch nicht unbedingt ein Diesel sein. Dafür kann auch ein Otto-, ein Wankel- ein Stirlingmotor oder eine Gasturbine, je nach technischen

Bedingungen und Ankopplungsbedarf zu anderen Modulen, eingesetzt werden.

Die Wärmepumpen mit Abwassernutzung werden besonders effizient, wenn der Wärmefluss 100 Kilowatt übersteigt, so in Wohnvierteln, Industriegebäuden und Einkaufszentren. Um die gesamte erforderliche Wärme für Heizung und Warmwasser in einem solchen Gebäudekomplex abzusichern, werden neben der Wärmepumpe auch Heizkessel mit Brennkammern vorgesehen, die mit dem gleichen Kraftstoff wie der Wärmepumpen-Motor versorgt sind.

Gegenüber einer alleinigen Kesselheizung mit Gasbrennkammer sinkt die Kohlendioxidemission beim Einsatz einer Wärmepumpe mit Elektromotor um 45%, mit einem Gas-Ottomotor statt Elektromotor sogar um 60%! [2]. Wenn der Motor Biogas aus einer benachbarten Biogasanlage bekommt, kann die Wärmepumpe als CO_2-neutral betrachtet werden. Die Nutzung von Methanol aus Industrie-Kohlendioxid und klimaneutral produziertem Wasserstoff ergibt eine noch bessere Gesamtbilanz des Kohlendioxids.

Das Abwasserkanalnetz von Berlin besteht beispielsweise aus Kanälen für Schmutz-, Regen- und Mischwasser mit einer Gesamtlänge von 9.400 Kilometern! Und diese Mischung ist immer warm, im Sommer wie im tiefen Winter. Das ist eine gigantische Wärme, die bislang fast komplett verloren geht, indem sie in den vielen Klärstufen der Atmosphäre übertragen wird.

Eine weitere, sehr nützliche Eigenschaft jeder Wärmepumpe ist ihre alternative Nutzung als Klimaanlage durch Umkehrung des Kreislaufs des Arbeitsmittels:

Durch seine Ableitung nach Verdichtung zum Niedertemperatur-Wärmetauscher wird die Wärme dem Abwasser übertragen. Durch das Entlastungsventil wird dann das Arbeitsmedium derart gekühlt, dass es in dem Obertemperatur-Wärmetauscher Wärme von dem „früheren" Heizkreislauf im Gebäude aufnehmen kann.

Sehr effiziente Wärmepumpen können aber auch in gut ausgestatteten Hotels eingebaut werden: Eine solche Einrichtung verfügt allgemein über Indoor- und Outdoor-Pools, Saunen und Dampfbäder, wofür das Wasser umgewälzt und erwärmt werden muss. Der entsprechende Energieverbrauch kann bis zu einer Million kWh jährlich betragen. In einer klassischen Heizungsanlage mit Brennkammer unter einem Kessel werden gewöhnlich um einhunderttausend Liter Schweröl verbrannt. Eine Wärmepumpe, die mit der Wärme der gesammelten Strömungen von Abwasser aus Bädern und Pools versorgt wird, erscheint in einem solchen Fall als ideales Beispiel zur Second-hand Wärme aus primärem Feuer!

Solche Lösungen sollten tatsächlich auf breiter Ebene eingesetzt werden, gerade bei Gebäudeheizungen und Warmwasserzubereitung, weil das die Kategorie mit dem größten Anteil an Primärenergieverbrauch im Weltmaßstab ist – vor Industrie, Bau, Zementproduktion oder Verkehr.

15

Wärme und Arbeit ohne Feuer

15.1 Photovoltaik, Windkraftkraft und Wasserkraft reichen nicht aus

„Ohne Feuer" wird von den Gegnern der Verbrenner aller Art mit „ohne Kohlendioxid" gleichgesetzt.

Zum Verfeuern werden in der Tat bislang größtenteils kohlenstoffhaltige Brennstoffe verwendet: *Kohle, Erdölprodukte wie Benzin, Kerosin, Dieselkraftstoff, Schweröl, Methanol, Ethanol und Erdgas (Methan),* bei deren chemisch exakter Verbrennung hauptsächlich Kohlendioxid und Wasser entstehen. Wasserstoff kann man aber auch verbrennen, mit ausgezeichneten Ergebnissen, wie bereits gezeigt (Kap. 13), auch wenn das bewusst oder unbewusst ignoriert wird. Daraus entsteht chemisch exakt jedoch nur Wasser.

Die großen Hoffnungsträger der Verbrenner-Gegner in Bezug auf die angestrebte Klimaneutralität sind aber die *Photovoltaik*, die *Windkraft* und, mit einigen Bedenken, auch die Wasserkraft. Über die Atomkraft gehen die Meinungen weit auseinander.

C. Stan, *Das Feuer ist kein Ungeheuer*,
https://doi.org/10.1007/978-3-662-64987-9_15

Grundsätzlich muss aber klargestellt werden:

Mittels Photovoltaik, Wind und Wasser wird nicht jede Form der Energic produziert, die auf der Welt verbraucht wird, sondern fast ausschließlich Elektroenergie.

Mit Photovoltaik, Wind- und Wasserkraft können durchaus auch Räume beheizt, Wasser gekocht, oder Stahl produziert werden, ihre Beteiligung daran ist aber sehr gering.

Deutschland ist als eine der führenden Industrienationen der Welt ein aufschlussreiches Beispiel für diese Realität, weil alle modernen Wirtschaftszweige in der Energieaufteilung des Landes zu finden sind.

Der Verkehr und die Industrie brauchen jeweils rund 30% des gesamten Jahresenergiezuflusses. Die Haushalte benötigen 25%, das Gewerbe 15%.

- *Der Verkehr* benötigt aber derzeit, innerhalb dieser 30% nur *1,6% Elektroenergie*, dafür aber 94% Erdöl.
- *Die Industrie* verbraucht innerhalb ihrer 30% etwa *30% Elektroenergie* und über 55% Gas und Kohle.
- *Die Haushalte* verbrauchen innerhalb ihrer 25% nicht mehr als *20% Elektroenergie*, dafür aber 57% Gas und Öl.
- *Das Gewerbe* benötigt innerhalb ihrer 15% des gesamten Jahresenergiezuflusses immerhin *39% Elektroenergie*, aber auch 49% Gas und Öl.

Fazit:

Die Elektroenergie macht unter 17 % des gesamten Energiekonsums Deutschlands aus.

Im Weltmaßstab ist die Elektroenergie mit 15 – 17 % am gesamten Energiekonsum beteiligt (errechnet aus den jährlichen Reports der Internationalen Energieagentur 2016 - 2019).

Bei der Produktion dieser Elektroenergie sind alle Solaranlagen der Welt mit 3% im Vergleich mit Verfeuerung von Kohle und Erdgas beteiligt!

Der Wind macht seinerseits 7% im Vergleich mit der Feuerkraft mittels Kohle und Erdgas aus!

Die Photovoltaik

Die durchschnittliche *Energieflussdichte* der Sonnenstrahlung (bezeichnet häufig auch als Intensität), beträgt an der Grenze der Erdatmosphäre 1367 Watt je Quadratmeter. Ein Teil davon dringt in die Atmosphäre ein, andere Teile werden gestreut oder reflektiert [1]. Die Energieflussdichte der Sonnenstrahlung in der Erdatmosphäre selbst schwankt, je nach Erdregion und Tages- oder Jahreszeit zwischen Null und 1000 Watt je Quadratmeter.

Es gibt jedoch auch Wissenschaftler, die in vereinfachten und idealisierten Szenarien berechnen, wieviel Energie die Sonne selbst durch Strahlung jährlich der Erde liefert und teilen dann diese Energie auf den Weltenergiebedarf eines bestimmten Jahres. Was sich daraus ergibt klingt zunächst sensationell: „Die Sonne bringt uns das Zehntausendfache der Energie, die wir brauchen!“ Wir müssen demzufolge in weltrettende und geldfressende Visionen investieren, anstatt mit Erdöl, Erdgas und Kohle die Welt verpesten!

Die Energieflussdichte der Sonnenstrahlung (Watt/Quadratmeter), als Integral der Intensitäten auf den vielen Wellenlängen (Kap. 11.4), ist auf Flächen bezogen. Um daraus einen zufriedenstellenden Energiefluss (Watt), also eine Leistung, bei maximal 1000 Watt pro Quadratmeter (je nach Wetter, und nur für die Stunden am Tag an denen die Sonne scheint) zu erhalten, sind große Flächen erforderlich.

Beispiel:

Auf einer Fläche von 2700 Hektar in China, die mit Solarpaneelen gesät ist (die Hälfte des gesamten Weinbaugebiets in Franken), werden 850 Megawatt „geerntet“. Die gleiche Leistung erbringt, als Vergleich, das Heizöl-Kraftwerk in Ingolstadt, auf 37 Hektar, also auf nur 1,37% der oben genannten Fläche.

Die Sonne scheint auf einer Erdoberfläche nur einige Stunden am Tag, je nach Breitengrad – in Havanna mehr, in Hamburg weniger (wenn es in Hamburg nicht regnet). Im Sommer ist die Strahlungsintensität größer als im Winter.

Beispiel:

Eine photovoltaische Hausanlage in Norddeutschland, geplant für eine maximale Leistung von 5 Kilowatt, liefert in 6 Sommermonaten (April bis September) eine gesamte Energie von 2.880 kWh, in 6 Wintermonaten jedoch (Oktober bis März) nur 1.220 kWh. Die Differenz zwischen den Leistungen in einzelnen Monaten zeigt diese Wetter- und Jahreszeit-Abhängigkeit noch deutlicher: Im August sind es 625 kWh, im Januar 135 kWh, im November aber nur 90 kWh! In dem gesamten Jahr summiert sich die Energie auf 4.000 kWh. Bei der maximal geplanten Leistung von 5 kW, wäre theoretisch in den 8.760 Stunden eines Jahres eine Energie von 43.200 kWh zu erwarten – erreicht wurde tatsächlich nur ein Zehntel davon!

Die Grundsteine einer solchen Anlage sind die photovoltaischen Zellen, die hauptsächlich aus Silizium bestehen.

Im Jahre 1839 hat der französische Physiker Becquerel festgestellt, dass *„durch Licht eine Freisetzung von (elektrischen) Ladungsträgern vorkommen kann"*. Ein Elektron kann sich demzufolge von einem Atom lösen, wenn es energiegeladene Photonen vom Sonnenstrahl gefressen hat.

Die obere Siliziumschicht einer photovoltaischen Zelle ist mit Elektronenspendern, meist *Phosphoratomen,* durchsetzt. Das ergibt einen Elektronenüberfluss in der Struktur der oberen Schicht. Die untere Siliziumschicht wiederum ist mit *Boratomen* durchsetzt und hat infolgedessen Elektronenmangel, also Löcher in der Struktur der unteren Schicht [2].

In der Zwischenschicht sitzen zwar Elektronen in Löchern, sie sitzen aber wie in Startlöchern, bereit irgendwohin zu starten, sobald es nur einen Impuls gibt. Und jetzt kommen die Lichtstahlen ins Spiel: Sie prallen auf die obere Schicht der photovoltaischen Zelle, ihre Photonen, vollgeladen mit Energie, drängen bis zur Grenzschicht der Zelle und geben den Elektronen in den Startlöchern den willkommenen Impuls. Die Elektronen zischen nach oben, zur Zellenoberfläche hin. Diese

Bewegung entwickelt sich als eine wahre Kettenreaktion, in der Mittelschicht entsteht ein Elektronensog, die untere Schicht liefert Elektronen dahin und hat dadurch noch mehr Löcher.

Zwischen der oberen und der unteren Schicht entsteht somit eine elektrische Spannung, die man durch entsprechende Kontakte an der Oberseite und an der Unterseite abzapfen kann. Die Kontakte werden über Leitungen mit einem Verbraucher verbunden, es kann eine Glühbirne oder ein Elektromotor sein. Die Elektronen von der Oberschicht strömen durch den Verbraucher dann zur unteren Schicht und so schließt sich der Kreis wieder. Dann kommen wieder die Lichtstrahlen mit energiegeladenen Photonen durch die Oberschicht bis zur Grenzschicht und das Spiel beginnt von neuem.

Der Prozess ist aber in dieser vertikalen Ebene irgendwann gesättigt, in der oberen und in der unteren Schicht haben Elektronenüberfluss und Elektronenmangel in der Struktur eine physikalische Grenze. Dann braucht man eben mehr solche „Schächte" auf der horizontalen Ebene, also mehr Fläche mit photovoltaischen Zellen.

Von photovoltaischen Zellen erwartet man aber, dass sie die bis zu 1000 Watt pro Quadratmeter, entsprechend der Sonnenstrahlung in der Erdatmosphäre, liefert. Das wäre 1 kW auf einem Paneel mit 1 Quadratmeter. Das funktioniert aber leider nicht. Selbst mit reinem monokristallinem Silizium ist der Wirkungsgrad des beschriebenen Prozesses nicht höher als 24%. Man bräuchte also 4,17 Quadratmeter Paneele um bei maximaler Sonnenstrahlung 1 Kilowatt Leistung zu erreichen. In der Praxis sind es aber 5 bis 10 Quadratmeter, die Siliziumkristalle sind eben nicht absolut rein, oft werden auch die preiswerteren Polykristalle verwendet [2].

Beispiel:

Zehn Quadratmeter photovoltaische Paneele können an einem Sommertag mit 8 Stunden voller Sonnenstrahlung so viel Energie liefern (8 kWh) wie 1 Liter Benzin.

In der Welt werden sowohl großflächige als auch sehr kleine photovoltaische Anlagen installiert (Bild 15.1). Ein pragmatisches Bewertungskriterium ihrer Effizienz bildet das Verhältnis der Energie, die in einem Jahr, bei Wind und Wetter, durch Sommer und Winter, durch Tag und Nacht gesammelt wurde, im Vergleich zu der geplanten jährlichen Energie.

Beispiel:

Im Jahre 2018 gab es auf der Welt photovoltaische Anlagen mit einer idealen, geplanten Schön-Wetter-Peak-Leistung von 500.000 MW. Bei 8.760 Jahres-Stunden hätten sie idealerweise 4.380 Milliarden kWh geliefert. Sie schafften aber in dem Jahr, während der tatsächlichen Betriebsstunden und bei den tatsächlichen Sonnenverhältnissen, nur eine gesamte elektrische Energie von 600 Milliarden kWh. 600 Milliarden kWh dividiert durch 4.380 Milliarden kWh ergeben eine Effizienz von 13,7%.

In Deutschland gab es in demselben Jahr 2018 photovoltaische Anlagen mit einer geplanten Peak-Leistung von 45,5 Millionen Kilowatt. Übers ganze Jahr wären es 398,58 Milliarden kWh gewesen. Sie erbrachten in dem Jahr 2018 in Deutschland jedoch nur eine gesamte elektrische Energie von 45,7 Milliarden Kilowatt-

Stunden (kWh). Das ergibt eine Effizienz von 11,4%. Das ist weniger als die vorhin gezeigte globale Effizienz von 13,7% [2].

Bild 15.1 Solaranlage der Westsächsischen Hochschule Zwickau, Deutschland

Sinnvoll erscheint, wie es viele Anwendungen zeigen [2], der Bau großer Photovoltaik-Anlagen in Wüsten und in Gebieten mit besonders kräftiger und langdauernder Sonnenstrahlung, wie in Australien, Kenia, Ägypten, China, Dubai, Indonesien, Nevada oder Kolumbien.

Sie können über kurze Stromnetze die meist existierenden Netze in benachbarten Großstädten mit elektrischer Energie in Strommix effizient versorgen, ungeachtet der Fluktuation über den Tag und in Abhängigkeit vom Wetter.

Neben den großflächigen Anlagen erscheinen jedoch die einzelnen, haus- und hofeigenen photovoltaischen Anlagen in Europa, aber vielmehr in armen Regionen von Afrika, Asien oder Südamerika, wo Menschen noch ohne Strom auskommen müssen, nicht nur als effizient, sondern auch als dringend erforderlich.

Beispiel:

Eine photovoltaische Anlage mit 35 Quadratmetern auf dem Dach eines Einfamilienhauses in Deutschland liefert bei der Sonnenstrahlung eine elektrische Energie von 8.000-14.000 kWh pro Jahr, die für die Stromversorgung einer vierköpfigen Familie normalerweise ausreichend ist (für Heizung und Warmwasser ist die rund fünffache Energie erforderlich, die meistens durch Brennstoff-Verbrennung abgesichert wird). Dabei ist zu beachten, dass wegen der Fluktuation der Sonnenstrahlung, insbesondere im Tag-Nacht-Rhythmus, ein Stromspeicher unbedingt erforderlich ist. Meist werden dafür Blei-Batterien, neuerdings Lithium-Ionen-Batterien, wie in den Elektroautos, verwendet.

Die Sonne kommt an die Grenze der Erdatmosphäre mit einer Ladung von 1347 Watt pro Quadratmeter (W/m^2), innerhalb der Atmosphäre bleiben daraus nur 1000 (W/m^2). Paneele von Photovoltaik-Anlagen halten davon nur 100 bis 200 (W/m^2) ab, über das Jahr, bei allen Schwankungen, bleiben davon nur 12 bis 14 (W/m^2) übrig. Von Tausend auf Zwölf, das sind 1,2%.

Es geht in dem Fall nicht um die Effizienz an sich, die Sonne hat genug Energie auf Dauer, die darauf wartet, genutzt zu werden. Es geht nur um die 12 bis 14 Watt pro Quadratmeter, die insgesamt einen geringen Beitrag an den gesamten Energieverbrauch des Landes erbringen.

Der Primärenergieverbrauch betrug in Deutschland (2018) 3,58 Milliarden MWh. Der prozentuale Anteil der Elektroenergie an diesem Verbrauch lag etwas unter 17%. Und innerhalb dieser 17% war die Photovoltaik-Energie mit 7,1% (2018) beteiligt [36].

Die Beteiligung der Photovoltaik am Primärenergiebedarf der Bundesrepublik Deutschland liegt demzufolge bei rund 1%!

Der Anteil der Photovoltaik an der Elektroenergieproduktion ist gewiss von 2018 bis 2020 von 7,1% auf 8,9% gewachsen, die Beteiligung an dem gesamten Energieverbrauch bleibt dennoch unter 2% (Bild 15.2) [37].

Genau so viel Strom konnte in Deutschland in den letzten Jahren durch die Verbrennung von Biomasse und Nutzung der gewonnenen Wärme in Kraftwerken mit Wasserdampf-Kreislauf erzeugt werden.

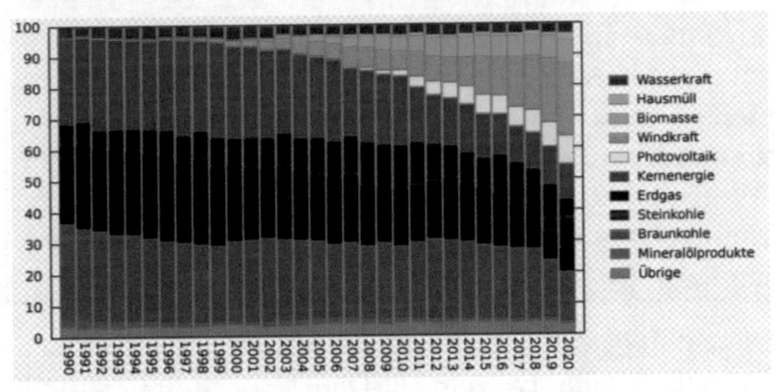

Bild 15.2 Brutto-STROM-Erzeugung in Deutschland nach Energieträgern 1990 – 2020 in Prozent (Quelle: AG Energiebilanzen, Karcher).

Die Windkraft

Die momentane Leistung eines Windrades ist von der Windgeschwindigkeit hoch drei abhängig: Zwischen 5,4 km/h und 25 km/h steigt die momentane Leistung, bei gleicher Luftdichte, um das Hundertfache [2].

Das kann wie folgt erklärt werden: Die momentane Leistung eines Windrades ist aus der Luftgeschwindigkeit im Quadrat und dem durchs Rad durchgehenden Luftmassenstrom (Kilogramm pro Sekunde) ableitbar. Der Luftmassenstrom selbst ist das Produkt von Luftdichte, Luftgeschwindigkeit und der Luft-Angriffsfläche (die vom Rotor des Windrades beschriebene Fläche). Und so erscheint in dem Ausdruck der momentanen Leistung zum dritten Mal die Luftgeschwindigkeit! Diese ganze Theorie zeigt einen sehr sensiblen Punkt der Leistung eines Windrades: Die Windgeschwindigkeit!

Bild 15.3 Onshore-Windpark in Texas, USA

Der Bau von Windkraftanlagen wird in den letzten Jahren weltweit, im Zusammenhang mit der Klimaneutralität bei der Energieerzeugung, sehr zügig vorangetrieben (Bild 15.3). In Deutschland gab es Ende 2019 rund 30.000 Windkraftanlagen an Land (Onshore) und 1.500 vor der Küste (Offshore). Weltweit gab es Ende 2020 rund 200.000 Onshore-Anlagen und 5.500 Offshore-Windkraftanlagen mit einer gesamten installierten (geplanter) Leistung von 743.000 Megawatt (MW) [38].

Onshore-Windkraftanlagen erreichen Leistungen zwischen 2 und 5 MW, die Offshore-Anlagen haben allgemein den besseren Wind, was Luftdichte und -geschwindigkeit anbetrifft, deswegen liegt ihr Leistungsspektrum auch höher, bei 3,6 bis 8 MW.

Es muss allerdings berücksichtigt werden, dass der Wind nicht das gesamte Jahr über mit der Geschwindigkeit bläst, die für die maximale Leistung eines Rades zu Grunde gelegt wurde. Und so kamen die Volllaststunden ins Spiel: Diese „Volllaststunden" während eines Jahres (Bild 15.4), multipliziert mit der theoretischen maximalen Leistung, müssen die gleiche Energie ergeben, die im tatsächlichen Betrieb mit den geschwindigkeitsabhängigen Lastschwankungen in allen 8760 Stunden jenes Jahres erreicht wurde. Je nach Standort und Anlagenausführung kommen Windräder auf 1400 bis 5000 Volllaststunden im Jahr. Bei 8760 Stunden pro Jahr resultiert daraus ein Nutzungsgrad von 16% bis 57% *(Die globale Strahlungseffizienz in photovoltaischen Anlagen liegt, wie vorher dargestellt, bei 13,7 %).*

Onshore-Windkraftanlagen in Deutschland erreichten im Durchschnitt der letzten Jahre rund 1640 Volllaststunden. Es wird damit gerechnet, dass zukünftig die Onshore-Anlagen durchschnittlich 2250 Volllaststunden und die Offshore-Anlagen 4500 Volllaststunden erreichen werden [2].

In den USA erreichen Onshore-Windkraftanlagen 2600 - 3500 Volllaststunden, das entspricht einem Nutzungsgrad von 30 - 40% [2]. Neuerdings wird versucht, die Schwankungen der Windgeschwindigkeit mittels „Schwachwindanlagen" mit besonders großen Rotorflächen, um 5 m²/kW, zu kompensieren, wodurch die Anzahl der Volllaststunden bis etwa 4000 zunehmen kann.

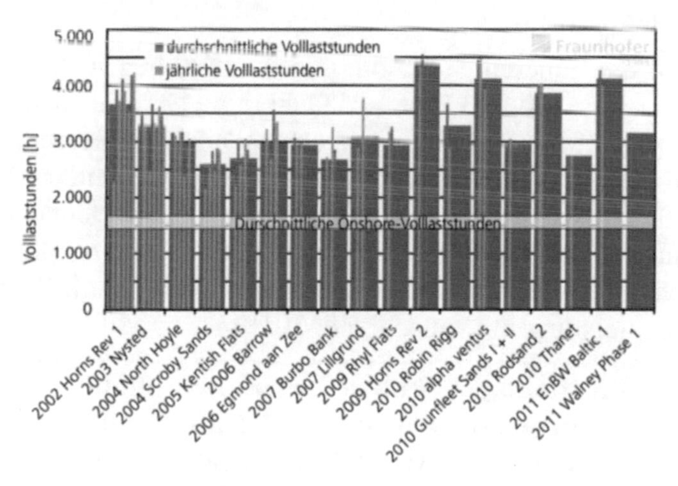

Bild 15.4 Durchschnittliche Volllaststunden ausgewählter Offshore-Windparks der Welt, ab einer Nennleistung von 45 MW, im Vergleich mit durchschnittlichen Volllaststunden von Onshore-Windanlagen (Quellen: Danish Energy Agency, BERR, Vattenfall, Fraunhofer IWES, van Pijkeren and Hoeffakker, Alpha Ventus)

Ein Vergleich der Leistungserträge pro Quadratmeter zwischen photovoltaischen Anlagen und Windrädern erscheint an dieser Stelle als angebracht: Wie könnten wir besser die Flächen in der Luft oder auf der Erde in der Zukunft nutzen: mit Solaranlagen oder mit Windrädern?

Die sehr moderne Windkraftanlage Onshore GE Modell Cypress (02/2020) hat eine maximal errechnete Leistung von 5,3 MW und einen Rotordurchmesser von 158 Metern (entsprechend einer Windströmungsfläche vor dem Rotor von 19.596 Quadratmetern). Daraus resultieren 265 Watt pro Quadratmeter. Die Windkraftanlage Vensys mit 5,6 MW Nennleistung und 170 Metern Rotordurchmesser erreicht rund 240 Watt pro Quadratmeter.

Auf der anderen Seite: die photovoltaischen Anlagen erreichen 100-200 Watt pro Quadratmeter. Die Effizienz der Sonnenstrahlung über das Jahr, vergleichbar als Kriterium mit den Volllaststunden bei Windkraftanlagen, war 2018 im Weltmaßstab 13,7%, in Deutschland 11,4% (errechnet aus der gesamten photovoltaischen Energie und aus der gesamten photovoltaischen Nennleistung in Deutschland, 2018).

Windkraftanlagen haben gegenüber photovoltaischen Anlagen sowohl eine um 1,5 bis 2-mal höhere flächenbezogene Maximalleistung, als auch eine um 1,5 bis 2-mal höhere zeitliche Effizienz (Strahlungseffizienz/Volllaststunden).

Die Windenergie sicherte im Jahre 2019 über 8% des Elektroenergiebedarfs der Welt (*Angabe von Global Wind Energy Council - GWEC)*. Zum gesamten Primärenergieverbrauch der Welt trug die Windenergie aber nur zu 0,6 % bei (*Angabe von Statistical Review of World Energy, 2017*).

Der Primärenergieverbrauch lag in Deutschland (2018), wie bereits erwähnt, bei 3,58 Milliarden MWh. Onshore-Windkraftanlagen haben geplante (Nenn)-Leistungen zwischen 2 und 5 MW.

Für Onshore-Windkraftanlagen wird in Norddeutschland mit durchschnittlich 2500 Volllaststunden gerechnet, im Binnenland mit 1800 Volllaststunden [39].

Für die gesamte Bundesrepublik wird mit einem Durchschnitt von 2000 Volllaststunden gerechnet. Bei der ausschließlichen Nutzung von ganz großen Onshore-Windkraftanlagen mit einer geplanten Leistung von 5 MW ergäbe sich über das Jahr eine Energie von 10.000 MWh pro Windrad.

Um den gesamten Primärenergiebedarf Deutschlands zu decken, wären 358.000 Windräder vonnöten.

Das würde bei der gesamten Fläche der Bundesrepublik von 357.360 km^2 eine Windkraftanlage pro Quadratkilometer ergeben. Der Abstand zwischen jedem Windrad und jedem seiner Nachbarn wäre stets Eintausend Meter.

Die Landwirtschaft der Bundesrepublik nimmt jedoch 50% ihrer Gesamtfläche in Anspruch, die Wälder breiten sich auf 32% der Fläche aus [40].

Die Siedlungen und der Verkehr breiten sich auf 14,5% der Flächen aus.

Wo sollen noch mehr Windräder hin?

Auf Meeren und Ozeanen, wenn es funktioniert!

Der Offshore Windpark Walney, Großbritannien, besteht aus 2 mal 51Windkrafträdern mit jeweils 3,6 Megawatt, die auf dem Wasser eine Gesamtfläche von 73 km^2 einnehmen.

Wenn es nicht die verdammten Kernkraftwerke gäbe, die alle angeblich nicht haben wollen, und trotzdem für ihren täglichen Strom brauchen! Das Kernkraftwerk *Isar 2* bei München hat eine Leistung von 1485 Megawatt (*laut Wikipedia: Kernkraftwerk Isar*) und arbeitet fast durchgehend (96%) bei dieser Leistung, das erbrachte im Jahr 2019 eine Energie von 12 Milliarden Kilowatt-Stunden.

In dem Offshore Windpark Walney arbeiten die 102 Windräder, jedes mit 3,6 Megawatt, während durchschnittlich 2000 Volllaststunden pro Jahr, daraus resultiert eine Energie von 7,2 Millionen Kilowatt-Stunden.

12 Milliarden Kilowattstunden mit einem Kernkraftwerk gegenüber 7,2 Millionen Kilowatt-Stunden mit einem Windpark? Das ist ein ziemlich beachtliches Verhältnis von 1667 zu 1!

Die Wasserkraft

Wie im Falle der Windkraftanlagen, liefern Wasserkraftwerke Energie in Form von Arbeit für die Generatoren, die elektrische Energie produzieren. Und genau wie bei den Windkraftanlagen ist es sinnvoller, einen Arbeitsstrom (Joule pro Sekunde), sprich eine momentane Leistung (Watt, Kilowatt) zu erfassen. Über eine bestimmte Zeit, zum Beispiel über ein Jahr, kann man die Leistungen zu jeder Stunde zusammenaddieren, so ist dann die gesamte Energie (Kilowatt-Stunde, kWh) ermittelbar.

Die momentane Leistung in der Turbine eines Wasserkraftwerkes wird ähnlich jener in dem Rotor eines Windrades ermittelt: Die Grundelemente sind: Der Massenstrom der Luft oder des Wassers und die Energie des jeweiligen Mediums - bei dem Wind die kinetische Energie, ausgedrückt durch die Geschwindigkeit, und bei dem Wasser die potentielle Energie, repräsentiert von Fallhöhe und Erdbeschleunigung [2].

Der Massenstrom ist bei dem Wind (Luft) wie bei dem Wasser, von Dichte, Durchfluss-Querschnitt und Strömungsgeschwindigkeit gegeben. Einen gewaltigen Unterschied gibt es aber doch: Wasser hat nahezu eine tausendfache Dichte im Vergleich zur Luft, deswegen erscheinen bei der momentanen Leistung einer Windkraftanlage und bei jener eines Wasserkraftwerkes andere Größenordnungen [2].

Beispiel:

Die Windkraftanlage GE Cypress hat eine maximale Leistung von 5,3 Megawatt. Das Drei-Schluchten-Wasserkraftwerk in China hat eine maximale Leistung von 22.500 Megawatt.

Wasser kam bei Homo sapiens für die Gewinnung von Arbeit und später von Wärme, gleich nach dem Feuer.

Die erste Wassermühle, die Strom für eine Hausbeleuchtung produzierte, wurde im Jahre 1878 in England gebaut. Und kurze Zeit später, im Jahre 1895, wurde oberhalb der Niagara-Fälle das weltweit erste

Groß-Wasserkraftwerk für die Produktion von Wechselstrom in Betrieb genommen. Die installierte Leistung erreichte nach wenigen Jahren mehr als 78 MW. Im Jahre 1961 wurde dieses Wasserkraftwerk durch ein neues ersetzt, dessen Leistung 2.400 Megawatt beträgt.

Das Wasser besitzt, wie die Luft, eine Energie, die im Wesentlichen aus drei Komponenten besteht: Die innere Energie, ausgedrückt durch die Temperatur, die Pumparbeit/potentielle Energie, ausgedrückt durch den Druck/Fallhöhe und die kinetische Energie, ausgedrückt durch die Geschwindigkeit. Solange die betrachtete Menge an Wasser oder Luft keine Energie in Form von *Wärme und Arbeit* mit der Umgebung austauscht, bleibt ihre gesamte Energie konstant. Die drei genannten Komponenten können jedoch während eines Prozesses Energie untereinander austauschen (Kap. 7.2).

Für die qualitative Bewertung von Prozessen aller Art, ob in Windrädern oder in Wasserturbinen, wird allgemein die Energie, so auch jede ihrer drei Hauptkomponenten auf die Masse (Kilogramm) des jeweiligen Arbeitsmediums, Wasser oder Luft, bezogen. Das ist auch deswegen vorteilhaft, weil Wasser, wie Luft, als Arbeitsmedien nicht als feste Masse, sondern als Massenströme (Kilogramm pro Sekunde) vorkommen. Wenn man den Massenstrom mit der massenbezogenen Energie multipliziert, so kommt daraus ein Energiestrom, das ist nichts anderes als die momentane Leistung des jeweiligen Arbeitsmediums im Windrad oder in der Turbine.

Ab dieser Stelle beginnt für das Wasser auf dem Weg zur Turbine ein faszinierendes Spiel [2]: In einer solchen Konfiguration wird tatsächlich keine weitere Energie mit der Umgebung austauscht, weder als Wärme noch als Arbeit. Das Wasser fällt vom Berg, weil es eine potentielle Energie in der gegebenen Fallhöhe hat. Diese potentielle Energie setzt sich zum großen Teil in Geschwindigkeit (also in kinetischer Energie) um, ein wenig Druck (potentielle Energie) bleibt, je nach Gegebenheiten unterwegs noch dabei. Die innere Energie, ausgedrückt durch die Temperatur des Wassers bleibt allgemein unberührt davon, abgesehen von etwas Reibung, die in Reibungswärme umgesetzt wird, die meistens an die Umgebung, als Verlust gegeben wird.

Nun könnte das Wasser vom Berg direkt in die Turbine fallen. Es wäre aber ratsamer, es zunächst in einem Speicher zu sammeln, für „saure Gurken-Zeiten", in denen vom Berg nichts mehr kommt. Zwischen Speicher und Turbine kann man dann ein Fallrohr bauen.

Die Leistung hat für Elektrik, Wind und Wasserströmung die gleichen Wurzeln: Eine Intensität (*elektrischer Strom, Massenstrom von Luft oder Wasser*) und ein Potential (*elektrische Spannung, Höhenunterschied, Druckgefälle, Geschwindigkeitsdifferenz*).

So werden auch die Wasserkraftwerke gebaut, entweder mehr massenstrom- oder mehr potentialbetont.

Wasserkraftwerk ist aber nicht gleich Wasserkraftwerk:

Laufwasserkraftwerke werden allgemein in fließenden Gewässern gebaut, mit einer Staustufe an einem Wehr, wobei der Massenstrom bei Zufluss und beim Abfluss gleich ist. Das Potential durch eine Fallhöhe ist meistens gering, bis zu 15 Metern Deswegen wird die Leistung über den Massenstrom bestimmt, so wie in dem Wasserkraftwerk oberhalb der Niagara Fälle.

Speicherkraftwerke bekommen das Wasser von Speichern (*Stauseen oder Teiche*). Zwischen dem Stausee, in einer bestimmten Tiefe die ein Druckpotential verschafft, und der Turbine wird eine diagonal verlaufende Wasserleitung mit definierter Fallhöhe gebaut. Das ist eine Kombination zwischen dem Druckpotential an der Zuflussstelle und dem Geschwindigkeitspotential in der Leitung.

Das Kraftwerk mit der größten Fallhöhe der Welt befindet sich in Naturns, Südtirol: es sind stolze 1.150 Meter! Das Werk erbringt eine Leistung von 180 MW.

Pumpspeicherkraftwerke erweisen ein besonderes Management der Elektroenergie: Sie bestehen aus zwei Wasserbecken auf unterschiedlichen Höhen, zwischen denen ein Fallrohrsystem gebaut ist. Wenn die Wirtschaft der nahen oder weiteren Umgebung Energie braucht, strömt das Wasser von dem vollen oberen Becken über die Turbinen in das ziemlich leere untere Becken und treibt somit die Stromgeneratoren, um die Spitzenlasten abzudecken. Irgendwann ist der Wasserpegel im oberen Becken niedrig und im unteren Becken hoch. Das geschieht meistens nachts, wenn nicht mehr viel Strom gebraucht wird. Während der Nacht wird dann das Wasser von dem unteren zu dem oberen Becken hochgepumpt, mit Hilfe des sonst ungebrauchten Stroms aus dem Netz.

Das größte Wasserkraftwerk der Welt „Drei-Schluchten“, mit einer Stauseelänge von 663 Kilometern, wurde in China gebaut (Fertigstellung 2008) und hat eine Nennleistung von 22.500 MW. Das zweitgrößte Werk, auch in China, geplant für 16.000 Megawatt, wird 2021 fertiggestellt. In China ist insgesamt ein Viertel der weltweiten Wasserkraftleistung installiert. Brasilien und Paraguay haben gemeinsam auf dem Rio Paraná ein Wasserkraftwerk mit 14.000 MW gebaut, derzeit noch das drittgrößte der Welt.

Die größte Wasserkraft-Nation Europas ist Norwegen mit 1500 Wasserkraftwerken (2019), die 93,5 der Elektroenergie des Landes absichern.

Das Wasser liefert etwa 17% der Elektroenergie der Welt. Die Wasserkraftwerke halten andererseits bei der Stromerzeugung aus erneuerbaren Energien seit vielen Jahren den ersten Platz. Im Jahre 2015 waren fast 70% des sauberen Stroms der Welt aus Wasser, vor der Windkraft mit 15,5%. Die Photovoltaik schaffte gerade mal 5%. Die ökonomischen, technischen und ökologischen Entwicklungen in der Welt führen aber zu Tendenzen, die zum Teil als unerwartet erscheinen: In der Zeit 2015-2019 hat der Anteil der Windkraft an dem Weltstrom stetig zugenommen und fast 21% erreicht. Die Photovoltaik hat sich in dieser Zeitspanne in die gleiche Richtung bewegt und schaffte 2019 eine Verdoppelung auf mehr als 10%. Die Beteiligung der Wasserkraft zeigt dagegen einen bedenkenswerten Rückgang von den 70% auf etwa 58% [2]. Wem schmeckt das Wasser nicht?

Die Investitionskosten sind sehr hoch und würden eine solche Anlage erst rentabel machen, wenn diese Kosten durch den Strompreis gedeckt wären. Wenn aber der Staat aus ökologischen Gründen dahintersteht, wie China, ist die Lage ganz anders.

Wasserkraftwerke sind zwar atmosphärenfreundlich, weil die Energie, die sie produzieren, keine Kohlendioxidemission verursacht. Deswegen sind sie aber nicht unbedingt naturfreundlich. Staubecken sind ein gewaltiger Eingriff in den Grundwasserhaushalt. Die Fließgewässer kommen dadurch aus dem Gleichgewicht, Flora und Fauna werden beeinträchtigt. Für den Bau von Staudämmen werden oft ganze Menschenorte umgesiedelt.

Für eine betrachtete Gesamtleistung kann eine Anzahl von Mikro-Wasserkraftwerken ökologisch verträglicher, ungefährlicher und kostengünstiger als ein einziges, großes Wasserkraftwerk mit großem Damm, mit großem Staubecken und mit großer Fallhöhe sein.

Neuerdings werden für Flussstandorte mit geringem Wasserkraftpotential Mikro- Wasserkraftanlagen entwickelt [2]. Die kleinen mobilen Kraftwerke funktionieren ohne Aufstau von Wasser. Notwendig ist nur eine Wasser-Fallhöhe von mindestens 2,5 Metern, bei einer Gewässerbreite um fünf Meter und einer Fließgeschwindigkeit über 5 km/h. Dafür werden neue horizontale Wasserradvarianten entwickelt. Die Mikro-Wasserkraftanlagen können auch als Flotte aufgestellt werden, das eröffnet vielversprechende Wege!

15.2 Die letzte Waffe: Die Atomkraft

Soll die Atomkraft überhaupt noch im Zusammenhang mit der Energie für die Welt erwähnt werden? Die Augen verschließen und den Verstand ausschalten, indem man sie grundsätzlich ablehnt, ist auch nicht zielführend. Die so genannte „Atomkraft" (korrekt wäre, wie auch für Wind und Wasser: Energie) bringt im Vergleich mit allen anderen Energieträgern die unvergleichbar größte Energie mit dem geringsten Masseneinsatz. Dabei werden weder Kohlendioxid noch andere Substanzen emittiert, man braucht nicht viel Platz, die Kosten pro Leistungseinheit sind überschaubarer als jene von gigantischen Staumauern und unendlichen Stauseen. Zugegeben, nach den schrecklichen Katastrophen von Tschernobyl und Fukushima erscheint die Atomkraft als aller letze Waffe zur Absicherung der Energie für die Welt, eine Aufgabe, die sie im Übrigen ganz allein schaffen würde.

Wenn die Hightech Nationen der Welt das Atomkraftwerk, diesen Typ von Präzisionswaffe, gar nicht mehr bauen wollten, so würden sie diese Technik in die Hände verzweifelter Energiehungriger geben, die nur über rudimentäre Fertigungstechnologien verfügen.

Werden die Energiehungrigen Atomkraftwerke nicht bauen, nur deswegen, weil die reichen, hochindustrialisierten Länder sie nicht mehr bauen?

Doch: Sie werden sie bauen, aber klapprig, unsicher, gefährlich. Und wenn radioaktive Strahlung am Produktions- oder Einsatzort entstehen würde?

Kann man denn eine Strahlung aus anderen Ländern an der Grenze Deutschlands oder Italiens, wie die Corona-Virus-Infizierten, in Quarantäne schicken?!

Der Nutzen von Atomkraftwerken ist eindeutig, die Gefahren müssen genau bemessen und bewertet werden, ihre Vermeidungs- oder Umgehungsmaßnahmen sollen präzise formuliert, umgesetzt oder vorbereitet werden.

Tsunamis, Hochwasser, Erdbeben, Terroranschläge, Cyber-Attacken und Flugzeugabstürze können auch große Staudämme, Chemiefabriken, Batteriewerke und Wasserstoffherstellungsanlagen treffen, ebenfalls mit katastrophalen Folgen.

Im Jahre 2020 sind in der ganzen Welt 442 Atomkraftwerke mit einer Gesamtleistung von nahezu 400.000 Megawatt im Betrieb, 95 davon in den USA, 56 in Frankreich 48 in China, 38 in Russland, 22 in Indien, 5 in Pakistan [2].

Zwischen einem Atomkraftwerk und einem Kohlekraftwerk besteht prinzipiell, von dem Prozessverlauf und von den Maschinenmodulen her, kein Unterschied. Anders ist nur die Art, das Wasser, als Arbeitsmittel, zu heizen.

Das Wasser wird im Atomkraftwerk wie im Kohlekraftwerk als Arbeitsmittel in einem Kessel bis zum Verdampfen beheizt, der Dampf wird dann in einer Turbine, die mit dem Stromgenerator mechanisch verbunden ist, entlastet und verrichtet dabei Arbeit. Der Dampf nach der Turbine wird in einem Wärmetauscher gekühlt bis er wieder zum flüssigen Wasser wird. Das Wasser wird mit einer Pumpe wieder zum Kessel gebracht und der Prozess beginnt von neuem (Bild 15.5).

Das Wasser im Kessel kann man mit Holz, mit Kohle, mit Schweröl, mit Benzin, mit Gas, mit Schnaps oder mit einer elektrischen Heizspirale heizen. Was machen die Brennelcmente in dem Reaktor des Kernkraftwerkes anders? Sie produzieren auch nur Wärme, mit der man das Wasser im Kessel beheizt, jedoch auf eine andere Weise.

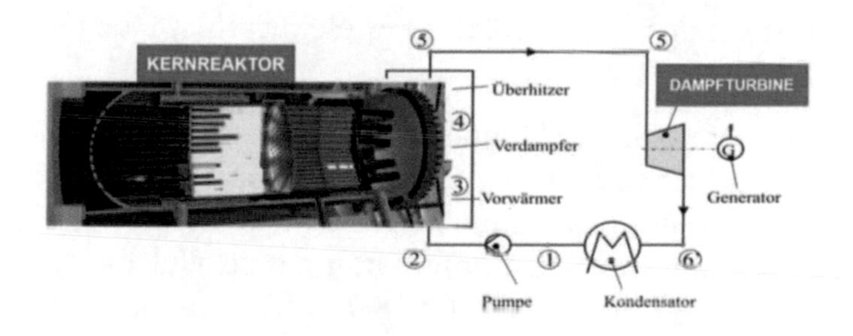

Bild 15.5 Schema eines Atomkraftwerkes, als Kombination eines Kernreaktors mit einem Kraftwerk mit Dampfturbine (Bild 3.3)

Die Brennelemente sind ein Bündel von dünnen Brennstäben, die vom Wasser ummantelt sind. Das ist aber in einer der häufigen Kraftwerk-Ausführungsformen, dem Kraftwerk mit Druckwasserreaktor (leichter nachvollziehbar als Beispiel an dieser Stelle), ein „eigenes Wasser“, nicht das Wasser als Arbeitsmittel im Kreislauf des Kraftwerks, wie vorhin dargestellt. In den Brennstäben befindet sich Uran, genauer gesagt Uranoxid. Dort erfolgt eine kontrollierte Kernspaltung, bei der die Atomkerne durch freilaufende kleine Teilchen, genannt Neutronen, bombardiert und in Splitter zerlegt werden. Die neu entstandenen Splitter fliegen explosionsartig auseinander, das ist so ähnlich wie beim Holzhacken. Mit ihrer enorm gestiegenen Geschwindigkeit reiben sie sich an der Flüssigkeit in der sie eingeschlossen sind. Das ist wie bei den Meteoriten die auf der Erde fallen, sie reiben sich an der Luft in der Atmosphäre bis die Temperatur an der Kontaktstelle tausende von Grad erreicht, wobei der Meteorit selbst verbrennt. Die heiße Flüssigkeit überträgt einen großen Teil der Wärme an das Wasser im Kessel des Kraftwerks, wie die Stäbe einer elektrischen Heizung. Und das war es schon!

Die Energie des verwendeten Urans ist dabei viel größer als der Heizwert von Holz, Kohle, Gas oder Schweröl, mit denen man den Wasserkessel auch heizen könnte. Ein Kilogramm Uran hat so viel Energie wie 12.600 Liter Erdöl oder 18.900 Kilogramm Steinkohle. Damit kann man über 40 Megawatt-Stunden Strom erzeugen. Ein Brennelement bleibt etwa drei Jahre im Reaktor. Danach gibt es eine Wiederaufarbeitung zu Plutonium, welches seinerseits auch viel Energie abgibt.

Und dann? Von allen derzeit arbeitenden Kernkraftwerken der Welt zusammen fallen pro Jahr etwa 12.000 Tonnen radioaktiver Abfall an, der auch Plutonium enthält [2].

Neben dem Problem der Reaktorsicherheit während seiner Funktion kommen die Entsorgung und die Endlagerung der radioaktiven verbrauchten Anteile, wie Spaltprodukte, und erbrütete Transurane wie Plutonium hinzu. Diese Anteile sind weiterhin aktiv, wenn auch nicht mit der gleichen Intensität wie im Reaktor. Sie strahlen jedoch die Energie, die während der weiteren Spaltung entsteht, auf Wellenlängen im Röntgenbereich des Spektrums, die für Menschen und Tiere krebserregend bis tödlich sein können. Diese Nachreaktionen dauern sehr lange, zwischen einigen Monaten und einigen tausend Jahren, bei Jod-Isotopen sind es sogar Millionen von Jahren. Eine Wiederaufbereitung wäre theoretisch möglich, sie würde aber die Aktivität solcher Anteile „nur" auf einige hundert Jahre verkürzen.

Die Endlagerung solchen „Atommülls" bleibt als weltweit nicht wirklich gelöstes Problem. Übliche Materialien sind nicht in der Lage, solche Stoffe dauerhaft zu binden oder zu isolieren. Sie werden oft in Glas eingeschmolzen, in Keramik eingebunden, in Beton eingegossen und in Schächten gelagert, wobei das Berggestein den sicheren Einschluss der radioaktiven Stoffe gewähren muss. Katastrophal wäre das Gelangen von Wasser in solche Endlager, weil dadurch mehrere Arten gefährlicher chemischer Reaktionen vorkommen könnten. Es wird derzeit über Salzstöcke, Granit und Tongestein als Endlager diskutiert. Die offene Lagerung von radioaktivem Material unter freiem Himmel ist in Westeuropa selbstverständlich gesetzlich streng verboten. Nicht verboten ist aber der „Export" solchen Atommülls nach Sibirien oder nach Kirgistan, wo die Fässer auf Parkplätzen und auf anderen Flächen unter freiem Himmel stehen dürfen. Im Jahre 2009 wurde im Mittelmeer das Wrack eines großen Frachters mit 120 Fässern Atommüll an Bord entdeckt. Gemäß der anschließenden Ermittlungen sollen mindesten weitere 32 Schiffe mit ähnlicher Ladung im Mittelmeer versenkt worden sein [2].

Es werden auch Szenarien zur Endlagerung des gesamten Atommülls der Welt unter dem Eisschild der Antarktis entwickelt. Blöder geht´s nicht mehr! Oder doch?

Die Entsorgung im Weltraum, das ist die neue Schnapsidee von „Experten“ aus Wissenschaft, Wirtschaft, Politik! Einfach auf Asteroiden und auf anderen Planeten lagern – vielleicht auch auf dortigen Parkplätzen, wie in Sibirien. Die tollkühnste Idee ist aber, den Atommüll direkt in die Sonne zu schießen, so wäre er von unserer Biosphäre tatsächlich weg! Was wir dann von der lieben Sonne als Quittung für unsere Biosphäre und für unsere Flora und Fauna bekommen, soweit waren die Spinner nicht gekommen!

Photovoltaik, Wind, Wasser und Kernenergie können das Feuer ergänzen, aber nicht ersetzen

Photovoltaik, Wind und Wasser bringen klimaneutrale Anteile an den Primärenergieverbrauch der Welt, diese Anteile sind aber noch viel zu gering und ein intensiver oder extensiver Ausbruch wären kaum zu begründen oder zu erwarten. Die Atomenergie hat ein ausreichendes Potential, verbirgt jedoch ernste Gefahren für die Menschenwelt, unabhängig von dem klimaschädlichen Kohlendioxid.

Lassen wir doch weiter das Feuer brennen oder mitbrennen, mit den Erfahrungen, die in Jahrtausenden gesammelt wurden!

Stellen wir ihm aber von der einen Seite ausschließlich klimaneutrale Brennstoffe und von der anderen Seite sehr sparsam arbeitenden Maschinen und Anlagen zur Verfügung! (Bild 15.6)

Das Feuer ist kein Ungeheuer!

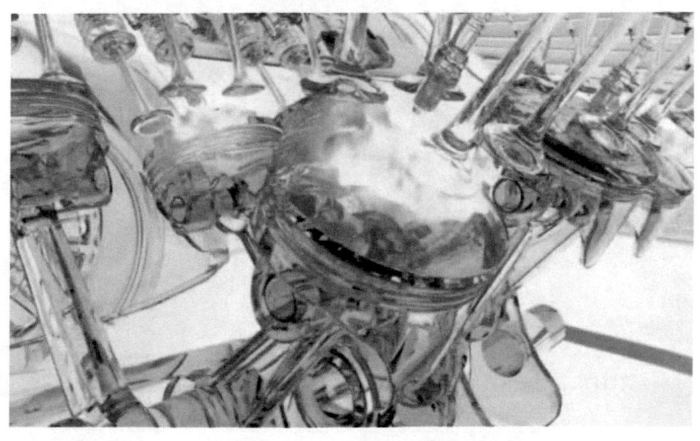

Bild 15.6 Feuer für Arbeit und Wärme in einem Verbrennungsmotor

Literatur zu Teil III

[1] Stan C.: Thermodynamik für Maschinen- und Fahrzeugbau, Springer, 2020, ISBN 978-3-662-61789-2

[2] Stan, C.: Energie versus Kohlendioxid, Springer, 2021, ISBN 978-3-662-62705-1

[3] Stan, C.: Alternative Antriebe für Automobile, Springer, 2020, ISBN 978-3-662-61757-1

[4] https://ec.europa.eu/clima/eu-action/climate-strategies-targets/2050-long-term-strategy_de

[5] https://www.bp.com/content/dam/bp/business-sites/en/global/corporate/pdfs/energy-economics/statistical-review/bp-stats-review-2021-full-report.pdf

[6] https://www.bp.com/content/dam/bp/business-sites/en/global/corporate/pdfs/energy-economics/statistical-review/bp-stats-review-2021-full-report.pdf

[7] https://businessportal-norwegen.com/2020/01/06/norwegen-2019-erstmals-seit-2010-wieder-stromimporteur/

[8] https://interaktiv.tagesspiegel.de/lab/kohlekraft-afrika-faengt-der-kohleboom-in-afrika-gerade-erst-an/

[9] https://www.energiezukunft.eu/wirtschaft/welt-weit-sind-1380-neue-kohlekraftwerke-in-planung/#:~:text=Welt-weit%20sind%20Kraft-werke%20in%20Planung,ver-teilt%20auf%201.380%20neue%20Kohlekraftwerke

[10] https://de.wikipedia.org/wiki/Klimarahmenkon-vention_der_Vereinten_Nationen

[11] https://de.wikipedia.org/wiki/Umweltpro-gramm_der_Vereinten_Nationen

[12] https://de.wikipedia.org/wiki/WWF

[13] https://shop.owc.de/2020/08/06/grafik-anteil-der-oel-und-gaseinnahmen-am-russi-schen-staatshaushalt/

[14] https://russlandverstehen.eu/oekomodernisie-rung-factsheet-1/

[15] https://www.ig.com/de/trading-strategien/die-weltweit-groessten-oelproduzenten-201030#USA:%2019,51%20Mio.%20bpd

[16] https://www.bgr.bund.de/DE/Themen/Energie/Downloads/energiestu-die_2017.pdf?__blob=publication-File&v=5

[17] https://www.bgr.bund.de/DE/Themen/Energie/Kohle/kohle_inhalt.html

[18] https://de.wikipedia.org/wiki/Erdgas/Tabellen_und_Grafiken#cite_note-:2-15

[19] https://www.wartsila.com/marine

[20] https://www.infineon.com/cms/de/discoveries/elektrische-schiffe/

[21] https://news.cision.com/de/stena-line-deutschland/r/stena-germanica-mit-recyceltem-methanol-aus-der-stahlproduktion-betankt,c3373664

[22] https://www.deutz.com/media/pressemitteilungen/der-wasserstoffmotor-von-deutz-ist-reif-fuer-den-markt

[23] Walther, L. et al.: Der Wasserstoff-Verbrennungsmotor – Wegbereiter für eine Zero-Emission Zukunft, Proceedings Paper, 42. Internationales Wiener Motorensymposium, 2021, ISBN 978-3-9504969-0-1

[24] Eichlseder, H. et al.: Der Nutzfahrzeug-Wasserstoffmotor und seine Umsetzbarkeit bis 2025, Proceedings Paper, 42. Internationales Wiener Motorensymposium, 2021, ISBN 978-3-9504969-0-1

[25] Virnich, L. et al.: Wie kann die transiente Performance des Wasserstoffmotors bei gleichzeitig niedrigsten Stickoxydemissionen verbessert werden, Proceedings Paper, 42. Internationales Wiener Motorensymposium, 2021, ISBN 978-3-9504969-0-1

[26] https://www.flugrevue.de/nachhaltige-flugkraftstoffe-im-abgasstrahl-der-a350-900/

[27] https://www.power-eng.com/articles/2018/03/ge-powered-plant-awarded-world-record-efficiency-by-guinness.html

[28] https://www.genewsroom.com/press-releases/ha-technology-now-available-industry-first-64-percent-efficiency-284144

[29] https://eu-recycling.com/Archive/8789#:~:text=Derzeit%20sind%20weltweit%20%C3%BCber%202.200,Millionen%20Tonnen%20Abfall%20pro%20Jahr

[30] https://www.nabu.de/umwelt-und-ressourcen/abfall-und-recycling/verbrennung/

[31] https://www.awm-muenchen.de/entsorgen/abgabestellen-services/muellverbrennungsanlage

[32] https://www.eco-center.it/de/home-1.html

[33] http://www.bosy-online.de/biogas/basisdaten-biogas-fnr.pdf

[34] https://de.statista.com/statistik/daten/studie/167671/umfrage/anzahl-der-biogasanlagen-in-deutschland-seit-1992

[35] Stan, C.: Automobile der Zukunft Springer 2021 ISBN 978-3-662-64115-6

[36] https://www.bdew.de/energie/primaerenergieverbrauch-deutschlands-2018-deutlich-gesunken/

[37] https://ag-energiebilanzen.de/index.php?article_id=29&fileName=ausdruck_strerz_abgabe_feb2021_a10_.pdf

[38] https://gwec.net/global-wind-report-2021/

[39] https://de.statista.com/statistik/daten/studie/224720/umfrage/wind-volllaststunden-nach-standorten-fuer-wea/

[40] https://www.umweltbundesamt.de/daten/flaeche-boden-land-oekosysteme/flaeche/struktur-der-flaechennutzung#die-wichtigsten-flachennutzungen

Zusammenfassung der Merksätze

Teil I

Das Feuer ist die äußere Erscheinung einer Verbrennung, als chemische Reaktion zwischen einem Brennstoff und Sauerstoff. Es ist grundsätzlich durch eine Wärmestrahlung und gelegentlich durch eine Lichtstrahlung (als Flamme von Gasen und Dämpfen oder als Glut eines festen Stoffes) gekennzeichnet.

Die neu entwickelte, kontrollierte Selbstzündung in Otto- und Dieselmotoren verschafft diesen Gattungen Wirkungsgrade über 50% und drückt die Emissionen von Stickoxyden und weiteren Schadstoffen unter die gesetzlichen Grenzen, auch ohne Katalysatoren!

Der Mensch ist das einzige Wesen in der Fauna der Erde, das sein Essen zum überwiegenden Teil mittels Feuer verarbeitet!

Nicht das Feuer, sondern das, was man immer noch verfeuert, ist für die Zunahme des Kohlendioxidanteils in der Atmosphäre verantwortlich.

Das Feuer aus der gesamten Energieproduktion eines Landes oder einer Branche durch Elektrizität zu ersetzen bleibt eine Utopie. Dem Feuer muss man nur eine klimaneutrale Nahrung anbieten!

C. Stan, *Das Feuer ist kein Ungeheuer*,
https://doi.org/10.1007/978-3-662-64987-9

Die Herstellung einer Tonne Eisen im Elektroofen „kostet“ bis zu 2.500 Kilowatt-Stunden.

Die Herstellung einer Tonne Aluminium durch Elektrolyse „kostet“ im Durchschnitt 16.000 Kilowatt-Stunde, also sechs bis sieben Mal mehr als eine Tonne Eisen im Elektroofen.

Die *Temperatur* ist ein in der makroskopischen Welt wahrnehmbarer und messbarer Ausdruck der mikroskopischen Bewegung der Teilchen in einem Körper oder in einem Medium. Die Temperatur ist keine reale, physikalische Größe, wie eine Länge (in Meter) oder eine Dauer (in Sekunden), sondern ein mittelbarer Anzeiger der Teilchen-Energie [1].

Die *Wärme* ist eine Energieform, die zwischen zwei Systemen unterschiedlicher Temperaturen infolge ihres thermischen Kontaktes übertragen wird. Wärme erscheint nur während eines Energieaustausches, sie kann nicht gespeichert werden.

Die *Arbeit* ist, wie die Wärme, eine Energieform, die zwischen zwei Systemen auf Grund eines Druckunterschiedes, an der Stelle ihres mechanischen, frei beweglichen Kontaktes übertragen wird. Arbeit erscheint nur während eines Energieaustausches, sie kann nicht gespeichert werden.

Ein fließendes Medium besitzt über seine innere Energie hinaus eine Pumpenergie, ausgedrückt in Druck und Dichte, und eine Bewegungsenergie (kinetische Energie), ausgedrückt in der makroskopischen Fließgeschwindigkeit. Der Sammelbegriff all dieser Energieanteile ist „Enthalpie“.

Für Kraftmaschinenentwickler ist es gebräuchlich, für die grundlegende Berechnung der Drücke und Temperaturen in einem solchen Prozess, sowie des Austausches von Wärme und Arbeit, das so zu betrachten, als hätte man der Luft in der Maschine einfach Wärme zugeführt, ungeachtet des Kraftstoffes und der chemischen Reaktion selbst.

Der thermische Wirkungsgrad einer Wärmekraftmaschine ist als Verhältnis der geleisteten Arbeit der Maschine zur zugeführten Wärme durch Verbrennung eines Gemisches von Luft und Kraftstoff definiert.

In einer Strömungsmaschine (Gasturbine) finden alle Prozessabschnitte, von Ansaugen der Luft, über Verdichtung, Verbrennung und Expansion des Abgasgemisches bis hin zum Ausstoß der verbrauchten Ladung – gleichzeitig, allerdings in einem jeweils dafür entwickelten und optimierten Funktionsmodul statt.

Eine prozessbezogene Revolution ist meistens effizienter als eine Ausführungsbezogene, oft sehr umständliche Evolution.

Von einer *Kernfusion* wie auf oder in der Sonne träumen die Menschen schon lange. Es ist nur ungewiss, wie sie damit umgehen würden, wenn sie sie beherrschen könnten.

Ein Brennstoff enthält eines oder mehrere der folgenden Elemente: *Kohlenstoff, Wasserstoff, Schwefel, Sauerstoff, Ballast.*
Je nachdem, welche aus diesen Elementen in einem Brennstoff vorhanden sind, resultieren aus seiner vollständigen Verbrennung mit Sauerstoff aus der Luft: *Kohlendioxid und Wasserdampf*, gegebenenfalls auch *Schwefeldioxid.*

99,7 % der Zuckerrohrplantagen von Brasilien befinden sich auf Ebenen in der südöstlichen Region Sao Paolo, also mindestens 2.000 Kilometer von Amazonas-Tropenwald entfernt, wo das Klima für Zuckerrohr eher ungeeignet ist.

Die eFuels sind Alkohole aus Kohlendioxid und grünem Wasserstoff. Durch das Kohlendioxid-Recycling zwischen Industrie, Wärmekraftmaschinen und Atmosphäre könnten sie die Existenz aller derzeit in der Welt arbeitenden Verbrennungsmotoren retten!

Die Nutzung von Wasserstoff, entweder durch Verbrennung in einer Wärmekraftmaschine oder durch Protonenaustausch und dadurch Stromerzeugung in einer Brennstoffzelle, führt wieder zu dem ursprünglichen Wasser.

Die Verbrennung bleibt die Mutter aller chemischen Reaktionen!

Die Beeinflussung der Erdatmosphäre durch das Verbrennen fossiler Energieträger wird gegenwärtig als existentielles Kriterium für die wärmeverbrauchende Wirtschaft betrachtet.

Ohne den natürlichen Treibhauseffekt, den der Wasserdampf und die natürlich vorhandenen Spurengase hervorrufen, würde die durchschnittliche Temperatur der Erdatmosphäre um 33 °C, also auf *minus* 18 °C sinken.

Durch Verbrennung eines Kilogramms Benzin oder Diesel entstehen rund 3,1 Kilogramm Kohlendioxid. Die Verbrennung eines Kilogramms Kohle ergibt 3,7 Kilogramm desselben Treibhausgases, während aus der Verbrennung eines Kilogramms Erdgas nur 2,7 Kilogramm Kohlendioxid resultieren.

Die Menschen aller Länder sollen fortan klimaneutrale Brennstoffe verfeuern und zahlreiche Prozesse in Kraftwerken, Maschinen, Heizungen und Verbrennungsmotoren nach den wirkungsvollsten Regeln der Thermodynamik miteinander koppeln.

Entsprechend den Murphy Gesetzen, was nicht passieren darf, kommt immer vor: Ein freischwebendes Stickstoffatom verbindet sich ausgerechnet mit einem freischwebenden Sauerstoffatom in einem neuartigen Molekül: Stickoxid. Manchmal wollen zwei Sauerstoffatome zu einem Stickstoff, sie bilden dann ein Stick-Dioxid. Oder zwei zu drei und zwei zu vier. Und so entsteht die Katastrophe der modernen Welt: Die Stickoxide!

Wenn feine Partikel zusammen mit der eingeatmeten Luft in die Luftbläschen gelangen, verursachen diese Entzündungen der Oberflächen oder auch Wassereinlagerungen. Es ist erwähnenswert, dass auch eingeatmete Wassertropfen mit Größen um 0,1 bis 2,5 Mikrometern als Partikel wirken!

Teil II

Ein Energieaustausch zwischen einem System und seiner Umgebung führt zur Änderung von Systemgrößen in dem Arbeitsmedium. Zu den Systemgrößen zählen *der Druck, die Temperatur und das Volumen.*

Mit deterministischen Methoden, aus der Analyse des Verhaltens eines einzelnen Individuums, ist es praktisch nicht möglich die Verhaltensmerkmale einer ganzen Gesellschaft abzuleiten.

Phänomenologie ist wie folgt definierbar: Zusammenfassung von ausschließlich experimentell gewonnenen Erkenntnissen für eine möglichst große Anzahl ähnlicher Vorgänge mit anschließender Ableitung und Formulierung von Gesetzmäßigkeiten und Erfassung solcher Gesetzmäßigkeiten in kurzen, prägnanten Formeln, wenn möglich.

Ein *Zustand* charakterisiert das Gleichgewicht eines Systems im makroskopischen Maßstab, welches auf einem dynamischen Gleichgewicht im mikroskopischen Maßstab beruht.
Eine *Zustandsgröße* ist eine makroskopische Eigenschaft des Systems in einem Zustand.

Der erste Hauptsatz– allgemein
Zwischen den Teilsystemen eines energetisch dichten Systems kann ein Energieaustausch derart erfolgen, dass sich die Energie einzelner Teilsysteme verändert. Die gesamte Energie des Systems, als Summe der Energien der Teilsysteme bleibt jedoch konstant

Der erste Hauptsatz – Austausch System-Umgebung
Während des Energieaustausches zwischen einem System und seiner Umgebung, beispielsweise als Wärme oder Arbeit, bleibt die Summe aller Energieformen des Systems und der Umgebung konstant.

Der erste Hauptsatz – Zustandsänderungen in geschlossenen Systemen
Der Austausch von Wärme und Arbeit zwischen einem geschlossenen System und seiner Umgebung während einer Zustandsänderung entspricht der Änderung seiner inneren Energie.

Der erste Hauptsatz – Zustandsänderungen in offenen Systemen
Der Austausch von Wärme und Arbeit zwischen einem offenen System und seiner Umgebung während einer Zustandsänderung entspricht der Änderung seiner Enthalpie.

Die spezifische Wärmekapazität eines Stoffes, so auch der Luft, ist als Energie (Wärme) definiert, die für die Erhöhung der Temperatur seiner Masseneinheit (1 kg) um 1 Kelvin benötigt wird.

Jede Form von Irreversibilität kostet Energie aus der Umgebung des jeweiligen Prozesses.

Ein natürlicher Vorgang verläuft immer in Richtung eines Gleichgewichtes.

Formulierungen des Zweiten Hauptsatzes der Thermodynamik:

Wärme kann nie von selbst von einem System niederer Temperatur auf ein System höherer Temperatur übergehen. (Clausius, 1822-1888)

Ein Prozess, in dem die Umwandlung der Wärme einer einzigen Quelle mit konstanter Temperatur in Arbeit angestrebt wird, ist nicht möglich. (Thompson, 1753-1814)

In der Nähe des Gleichgewichtszustandes eines homogenen Systems gibt es Zustände, die ohne Wärmeaustausch niemals erreicht werden können. (Caratherdory, 1873-1950)

Alle Prozesse, bei denen Reibung auftritt, sind irreversibel. (Planck, 1858-1947)

Alle natürlichen Prozesse sind irreversibel. (Baehr, 1928-2014)

Der thermische Wirkungsgrad eines idealen, mit Luft durchgeführten Carnot-Kreisprozesses hängt nur von den Extremtemperaturen beim Wärmeaustausch ab.

Die Entropie eines Systems wird während einer irreversiblen Zustandsänderung größer als die Entropie, die dabei durch eine nutzbare Energieumwandlung entsteht.
Begründung: Das Streben nach einem Gleichgewichtszustand, welches jeden natürlichen Prozess charakterisiert, ist an eine Energiedissipation gebunden.

In unserer Welt gibt es unendlich viele Ausgleichspotentiale, die durch gegebene Bedingungen oder Umstände nicht umgewandelt werden können oder dürfen. *Der Geist steckt in der Schaltung der Potentiale, beziehungsweise in der ursprünglichen Spaltung von Ursache und Wirkung.*

Die Wärme, die von der Verbrennung eines üblichen Kraftstoffes mit Luft zu erwarten ist bleibt bei gleicher Gemischmenge nahezu gleich, unabhängig von der Art des Kraftstoffstoffs.

Ein Kolbenmotor sollte zwecks eines hohen thermischen Wirkungsgrades eine Verdichtung wie ein Diesel und eine Verbrennung wie ein Ottomotor erreichen.

Der wesentliche Vorteil einer Gasturbine im Vergleich zu einer Kolbenmaschine ist der Brennraum. Der durchgehend eingespritzte Einspritzstrahl kann nicht auf irgendeine Brennraumwand gelangen: Wenn der Strahl zu lang ist, kann die Kammer auch lang werden. Die Zeit für Zerstäubung und Verdampfung des Strahls stellt kein Problem dar, weil der Strahl selbst kontinuierlich ist.

Halten wir alle Militärjets der Welt am Boden und tauschen wir das Feuer mit Wasser, dort wo man tatsächlich kühle Köpfe braucht!

Eine Flamme ist ein Gasgemisch während eines Verbrennungsprozesses.

Die Methode, die eine Modellbildung auf Basis experimentell gewonnener Daten für die Anwendung bei anderen als den gemessenen Vorgängen gewährt, wird als Ähnlichkeitstheorie bezeichnet [1]).

Teil III

Das Feuer bleibt für thermische Maschinen und Anlagen erhalten, verbannt sollen dagegen ab sofort ganz und gar alle fossilen Energieträger werden: *Kohle, Erdölderivate und Erdgas*.

Es ist wirklich fünf vor zwölf, was die Rettung des Weltklimas anbetrifft: Aber anstatt eine Musterregion in dem wohlhabenden und technisch überlegenden Europa schaffen zu wollen, wäre es dringend erforderlich, so viele arme Länder in Afrika, Asien und Südamerika von der Erdöl-, Erdgas- und Kohlepest zu retten!

Um Wunder zu schaffen, braucht das Feuer eine gute Nahrung und Ruhe in seinem Ablauf.

Mag sein, dass man die „Verbrenner“ und, vor allem, die in Verruf geratenen Dieselmotoren aus dem Straßenverkehr ziehen will. Auf den Meeren und Ozeanen der Welt zwingen die realen Verhältnisse zu einer anderen Handlungsweise.

Nicht nur das „grüne“ Methanol, sondern auch der Wasserstoff findet derzeit Einzug als Kraftstoff in die Verbrenner für die Zukunft.

Gas-und-Dampfturbinen-Kraftwerke mit klimaneutralem Brennstoff könnten zwar durch eine Reihe von Windkraftanlagen ersetzt werden: Man bräuchte jedoch mehr als 400 davon, um ein einziges Kraftwerk zu ersetzen. Und sie liefern primär nur Strom, aber keine Wärme.

Ein Second-hand Feuer aus Müll hilft nicht nur der Entlastung überfüllter Mülldeponien. Es schafft darüber hinaus Strom und Wärme, mit einem beachtlichen Anteil, neben den zentralen Versorgungsnetzen.

Automobile Antriebe mit biogasbetriebenen Verbrennungsmotoren haben ein besonders großes Potential hinsichtlich der globalen Senkung der Kohlendioxidemission.

Ein idealer Verbrennungsmotor soll Biogas aus Gülle und Abfällen fressen um eine Wärme zu generieren, die in eine etwas geringere Arbeit umgewandelt wird, wodurch dann viermal mehr Wärme als die ursprüngliche entsteht!

Ein Dieselmotor der eine Wärmepumpe antreibt hat einen Wirkungsgrad – als Summe der Arbeit und der abgeleiteten Wärmeanteile zur zugeführten Wärme durch Verbrennung – von mehr als 90%! Damit kann er jedem Elektromotor Konkurrenz machen!

Mittels Photovoltaik, Wind und Wasser wird nicht jede Form der Energie produziert, die auf der Welt verbraucht wird, sondern fast ausschließlich Elektroenergie.

Die Elektroenergie macht unter 17 % des gesamten Energiekonsums Deutschlands aus.

Die Sonne kommt an die Grenze der Erdatmosphäre mit einer Ladung von 1347 Watt pro Quadratmeter (W/m^2), innerhalb der Atmosphäre bleiben daraus nur 1000 (W/m^2). Paneele von Photovoltaik-Anlagen halten davon nur 100 bis 200 (W/m^2) ab, über das Jahr, bei allen Schwankungen, bleiben davon nur 12 bis 14 (W/m^2) übrig. Von Tausend auf Zwölf, das sind 1,2%.

Die momentane Leistung eines Windrades ist von der Windgeschwindigkeit hoch drei abhängig: Zwischen 5,4 km/h und 25 km/h steigt die momentane Leistung, bei gleicher Luftdichte, um das Hundertfache [2].

Windkraftanlagen haben gegenüber photovoltaischen Anlagen sowohl eine um 1,5 bis 2-mal höhere flächenbezogene Maximalleistung, als auch eine um 1,5 bis 2-mal höhere zeitliche Effizienz (Strahlungseffizienz/Volllaststunden).

Wenn die Hightech Nationen der Welt das Atomkraftwerk, diesen Typ von Präzisionswaffe, gar nicht mehr bauen wollten, so würden sie diese Technik in die Hände verzweifelter Energiehungriger geben, die nur über rudimentäre Fertigungstechnologien verfügen.

Zwischen einem Atomkraftwerk und einem Kohlekraftwerk besteht prinzipiell, von dem Prozessverlauf und von den Maschinenmodulen her, kein Unterschied. Anders ist nur die Art, das Wasser, als Arbeitsmittel, zu heizen.

Lassen wir doch weiter das Feuer brennen oder mitbrennen, mit den Erfahrungen, die in Jahrtausenden gesammelt wurden!

Sachwortverzeichnis

C. Stan, *Das Feuer ist kein Ungeheuer*,
https://doi.org/10.1007/978-3-662-64987-9

Printed in the United States
by Baker & Taylor Publisher Services